高等理工院校数学基础教材

矩阵分析及其应用

王　刚　陈海滨　编著

中国科学技术大学出版社

内 容 简 介

矩阵分析既是学习经典数学的基础，也是一种具有科学研究价值和实用价值的数学理论. 本书分为7章，包括范数基础，矩阵分解与标准形，矩阵的秩、特征值与奇异值，矩阵的广义逆及其应用，矩阵的梯度与微分，矩阵的 Hadamard 积与 Kronecker 积以及特殊矩阵. 本书淡化数学理论，突出矩阵分析在相关领域中的应用，有利于学生更好地应用矩阵分析理论解决实际问题.

本书可作为管理类、工程类等专业的研究生和数学专业高年级本科生的教材或参考书.

图书在版编目(CIP)数据

矩阵分析及其应用/王刚，陈海滨编著. —合肥：中国科学技术大学出版社，2021. 9

ISBN 978-7-312-05111-1

Ⅰ. 矩…　Ⅱ. ①王…②陈…　Ⅲ. 矩阵分析　Ⅳ. O151. 21

中国版本图书馆 CIP 数据核字(2020)第 247309 号

矩阵分析及其应用

JUZHEN FENXI JI QI YINGYONG

出版　中国科学技术大学出版社
安徽省合肥市金寨路 96 号，230026
http://press. ustc. edu. cn
http://zgkxjsdxcbs. tmall. com

印刷　安徽省瑞隆印务有限公司

发行　中国科学技术大学出版社

经销　全国新华书店

开本　710 mm×1000 mm　1/16

印张　8. 5

字数　169 千

版次　2021 年 9 月第 1 版

印次　2021 年 9 月第 1 次印刷

定价　28. 00 元

前　言

矩阵分析既是一门经典的数学基础课程，也是一门理论与实际相结合的应用课程，特别是与计算机科学结合以后，已经成为解决密码编译、图像处理及工程应用等问题的有力工具. 本书旨在提高数学、运筹学与控制论、管理科学与工程等学科研究生的分析能力和计算能力.

笔者一直从事矩阵理论的教学与研究工作，书中大部分内容源于研究生“矩阵分析”课程教学实践，同时参阅了国内外关于矩阵理论与方法的许多专著、教材. 本书通过刻画矩阵的各种性质，使读者了解矩阵计算中的优秀算法，并清楚算法设计的核心思想，为读者以后的科学研究和解决实际问题打下坚实的基础. 本书分为 3 个部分，共 7 章内容：① 基础知识部分：范数基础，矩阵分解与标准形，矩阵的秩、特征值与奇异值；② 研究发展部分：矩阵的广义逆及其应用，矩阵的梯度与微分；③ 应用部分：矩阵的 Hadamard 积与 Kronecker 积，特殊矩阵.

全书内容丰富，论述翔实严谨，易于讲解或者自学. 不同的读者群体可以根据需求对学习内容进行取舍. 数学、运筹学与控制论方向的研究生可用 72 学时学完本书；管理科学与工程方向的研究生可将研究发展部分去掉，54 学时学完；数学专业的本科生可以对基础知识部分进行 36 学时的学习.

在本书编写过程中，我们得到了国家自然科学基金(12071249)、山东省自然科学基金(ZR2020MA025)及山东省一流学科(数学)的经费资助. 同时，曲阜师范大学管理学院的领导和同事也给了我们很大的鼓励和支持. 在此我们一并表示衷心的感谢！

由于作者水平有限，书中难免有疏漏和错误之处，恳请读者批评指正.

王　刚　陈海滨

2020 年 8 月

目　　录

第1章 范数基础

在实际生活中，聚类和分类是解决模式识别及医疗决策等问题的重要数据分析技术.为了实现聚类和分类，我们需要用到距离测度等数学工具.在本章中，我们主要介绍向量及矩阵的范数定义及其一些重要的性质，从而提高聚类和分类的精确性和效率.

1.1 向量范数

在实际应用中，为度量向量的长度及两个向量之间的关系，人们引入了范数的概念.

定义 1.1.1 定义在$\mathbb{R}^n$上的实值函数$N(\boldsymbol{x})=\|\boldsymbol{x}\|$称为向量$\boldsymbol{x}=(x_1,x_2,\cdots,x_n)$的范数，若其满足：

(1) 非负性：$\|\boldsymbol{x}\|\geqslant 0$，且$\|\boldsymbol{x}\|=0$当且仅当$\boldsymbol{x}=\boldsymbol{0}$；

(2) 正齐次性：$\|\alpha\boldsymbol{x}\|=|\alpha|\,\|\boldsymbol{x}\|\,(\forall\,\alpha\in\mathbb{R},\boldsymbol{x}\in\mathbb{R}^n)$；

(3) 次可加性：$\|\boldsymbol{x}+\boldsymbol{y}\|\leqslant\|\boldsymbol{x}\|+\|\boldsymbol{y}\|\,(\forall\,\boldsymbol{x},\boldsymbol{y}\in\mathbb{R}^n)$.

利用范数的次可加性，易得$\|\boldsymbol{x}-\boldsymbol{y}\|\geqslant\big|\|\boldsymbol{x}\|-\|\boldsymbol{y}\|\big|\,(\forall\,\boldsymbol{x},\boldsymbol{y}\in\mathbb{R}^n)$.

常见的向量范数主要有

$$\|\boldsymbol{x}\|_1=\sum_{i=1}^n|x_i|,\quad \|\boldsymbol{x}\|_2=\sqrt{\sum_{i=1}^n x_i^2},\quad \|\boldsymbol{x}\|_\infty=\max_{1\leqslant i\leqslant n}|x_i|.$$

它们可统一写成p范数：

$$\|\boldsymbol{x}\|_p=\left(\sum_{i=1}^n|x_i|^p\right)^{1/p}.$$

除此之外，常用的还有向量的“0范数”$\|\cdot\|_0$，即向量非零元的个数.由于该范数不满足正齐次性，所以严格意义上讲，$\|\cdot\|_0$不是向量范数.

对任意范数,$\{\boldsymbol{x}\in\mathbb{R}^n \mid \|\boldsymbol{x}\|\leqslant 1\}$称为单位球,$\{\boldsymbol{x}\in\mathbb{R}^n \mid \|\boldsymbol{x}\|=1\}$称为单位球面.对不同的范数,其形状是不一样的.

结合前面的性质,容易验证

$$\|\boldsymbol{x}\|_\infty\leqslant\|\boldsymbol{x}\|_2\leqslant\|\boldsymbol{x}\|_1\leqslant\sqrt{n}\|\boldsymbol{x}\|_2\leqslant n\|\boldsymbol{x}\|_\infty,\quad \forall\boldsymbol{x}\in\mathbb{R}^n.$$

定理 1.1.1 向量的所有 p 范数都是等价的,即对于任意的 $p_1,p_2(p_1>0,p_2>0)$,存在 $c_1,c_2>0$,满足

$$c_1\|\boldsymbol{x}\|_{p_2}\leqslant\|\boldsymbol{x}\|_{p_1}\leqslant c_2\|\boldsymbol{x}\|_{p_2},\quad \forall\boldsymbol{x}\in\mathbb{R}^n.$$

证明 不失一般性,取 $p_1=2$.首先,对任意的 $\boldsymbol{x}\in\mathbb{R}^n$,$\boldsymbol{x}=\sum_{i=1}^n x_i\boldsymbol{e}_i$.利用范数的次可加性和 Cauchy-Schwarz 不等式,得

$$\|\boldsymbol{x}\|\leqslant\sum_{i=1}^n |x_i|\,\|\boldsymbol{e}_i\|\leqslant\beta\|\boldsymbol{x}\|_2,\quad \beta=\Big(\sum_{i=1}^n\|\boldsymbol{e}_i\|^2\Big)^{1/2}.$$

由此得左边的不等式.

其次,对任意的 $\boldsymbol{x},\boldsymbol{y}\in\mathbb{R}^n$,由

$$\big|\,\|\boldsymbol{x}\|-\|\boldsymbol{y}\|\,\big|\leqslant\|\boldsymbol{x}-\boldsymbol{y}\|\leqslant\beta\|\boldsymbol{x}-\boldsymbol{y}\|_2,$$

知范数 $\|\cdot\|$ 关于 2 范数连续.从而由单位球 $S=\{\boldsymbol{x}\in\mathbb{R}^n \mid \|\boldsymbol{x}\|_2=1\}$的紧性和范数的非负性知,存在 $\alpha>0$,使得对任意的 $\boldsymbol{x}\in S$,$\|\boldsymbol{x}\|\geqslant\alpha$.所以对任意的 $\boldsymbol{x}\in\mathbb{R}^n$,有

$$\|\boldsymbol{x}\|=\|\boldsymbol{x}\|_2\left\|\frac{\boldsymbol{x}}{\|\boldsymbol{x}\|_2}\right\|\geqslant\alpha\|\boldsymbol{x}\|_2.$$

从而得到右边的不等式. □

向量范数等价的实质是:如果一个向量序列在某种范数意义下收敛于零(或范数发散到无穷),则该向量序列在任何一种范数意义下均收敛于零(或范数发散到无穷).更一般地,一个向量序列收敛等价于它在所有的范数意义下收敛,即

$$\lim_{n\to\infty}\boldsymbol{x}_n=\bar{\boldsymbol{x}}\iff\lim_{n\to\infty}\|\boldsymbol{x}_n-\bar{\boldsymbol{x}}\|=0,$$

其中 $\|\cdot\|$ 为向量的任一范数.

定理 1.1.2 欧氏空间中向量的范数 $\|\cdot\|_p$ 关于 $p>0$ 单调递减.进一步,对 $1<n_1<n_2$,有

$$\|\boldsymbol{x}\|_{n_2}\leqslant\|\boldsymbol{x}\|_{n_1}\leqslant n^{\frac{1}{n_1}-\frac{1}{n_2}}\|\boldsymbol{x}\|_{n_2}.$$

证明 对任意非零向量 $\boldsymbol{x}=(x_1,x_2,\cdots,x_n)\in\mathbb{R}^n$,由 p 范数的定义,知

$$f(p)=\|\boldsymbol{x}\|_p=\Big(\sum_{i=1}^n|x_i|^p\Big)^{1/p}.$$

不失一般性,设 $x_i>0(i=1,2,\cdots,n)$,则

$$\ln f(p)=\frac{1}{p}\ln\Big(\sum_{i=1}^n x_i^p\Big).$$

从而得

$$\frac{f'(p)}{f(p)}=(\ln f(p))'$$

$$= \frac{\sum_{i=1}^{n}(px_i^p \ln x_i) - (\sum_{i=1}^{n} x_i^p)\ln(\sum_{i=1}^{n} x_i^p)}{p^2 \sum_{i=1}^{n} x_i^p}$$

$$= \frac{\sum_{i=1}^{n}(x_i^p \ln x_i^p) - (\sum_{i=1}^{n} x_i^p)\ln(\sum_{i=1}^{n} x_i^p)}{p^2 \sum_{i=1}^{n} x_i^p}$$

$$\leqslant 0,$$

其中最后一个不等式利用了对数函数的单调性,即

$$x_i^p \ln x_i^p \leqslant x_i^p \ln(\sum_{i=1}^{n} x_i^p).$$

利用 $f(p)$的非负性得定理结论. □

上述结论表明

$$\| \boldsymbol{x} \|_1 \geqslant \| \boldsymbol{x} \|_2 \geqslant \| \boldsymbol{x} \|_\infty, \quad \forall \boldsymbol{x} \in \mathbb{R}^n.$$

但这并不意味着

$$\| \boldsymbol{x} \|_1 < \| \boldsymbol{y} \|_1 \quad \Rightarrow \quad \| \boldsymbol{x} \|_2 < \| \boldsymbol{y} \|_2, \quad \forall \boldsymbol{x}, \boldsymbol{y} \in \mathbb{R}^n.$$

例如 $\boldsymbol{x} = (0.5, 0.5)$, $\boldsymbol{y} = (0.8, 0)$.

根据后面的 Minkowski 不等式(即性质 1.2.1),易得范数的如下性质.

性质 1.1.1　对 $p>1$, $\| \boldsymbol{x} \|_p$ 为凸函数;对 $p\in(0,1)$, $\| \boldsymbol{x} \|_p$ 为凹函数.

本节最后,我们引入向量的 0 范数 $\| \boldsymbol{x} \|_0$,定义为向量 $\boldsymbol{x}$ 中非零元素的个数.需要说明的是,0 范数不是范数,因为 0 范数不满足三角不等式,即下式不成立:

$$\| \boldsymbol{x} + \boldsymbol{y} \|_0 \leqslant \| \boldsymbol{x} \|_0 + \| \boldsymbol{y} \|_0.$$

由于

$$\lim_{p\to 0^+} x^p = 1, \quad \forall x > 0,$$

所以

$$\lim_{p\to 0} \| \boldsymbol{x} \|_p^p = \| \boldsymbol{x} \|_0,$$

即 0 范数是 p 范数的极限.

1.2　向量范数不等式

为讨论 p 范数的性质,我们给出如下常用不等式.

性质 1.2.1 (Minkowski 不等式)　设 $\boldsymbol{x} = (x_1, x_2, \cdots, x_n)$, $\boldsymbol{y} = (y_1, y_2, \cdots, y_n) \in \mathbb{R}^n$. 对 $p\geqslant 1$,有

$$\left(\sum_{k=1}^{n}|x_k+y_k|^p\right)^{1/p}\leqslant\left(\sum_{k=1}^{n}|x_k|^p\right)^{1/p}+\left(\sum_{k=1}^{n}|y_k|^p\right)^{1/p};$$

对 $p\in(0,1)$,有

$$\left(\sum_{k=1}^{n}|x_k+y_k|^p\right)^{1/p}\geqslant\left(\sum_{k=1}^{n}|x_k|^p\right)^{1/p}+\left(\sum_{k=1}^{n}|y_k|^p\right)^{1/p}.$$

证明 先考虑 $p\geqslant1$ 的情况.令 $\bar{x}_k=x_k/\|\boldsymbol{x}\|_p,\bar{y}_k=y_k/\|\boldsymbol{y}\|_p$,其中

$$\|\boldsymbol{x}\|_p=\left(\sum_{k=1}^{n}|x_k|^p\right)^{1/p},\quad \|\boldsymbol{y}\|_p=\left(\sum_{k=1}^{n}|y_k|^p\right)^{1/p}.$$

则有

$$\sum_{k=1}^{n}|\bar{x}_k|^p=\sum_{k=1}^{n}|\bar{y}_k|^p=1. \tag{1.2.1}$$

为证命题结论,只需证

$$\left(\sum_{k=1}^{n}(\|\boldsymbol{x}\|_p\bar{x}_k+\|\boldsymbol{y}\|_p\bar{y}_k)^p\right)^{1/p}\leqslant\|\boldsymbol{x}\|_p+\|\boldsymbol{y}\|_p,$$

也就是

$$\sum_{k=1}^{n}\left(\frac{\|\boldsymbol{x}\|_p}{\|\boldsymbol{x}\|_p+\|\boldsymbol{y}\|_p}\bar{x}_k+\frac{\|\boldsymbol{y}\|_p}{\|\boldsymbol{x}\|_p+\|\boldsymbol{y}\|_p}\bar{y}_k\right)^p\leqslant1. \tag{1.2.2}$$

记

$$u=\frac{\|\boldsymbol{x}\|_p}{\|\boldsymbol{x}\|_p+\|\boldsymbol{y}\|_p},\quad v=\frac{\|\boldsymbol{y}\|_p}{\|\boldsymbol{x}\|_p+\|\boldsymbol{y}\|_p},$$

则 $u+v=1$.从而不等式(1.2.2)可等价地转化为

$$\sum_{k=1}^{n}(u\bar{x}_k+v\bar{y}_k)^p\leqslant1. \tag{1.2.3}$$

事实上,对 $p\geqslant1$,由于 x^p 关于 $x>0$ 为凸函数,故得

$$(u\bar{x}_k+v\bar{y}_k)^p\leqslant u\bar{x}_k^p+v\bar{y}_k^p.$$

将该式关于 k 从 1 到 n 求和,并利用式(1.2.1)即可得式(1.2.3).

类似可证明当 $p\in(0,1)$时结论成立. □

借助范数的定义,上述结论就是

$$\|\boldsymbol{x}+\boldsymbol{y}\|_p\leqslant\|\boldsymbol{x}\|_p+\|\boldsymbol{y}\|_p,\quad p>1;$$
$$\|\boldsymbol{x}+\boldsymbol{y}\|_p\geqslant\|\boldsymbol{x}\|_p+\|\boldsymbol{y}\|_p,\quad p\in(0,1).$$

性质 1.2.2 (Hölder 不等式) 设 $p,q>1$ 满足$\dfrac{1}{p}+\dfrac{1}{q}=1$,则

$$\sum_{i=1}^{n}x_iy_i\leqslant\left(\sum_{i=1}^{n}|x_i|^p\right)^{1/p}\left(\sum_{i=1}^{n}|y_i|^q\right)^{1/q}.$$

证明 设 $\boldsymbol{x}=(x_1,x_2,\cdots,x_n),\boldsymbol{y}=(y_1,y_2,\cdots,y_n)$.记

$$a_k=\frac{|x_k|}{\|\boldsymbol{x}\|_p},\quad b_k=\frac{|y_k|}{\|\boldsymbol{y}\|_q},$$

则

$$\sum_{k=1}^{n} a_k^p = 1,\quad \sum_{k=1}^{n} b_k^q = 1.$$

为证命题结论，只需证

$$\sum_{k=1}^{n} a_k b_k \leqslant 1.$$

由加权算术几何不等式，知

$$a_k b_k = (a_k^p)^{1/p}(b_k^q)^{1/q} \leqslant a_k^p/p + b_k^q/q.$$

将上式关于 k 从 1 到 n 求和，并利用 $1/p+1/q=1$ 即得结论.

借助范数的定义，上述结论就是，对满足 $p,q>1,\dfrac{1}{p}+\dfrac{1}{q}=1$ 的数 p,q，有

$$\boldsymbol{x}^{\mathrm{T}}\boldsymbol{y} \leqslant \|\boldsymbol{x}\|_p \|\boldsymbol{y}\|_q,\quad \forall\, \boldsymbol{x},\boldsymbol{y} \in \mathbb{R}^n,$$

而等号成立的充分必要条件是 $\boldsymbol{x},\boldsymbol{y}$ 线性相关. 特别地，若 $p=q=2$，则得到 Cauchy-Schwarz 不等式：

$$\sum_{i=1}^{n} x_i y_i \leqslant \Big(\sum_{i=1}^{n} x_i^2\Big)^{1/2}\Big(\sum_{i=1}^{n} y_i^2\Big)^{1/2},$$

也就是

$$\boldsymbol{x}^{\mathrm{T}}\boldsymbol{y} \leqslant \|\boldsymbol{x}\| \cdot \|\boldsymbol{y}\|.$$

同时有

$$\boldsymbol{x}^{\mathrm{T}}\boldsymbol{y} \leqslant \|\boldsymbol{x}\|_1 \|\boldsymbol{y}\|_\infty.$$

由 Hölder 不等式，可引出向量的对偶范数

$$\|\boldsymbol{x}\|_* = \max_{\|\boldsymbol{y}\|\leqslant 1} \langle \boldsymbol{x},\boldsymbol{y}\rangle,\quad \forall\, \boldsymbol{x} \in \mathbb{R}^n.$$

由 Hölder 不等式知，对任意满足$\dfrac{1}{p}+\dfrac{1}{q}=1$ 的非负整数 p,q，$\|\cdot\|_p$ 与 $\|\cdot\|_q$ 互为对偶范数. 特别地，

$$\|\boldsymbol{x}\|_1 = \max_{\|\boldsymbol{y}\|_\infty\leqslant 1} \langle \boldsymbol{x},\boldsymbol{y}\rangle,\quad \|\boldsymbol{x}\|_\infty = \max_{\|\boldsymbol{y}\|_1\leqslant 1} \langle \boldsymbol{x},\boldsymbol{y}\rangle.$$

本节最后，我们讨论非负数列的几种均值之间的大小关系.

对非负数列 $a_1,a_2,\cdots,a_n$，定义

$$\text{调和平均数 } H_n = \frac{n}{\dfrac{1}{a_1}+\dfrac{1}{a_2}+\cdots+\dfrac{1}{a_n}},$$

$$\text{几何平均数 } G_n = \sqrt[n]{a_1 a_2 \cdots a_n},$$

$$\text{算术平均数 } A_n = \frac{a_1+a_2+\cdots+a_n}{n},$$

$$\text{平方平均数 } Q_n = \sqrt{\frac{a_1^2+a_2^2+\cdots+a_n^2}{n}}.$$

这些平均数满足 $H_n \leqslant G_n \leqslant A_n \leqslant Q_n$.

下面用数学归纳法证明最常见的算术几何不等式，即 $G_n \leqslant A_n$.

首先，对于任意非负数 a,b，有

$$(a+b)^n \geqslant a^n + na^{n-1}b.$$

其次，对于上述结论，容易验证 $n=2$ 时结论成立. 设结论在 $n=k$ 时成立. 下证 $n=k+1$ 时结论成立.

不妨设 a_{k+1} 为 $a_1,a_2,\cdots,a_{k+1}$ 中的最大者，则

$$ka_{k+1} \geqslant \sum_{i=1}^{k} a_i.$$

记 $S=a_1+a_2+\cdots+a_k$，则

$$\begin{aligned}\left(\frac{a_1+\cdots+a_{k+1}}{k+1}\right)^{k+1} &= \left(\frac{S}{k}+\frac{ka_{k+1}-S}{k(k+1)}\right)^{k+1} \\ &\geqslant \left(\frac{S}{k}\right)^{k+1} + (k+1)\left(\frac{S}{k}\right)^{k}\frac{ka_{k+1}-S}{k(k+1)} = \left(\frac{S}{k}\right)^{k+1} a_{k+1} \\ &\geqslant \prod_{i=1}^{k+1} a_i.\end{aligned}$$

1.3 矩阵范数

矩阵范数是在向量范数的基础上定义的. 主要途径有两条：第一条是借助向量范数定义矩阵范数，即矩阵的诱导范数，

$$\|A\|_p = \max_{\|x\|_p\neq 0}\frac{\|Ax\|_p}{\|x\|_p},$$

或等价地，

$$\|A\|_p = \max_{\|x\|_p=1}\|Ax\|_p.$$

容易验证

$$\|A\|_1 = \max_{x\neq 0}\frac{\|Ax\|_1}{\|x\|_1} = \max_{1\leqslant j\leqslant n}\sum_{i=1}^{n}|a_{ij}|,$$

$$\|A\|_2 = \max_{x\neq 0}\frac{\|Ax\|_2}{\|x\|_2} = [\lambda_{\max}(A^{\mathrm{T}}A)]^{1/2},$$

$$\|A\|_\infty = \max_{x\neq 0}\frac{\|Ax\|_\infty}{\|x\|_\infty} = \max_{1\leqslant i\leqslant n}\sum_{j=1}^{n}|a_{ij}|,$$

也就是说，矩阵的 1 范数对应矩阵的所有列中 1 范数的最大值，矩阵的 ∞ 范数对应矩阵的所有行中 1 范数的最大值，而矩阵的 2 范数（又称矩阵的谱范数）为矩阵 $A^{\mathrm{T}}A$ 的最大特征值的方根.

上述矩阵的诱导范数和向量范数是相容的，即

$$\|Ax\|_p \leqslant \|A\|_p\|x\|_p,\quad \forall x\in\mathbb{R}^n.$$

第二条是将矩阵"拉直"成向量,然后定义范数.对矩阵 $\boldsymbol{A}$,用 $\mathrm{vec}(\boldsymbol{A})$表示将矩阵 $\boldsymbol{A}$ 中的列根据先后次序进行叠加得到的列向量,它是将矩阵"拉直"后得到的一个量.然后定义矩阵的内积和 F 范数

$$\langle \boldsymbol{A},\boldsymbol{B}\rangle = \langle \mathrm{vec}(\boldsymbol{A}),\mathrm{vec}(\boldsymbol{B})\rangle, \quad \|\boldsymbol{A}\|_F = \|\mathrm{vec}(\boldsymbol{A})\|_2.$$

它等价于

$$\langle \boldsymbol{A},\boldsymbol{B}\rangle = \mathrm{tr}(\boldsymbol{B}^{\mathrm{T}}\boldsymbol{A}) = \mathrm{tr}(\boldsymbol{A}^{\mathrm{T}}\boldsymbol{B}) = \sum_{i=1}^{n}\sum_{j=1}^{n} a_{ij}b_{ij},$$

$$\|\boldsymbol{A}\|_F = \sqrt{\langle \boldsymbol{A},\boldsymbol{A}\rangle} = \sqrt{\mathrm{tr}(\boldsymbol{A}\boldsymbol{A}^{\mathrm{T}})}.$$

一方面,根据矩阵内积的定义,有

$$\langle \boldsymbol{A},\boldsymbol{B}\rangle = \mathrm{tr}(\boldsymbol{B}^{\mathrm{T}}\boldsymbol{A}) = \mathrm{tr}(\boldsymbol{A}^{\mathrm{T}}\boldsymbol{B}) = \mathrm{tr}(\boldsymbol{A}\boldsymbol{B}^{\mathrm{T}}) = \mathrm{tr}(\boldsymbol{B}\boldsymbol{A}^{\mathrm{T}}).$$

另一方面,利用矩阵谱范数的性质,易得

$$\|\boldsymbol{A}\|_2^2 = \lambda_{\max}(\boldsymbol{A}^{\mathrm{T}}\boldsymbol{A}) \leqslant \mathrm{tr}(\boldsymbol{A}^{\mathrm{T}}\boldsymbol{A}) = \|\boldsymbol{A}\|_F^2,$$

且

$$\|\boldsymbol{A}+\boldsymbol{B}\|_F^2 = \|\boldsymbol{A}\|_F^2 + \|\boldsymbol{B}\|_F^2 + 2\langle \boldsymbol{A},\boldsymbol{B}\rangle.$$

显然,矩阵内积是向量内积的推广,F 范数是向量 2 范数的推广.所以,向量 2 范数的一些不等式可推广到矩阵情形.

性质 1.3.1　对于任意的同阶矩阵 $\boldsymbol{A},\boldsymbol{B}$,有

$$\|\boldsymbol{A}+\boldsymbol{B}\|_F \leqslant \|\boldsymbol{A}\|_F + \|\boldsymbol{B}\|_F,$$

$$\langle \boldsymbol{A},\boldsymbol{B}\rangle \leqslant \|\boldsymbol{A}\|_F\|\boldsymbol{B}\|_F.$$

特别地,对方阵 $\boldsymbol{A}$,有

$$\|\boldsymbol{A}+\boldsymbol{A}^{\mathrm{T}}\|_F \leqslant 2\|\boldsymbol{A}\|_F.$$

性质 1.3.2　对 n 阶方阵 $\boldsymbol{A},\boldsymbol{B}$,有 $\|\boldsymbol{A}\boldsymbol{B}\|_2 \leqslant \|\boldsymbol{A}\|_2\|\boldsymbol{B}\|_2$.

证明　由矩阵最大特征根的性质,得

$$\begin{aligned}\|\boldsymbol{A}\boldsymbol{B}\|_2^2 &= \lambda_{\max}(\boldsymbol{B}^{\mathrm{T}}\boldsymbol{A}^{\mathrm{T}}\boldsymbol{A}\boldsymbol{B}) = \lambda_{\max}(\boldsymbol{A}^{\mathrm{T}}\boldsymbol{A}\boldsymbol{B}\boldsymbol{B}^{\mathrm{T}}) = \max_{\|\boldsymbol{x}\|=1} \boldsymbol{x}^{\mathrm{T}}\boldsymbol{A}^{\mathrm{T}}\boldsymbol{A}\boldsymbol{B}\boldsymbol{B}^{\mathrm{T}}\boldsymbol{x} \\ &\leqslant \max_{\|\boldsymbol{x}\|=1} \|\boldsymbol{A}^{\mathrm{T}}\boldsymbol{A}\boldsymbol{x}\| \|\boldsymbol{B}\boldsymbol{B}^{\mathrm{T}}\boldsymbol{x}\| \leqslant \|\boldsymbol{A}\boldsymbol{A}^{\mathrm{T}}\|_2\|\boldsymbol{B}\boldsymbol{B}^{\mathrm{T}}\|_2 \\ &= \lambda_{\max}(\boldsymbol{A}^{\mathrm{T}}\boldsymbol{A})\lambda_{\max}(\boldsymbol{B}^{\mathrm{T}}\boldsymbol{B}) = \|\boldsymbol{A}\|_2^2\|\boldsymbol{B}\|_2^2.\end{aligned}$$

□

另外,对任意的 $\boldsymbol{x},\boldsymbol{y},\boldsymbol{z}\in\mathbb{R}^n$,容易验证

$$2\langle \boldsymbol{x}-\boldsymbol{y},\boldsymbol{y}-\boldsymbol{z}\rangle = \|\boldsymbol{x}-\boldsymbol{z}\|^2 - \|\boldsymbol{y}-\boldsymbol{z}\|^2 - \|\boldsymbol{x}-\boldsymbol{y}\|^2. \tag{1.3.1}$$

上式基于由 $\boldsymbol{x},\boldsymbol{y},\boldsymbol{z}$ 构成的三角形,等式两边同号.

对任意的同阶矩阵 $\boldsymbol{A},\boldsymbol{B},\boldsymbol{C}\in\mathbb{R}^{m\times n}$,式(1.3.1)在矩阵情形下变为

$$\|\boldsymbol{A}-\boldsymbol{B}\|_F^2 + 2\langle \boldsymbol{A}-\boldsymbol{B},\boldsymbol{B}-\boldsymbol{C}\rangle = \|\boldsymbol{A}-\boldsymbol{C}\|_F^2 - \|\boldsymbol{B}-\boldsymbol{C}\|_F^2.$$

在理论分析中常用到上述式子.

借助矩阵的 F 范数可将对称矩阵的二次型 $\boldsymbol{x}^{\mathrm{T}}\boldsymbol{A}\boldsymbol{x}$ 写成$\langle \boldsymbol{A},\boldsymbol{x}\boldsymbol{x}^{\mathrm{T}}\rangle$.而对任意的 $\boldsymbol{A}\in\mathbb{R}^{m\times n}$ 和 $\boldsymbol{x}\in\mathbb{R}^m$,$\boldsymbol{y}\in\mathbb{R}^n$,有

$$\langle \boldsymbol{A},\boldsymbol{x}\boldsymbol{y}^{\mathrm{T}}\rangle = \boldsymbol{x}^{\mathrm{T}}\boldsymbol{A}\boldsymbol{y}.$$

进一步,对 $x_1,x_2,\cdots,x_n\in\mathbb{R}^n$,记 $X=(x_1,x_2,\cdots,x_n)$,则

$$\sum_{i=1}^{n} x_i^{\mathrm T}Ax_i = \langle A,\sum_{i=1}^{n} x_ix_i^{\mathrm T}\rangle = \langle A,XX^{\mathrm T}\rangle = \mathrm{tr}(AXX^{\mathrm T}) = \mathrm{tr}(X^{\mathrm T}AX).$$

特别地,若向量组 $x_1,x_2,\cdots,x_n$ 是单位正交的,则

$$\sum_{i=1}^{n} x_i^{\mathrm T}Ax_i = \mathrm{tr}(A).$$

对于 X 的列数小于 n 的情况,有如下的 Ky Fan 定理.

定理 1.3.1 设 $\lambda_1\geqslant\lambda_2\geqslant\cdots\geqslant\lambda_n$ 为对称阵 $A\in\mathbb{R}^{n\times n}$ 的所有实特征根,$u_1,u_2,\cdots,u_n$ 为对应的特征向量.则对任意的 $k<n$,有

$$\max_{X^{\mathrm T}X=I_k} \mathrm{tr}(X^{\mathrm T}AX) = \lambda_1+\lambda_2+\cdots+\lambda_k,$$

且对任意的正交阵 $Q\in\mathbb{R}^{k\times k}$,$(u_1,u_2,\cdots,u_k)Q$ 为其最优解.

证明 对任意的 $x_1,x_2,\cdots,x_k$,存在数组 $\{\mu_{ij}\}$,使得

$$x_i = \mu_{i1}u_1+\mu_{i2}u_2+\cdots+\mu_{in}u_n,\quad i=1,2,\cdots,k,$$

且对任意的 $1\leqslant i\leqslant k$ 和 $i\neq i'$,有

$$\mu_{i1}^2+\mu_{i2}^2+\cdots+\mu_{in}^2 = 1,$$
$$\mu_{i1}\mu_{i'1}+\mu_{i2}\mu_{i'2}+\cdots+\mu_{in}\mu_{i'n} = 0.$$

从而优化问题

$$\max_{X^{\mathrm T}X=I_k} \mathrm{tr}(X^{\mathrm T}AX)$$

可化为

$$\begin{aligned}&\max\sum_{i=1}^{k}\sum_{j=1}^{n}\lambda_j\mu_{ij}^2,\\ &\text{s.t.}\ \mu_{i1}^2+\mu_{i2}^2+\cdots+\mu_{in}^2=1,\quad i=1,2,\cdots,k,\\ &\qquad \mu_{i1}\mu_{i'1}+\mu_{i2}\mu_{i'2}+\cdots+\mu_{in}\mu_{i'n}=0,\quad i\neq i'.\end{aligned}$$

将正交向量组

$$(\mu_{i1},\mu_{i2},\cdots,\mu_{in}),\quad i=1,2,\cdots,k$$

扩充成完全正交系

$$(\mu_{i1},\mu_{i2},\cdots,\mu_{in}),\quad i=1,2,\cdots,k,\cdots,n,$$

并记 $\nu_{ij}=\mu_{ij}^2$.则由正交矩阵的性质,可将上述优化问题松弛为

$$\begin{aligned}&\max\sum_{i=1}^{k}\sum_{j=1}^{n}\lambda_j\nu_{ij} = \sum_{j=1}^{n}\lambda_j\sum_{i=1}^{k}\nu_{ij},\\ &\text{s.t.}\ \nu_{i1}+\nu_{i2}+\cdots+\nu_{in}=1,\quad i=1,2,\cdots,n,\\ &\qquad \nu_{1j}+\nu_{2j}+\cdots+\nu_{nj}=1,\quad j=1,2,\cdots,n,\\ &\qquad \nu_{ij}\geqslant 0,\quad i,j=1,2,\cdots,n.\end{aligned}$$

约束条件为

$$\sum_{i=1}^{k}\sum_{j=1}^{n}\nu_{ij}\leqslant k,$$

而对任意的 $1\leqslant j\leqslant k$，有

$$\sum_{i=1}^{k}\nu_{ij}\leqslant 1.$$

所以，上述优化问题的最优值满足

$$\sum_{i=1}^{k}\sum_{j=1}^{n}\lambda_j\nu_{ij}=\sum_{j=1}^{n}\lambda_j\sum_{i=1}^{k}\nu_{ij}\leqslant\sum_{i=1}^{k}\lambda_j.$$

取

$$(\mu_{i1},\mu_{i2},\cdots,\mu_{in})=\boldsymbol{e}_i,\quad i=1,2,\cdots,k,$$

得等号成立.结论得证. □

需要说明的是，"拉直"算子 vec: $\mathbb{R}^{m\times n}\rightarrow\mathbb{R}^{mn}$ 破坏了矩阵的几何结构，以至于一些矩阵运算无法进行，如 vec($\boldsymbol{AB}$)无法通过 vec($\boldsymbol{A}$)和 vec($\boldsymbol{B}$)来表示.

容易验证，下述结论成立.

引理 1.3.1　设矩阵 $\boldsymbol{A}\in\mathbb{R}^{m\times n}$，则对任意的列单位正交阵 $\boldsymbol{U}\in\mathbb{R}^{s\times m}$ 和 $\boldsymbol{V}\in\mathbb{R}^{t\times n}$，有 $\|\boldsymbol{UAV}^{\mathrm{T}}\|_{\mathrm{F}}=\|\boldsymbol{A}\|_{\mathrm{F}}$.特别地，对 m 阶正交阵 $\boldsymbol{U}$ 和 n 阶正交阵 $\boldsymbol{V}$，有 $\|\boldsymbol{UAV}\|_{\mathrm{F}}=\|\boldsymbol{A}\|_{\mathrm{F}}$.

证明　由于 $\boldsymbol{U}^{\mathrm{T}}\boldsymbol{U}=\boldsymbol{I}_m$，$\boldsymbol{V}^{\mathrm{T}}\boldsymbol{V}=\boldsymbol{I}_n$，所以

$$\begin{aligned}\|\boldsymbol{UAV}^{\mathrm{T}}\|_{\mathrm{F}}^2&=\mathrm{tr}(\boldsymbol{UAV}^{\mathrm{T}}\boldsymbol{VA}^{\mathrm{T}}\boldsymbol{U}^{\mathrm{T}})=\mathrm{tr}(\boldsymbol{UAA}^{\mathrm{T}}\boldsymbol{U}^{\mathrm{T}})\\&=\mathrm{tr}(\boldsymbol{AA}^{\mathrm{T}}\boldsymbol{U}^{\mathrm{T}}\boldsymbol{U})=\mathrm{tr}(\boldsymbol{AA}^{\mathrm{T}})=\|\boldsymbol{A}\|_{\mathrm{F}}^2.\end{aligned}$$

□

设 $\boldsymbol{A}=\boldsymbol{U\Sigma V}^{\mathrm{T}}$ 为矩阵 $\boldsymbol{A}$ 的奇异值分解，其中 $\boldsymbol{U}\in\mathbb{R}^{m\times r}$，$\boldsymbol{V}\in\mathbb{R}^{n\times r}$ 为列正交的，$\boldsymbol{\Sigma}=\mathrm{diag}(\sigma_1,\sigma_2,\cdots,\sigma_r)$.根据上述结论，有

$$\|\boldsymbol{A}\|_{\mathrm{F}}^2=\sum_{i=1}^{r}\sigma_i^2.$$

对上述奇异值求和，便得到矩阵的核范数(nuclear norm)：

$$\|\boldsymbol{A}\|_*=\sum_{i=1}^{r}\sigma_i.$$

显然，$\|\boldsymbol{A}\|_2=\sigma_1$.由此得到秩为 r 的矩阵的 2 范数、F 范数、核范数之间的关系：

$$\|\boldsymbol{A}\|\leqslant\|\boldsymbol{A}\|_{\mathrm{F}}\leqslant\|\boldsymbol{A}\|_*\leqslant\sqrt{r}\|\boldsymbol{A}\|_{\mathrm{F}}\leqslant r\|\boldsymbol{A}\|.$$

利用 Cauchy-Schwarz 不等式容易证明，矩阵的 F 范数 $\|\cdot\|_{\mathrm{F}}$ 的对偶范数仍是 F 范数，即

$$\|\boldsymbol{X}\|_{\mathrm{F}}=\max_{\|\boldsymbol{Y}\|_{\mathrm{F}}\leqslant 1}\langle\boldsymbol{X},\boldsymbol{Y}\rangle.$$

下面的结论表明：矩阵的谱范数 $\|\cdot\|_2$ 的对偶范数是核范数，也就是

$$\|\boldsymbol{X}\|_*=\max_{\|\boldsymbol{Y}\|_2\leqslant 1}\langle\boldsymbol{X},\boldsymbol{Y}\rangle.$$

利用该结论可得到矩阵核范数的次可加性：

$$\|\boldsymbol{A}+\boldsymbol{B}\|_*\leqslant\|\boldsymbol{A}\|_*+\|\boldsymbol{B}\|_*,\quad\forall\boldsymbol{A},\boldsymbol{B}\in\mathbb{R}^{m\times n}.$$

定理 1.3.2　矩阵的 2 范数的对偶是核范数.

证明　首先，设矩阵 $\boldsymbol{A}\in\mathbb{R}_r^{m\times n}$ 的奇异值分解为 $\boldsymbol{A}=\boldsymbol{U\Sigma V}^{\mathrm{T}}$.取 $\boldsymbol{Y}=\boldsymbol{UV}^{\mathrm{T}}$.则

$\| \boldsymbol{Y} \|_2 = 1$,且

$$\begin{aligned}\langle \boldsymbol{A}, \boldsymbol{Y} \rangle &= \langle \boldsymbol{U\Sigma V}^{\mathrm{T}}, \boldsymbol{UV}^{\mathrm{T}} \rangle = \operatorname{tr}(\boldsymbol{U\Sigma V}^{\mathrm{T}} \boldsymbol{VU}^{\mathrm{T}}) \\ &= \sum_i \sigma_i(\boldsymbol{A}) = \| \boldsymbol{A} \|_* .\end{aligned}$$

由对偶范数的定义,知

$$\max_{\| \boldsymbol{Y} \|_2 \leqslant 1} \langle \boldsymbol{A}, \boldsymbol{Y} \rangle \geqslant \| \boldsymbol{A} \|_* .$$

为建立反向不等式,考虑如下优化问题:

$$\begin{aligned}&\max \operatorname{tr}(\boldsymbol{A}^{\mathrm{T}} \boldsymbol{Y}), \\ &\text{s.t. } \| \boldsymbol{Y} \| \leqslant 1.\end{aligned}$$

这等价于

$$\begin{aligned}&\max \operatorname{tr}(\boldsymbol{A}^{\mathrm{T}} \boldsymbol{Y}), \\ &\text{s.t. } \begin{pmatrix} \boldsymbol{I}_m & \boldsymbol{Y} \\ \boldsymbol{Y}^{\mathrm{T}} & \boldsymbol{I}_n \end{pmatrix} \geqslant \boldsymbol{0}.\end{aligned}$$

该规划问题的对偶为

$$\begin{aligned}&\min \frac{1}{2}(\operatorname{tr}(\boldsymbol{W}_1) + \operatorname{tr}(\boldsymbol{W}_2)), \\ &\text{s.t. } \begin{pmatrix} \boldsymbol{W}_1 & \boldsymbol{A} \\ \boldsymbol{A}^{\mathrm{T}} & \boldsymbol{W}_2 \end{pmatrix} \geqslant \boldsymbol{0}.\end{aligned}$$

令

$$\boldsymbol{W}_1 = \boldsymbol{U\Sigma U}^{\mathrm{T}}, \quad \boldsymbol{W}_2 = \boldsymbol{V\Sigma V}^{\mathrm{T}},$$

则 $\boldsymbol{W}_1, \boldsymbol{W}_2$ 为上述半定规划的可行解,目标函数值为

$$\operatorname{tr}(\boldsymbol{\Sigma}) = \| \boldsymbol{A} \|_* .$$

由对偶规划的性质得原规划问题的最优值小于或等于 $\| \boldsymbol{A} \|_*$. □

根据引理 1.3.1,对矩阵 $\boldsymbol{A} \in \mathbb{R}^{m \times n}$ 和正交阵 $\boldsymbol{Q} \in \mathbb{R}^{s \times m}$,有

$$\| \boldsymbol{QA} \|_{\mathrm{F}} = \| \boldsymbol{A} \|_{\mathrm{F}} .$$

如果乘积换成 $\boldsymbol{Q}^{\mathrm{T}} \boldsymbol{A}$,那么 $\| \boldsymbol{Q}^{\mathrm{T}} \boldsymbol{A} \|_{\mathrm{F}}$ 如何变化呢? 事实上,

$$\| \boldsymbol{Q}^{\mathrm{T}} \boldsymbol{A} \|_{\mathrm{F}}^2 = \operatorname{tr}(\boldsymbol{Q}^{\mathrm{T}} \boldsymbol{AA}^{\mathrm{T}} \boldsymbol{Q}) = \sum_{i=1}^{s} \boldsymbol{q}_i^{\mathrm{T}} \boldsymbol{AA}^{\mathrm{T}} \boldsymbol{q}_i .$$

我们考虑半正定对称矩阵 $\boldsymbol{AA}^{\mathrm{T}}$.

设 $\sigma_1^2 \geqslant \sigma_2^2 \geqslant \cdots \geqslant \sigma_m^2 \geqslant 0$ 为 $\boldsymbol{AA}^{\mathrm{T}}$ 的所有特征根,也就是 $\sigma_1 \geqslant \sigma_2 \geqslant \cdots \geqslant \sigma_m \geqslant 0$ 为矩阵 $\boldsymbol{A}$ 的所有非零奇异值.则上式的最大值为矩阵 $\boldsymbol{AA}^{\mathrm{T}}$ 的前 s 个特征值的和,而最小值为矩阵 $\boldsymbol{AA}^{\mathrm{T}}$ 的后 s 个特征值的和,而这些特征根对应的特征向量构成的列正交阵 $\boldsymbol{U}^s$ 和 $\boldsymbol{U}_s$ 构成上式的最大值解和最小值解.即

$$\begin{aligned}\boldsymbol{U}^s &= \arg \max_{\boldsymbol{Q}^{\mathrm{T}} \boldsymbol{Q} = \boldsymbol{I}_s} \| \boldsymbol{Q}^{\mathrm{T}} \boldsymbol{A} \|_{\mathrm{F}}^2 , \\ \boldsymbol{U}_s &= \arg \min_{\boldsymbol{Q}^{\mathrm{T}} \boldsymbol{Q} = \boldsymbol{I}_s} \| \boldsymbol{Q}^{\mathrm{T}} \boldsymbol{A} \|_{\mathrm{F}}^2 .\end{aligned}$$

下面给出第一式的严格证明.记半正定对称矩阵 $\boldsymbol{A}\boldsymbol{A}^{\mathrm{T}}$ 的所有特征向量按对应特征值由大到小排列构成矩阵 $\boldsymbol{U}$.则

$$\boldsymbol{U}^{\mathrm{T}}\boldsymbol{U}=\boldsymbol{I}_m,\quad 且\quad \boldsymbol{U}^{\mathrm{T}}\boldsymbol{A}\boldsymbol{A}^{\mathrm{T}}\boldsymbol{U}=\boldsymbol{\Sigma}=\mathrm{diag}(\sigma_1,\sigma_2,\cdots,\sigma_m).$$

所以

$$\|\boldsymbol{Q}^{\mathrm{T}}\boldsymbol{A}\|_{\mathrm{F}}^2=\mathrm{tr}(\boldsymbol{Q}^{\mathrm{T}}\boldsymbol{A}\boldsymbol{A}^{\mathrm{T}}\boldsymbol{Q})=\mathrm{tr}(\boldsymbol{Q}^{\mathrm{T}}\boldsymbol{U}\boldsymbol{\Sigma}\boldsymbol{U}^{\mathrm{T}}\boldsymbol{Q})=\|\boldsymbol{\Sigma}^{1/2}\boldsymbol{U}^{\mathrm{T}}\boldsymbol{Q}\|_{\mathrm{F}}^2.$$

由 $\boldsymbol{U}$ 正交知 $\boldsymbol{U}^{\mathrm{T}}\boldsymbol{Q}$ 是列单位正交的,不妨记

$$\boldsymbol{U}^{\mathrm{T}}\boldsymbol{Q}\triangleq\bar{\boldsymbol{Q}}=\begin{pmatrix}\bar{q}_{11}&\bar{q}_{12}&\cdots&\bar{q}_{1s}\\\bar{q}_{21}&\bar{q}_{22}&\cdots&\bar{q}_{2s}\\\vdots&\vdots&&\vdots\\\bar{q}_{m1}&\bar{q}_{m2}&\cdots&\bar{q}_{ms}\end{pmatrix}.$$

故

$$\|\bar{q}^{\mathrm{T}}\boldsymbol{A}\|_{\mathrm{F}}^2=\left\|\boldsymbol{\Sigma}^{1/2}\begin{pmatrix}\bar{q}_{11}&\bar{q}_{12}&\cdots&\bar{q}_{1s}\\\bar{q}_{21}&\bar{q}_{22}&\cdots&\bar{q}_{2s}\\\vdots&\vdots&&\vdots\\\bar{q}_{r1}&\bar{q}_{r2}&\cdots&\bar{q}_{rs}\end{pmatrix}\right\|_{\mathrm{F}}^2=\sum_{i=1}^{r}\sigma_i\Big(\sum_{j=1}^{s}\bar{q}_{ij}^2\Big).$$

由于 $\bar{\boldsymbol{Q}}$ 是列正交的,故

$$\sum_{i=1}^{r}\sum_{j=1}^{s}\bar{q}_{ij}^2=\sum_{j=1}^{s}\Big(\sum_{i=1}^{r}\bar{q}_{ij}^2\Big)\leqslant s.$$

从而,若 $\bar{\boldsymbol{Q}}$ 使 $\|\bar{\boldsymbol{Q}}^{\mathrm{T}}\boldsymbol{A}\|_{\mathrm{F}}^2$ 达到最大,则 $\bar{\boldsymbol{Q}}$ 应满足

$$\sum_{i=1}^{r}\sum_{j=1}^{s}\bar{q}_{ij}^2=\sum_{j=1}^{s}\Big(\sum_{i=1}^{r}\bar{q}_{ij}^2\Big)=s.$$

而对任意的 $i(1\leqslant i\leqslant r)$,有

$$\sum_{j=1}^{s}\bar{q}_{ij}^2\leqslant 1,\quad \sigma_1\geqslant\sigma_2\geqslant\cdots\geqslant\sigma_r>0,$$

故 $\|\bar{\boldsymbol{Q}}^{\mathrm{T}}\boldsymbol{A}\|_{\mathrm{F}}^2\leqslant\sum_{j=1}^{s}\sigma_j$,而在 $\boldsymbol{U}^{\mathrm{T}}\bar{\boldsymbol{Q}}=\begin{pmatrix}\boldsymbol{I}_s\\\boldsymbol{0}\end{pmatrix}$ 时上式等号成立,由此得第一式.

性质 1.3.3　对 n 阶方阵 $\boldsymbol{A},\boldsymbol{B}$,有

$$\|\boldsymbol{A}\boldsymbol{B}\|_{\mathrm{F}}\leqslant\min\{\|\boldsymbol{A}\|_2\|\boldsymbol{B}\|_{\mathrm{F}},\|\boldsymbol{A}\|_{\mathrm{F}}\|\boldsymbol{B}\|_2\}.$$

证明　由于 $\boldsymbol{A}^{\mathrm{T}}\boldsymbol{A}$ 为半正定对称矩阵,所以存在正交阵 $\boldsymbol{P}$,满足

$$\boldsymbol{P}^{\mathrm{T}}\boldsymbol{A}^{\mathrm{T}}\boldsymbol{A}\boldsymbol{P}=\mathrm{diag}(\lambda_1,\lambda_2,\cdots,\lambda_n).$$

记 $\boldsymbol{B}^{\mathrm{T}}\boldsymbol{P}\triangleq(\hat{\boldsymbol{b}}_1,\hat{\boldsymbol{b}}_2,\cdots,\hat{\boldsymbol{b}}_n)$,则

$$\begin{aligned}\|\boldsymbol{A}\boldsymbol{B}\|_{\mathrm{F}}^2&=\mathrm{tr}(\boldsymbol{B}^{\mathrm{T}}\boldsymbol{A}^{\mathrm{T}}\boldsymbol{A}\boldsymbol{B})=\mathrm{tr}(\boldsymbol{B}^{\mathrm{T}}\boldsymbol{P}\boldsymbol{P}^{\mathrm{T}}\boldsymbol{A}^{\mathrm{T}}\boldsymbol{A}\boldsymbol{P}\boldsymbol{P}^{\mathrm{T}}\boldsymbol{B})\\&=\mathrm{tr}\left((\hat{\boldsymbol{b}}_1,\hat{\boldsymbol{b}}_2,\cdots,\hat{\boldsymbol{b}}_n)\mathrm{diag}(\lambda_1,\lambda_2,\cdots,\lambda_n)\begin{pmatrix}\hat{\boldsymbol{b}}_1^{\mathrm{T}}\\\vdots\\\hat{\boldsymbol{b}}_n^{\mathrm{T}}\end{pmatrix}\right)\end{aligned}$$

$$= \operatorname{tr}\left(\sum_{i=1}^{n} \lambda_i \hat{\boldsymbol{b}}_i \hat{\boldsymbol{b}}_i^{\mathrm{T}}\right) = \sum_{i=1}^{n} \lambda_i \operatorname{tr}(\hat{\boldsymbol{b}}_i \hat{\boldsymbol{b}}_i^{\mathrm{T}})$$

$$\leqslant \max_{1\leqslant i\leqslant n}(\lambda_i) \operatorname{tr}\left(\sum_{j=1}^{n} \hat{\boldsymbol{b}}_j \hat{\boldsymbol{b}}_j^{\mathrm{T}}\right)$$

$$= \|\boldsymbol{A}\|_2^2 \operatorname{tr}(\boldsymbol{B}^{\mathrm{T}}\boldsymbol{B}) = \|\boldsymbol{A}\|_2^2 \|\boldsymbol{B}\|_{\mathrm{F}}^2.$$

类似可证

$$\|\boldsymbol{AB}\|_{\mathrm{F}} \leqslant \|\boldsymbol{A}\|_{\mathrm{F}} \|\boldsymbol{B}\|_2.$$ □

性质 1.3.4 对 n 阶方阵 $\boldsymbol{A}$ 和向量 $\boldsymbol{x}\in\mathbb{R}^n$，有

$$\|\boldsymbol{Ax}\|_2 \leqslant \|\boldsymbol{A}\|_{\mathrm{F}} \|\boldsymbol{x}\|_2.$$

证明 设 $\boldsymbol{A}^{\mathrm{T}} = (\boldsymbol{a}_1, \boldsymbol{a}_2, \cdots, \boldsymbol{a}_n)$，则

$$\|\boldsymbol{Ax}\|_2^2 = \left\|\begin{pmatrix} \boldsymbol{a}_1^{\mathrm{T}}\boldsymbol{x} \\ \vdots \\ \boldsymbol{a}_n^{\mathrm{T}}\boldsymbol{x} \end{pmatrix}\right\|_2^2 = \sum_{i=1}^{n} \langle \boldsymbol{a}_i, \boldsymbol{x}\rangle^2$$

$$\leqslant \sum_{i=1}^{n} \|\boldsymbol{a}_i\|_2^2 \|\boldsymbol{x}\|_2^2 = \|\boldsymbol{x}\|_2^2 \|\boldsymbol{A}\|_{\mathrm{F}}^2.$$ □

性质 1.3.5 对 n 阶方阵 $\boldsymbol{A}, \boldsymbol{B}$，有

$$\|\boldsymbol{AB}\|_{\mathrm{F}} \leqslant \|\boldsymbol{A}\|_{\mathrm{F}} \|\boldsymbol{B}\|_{\mathrm{F}}.$$

证明 设 $\boldsymbol{B} = (\boldsymbol{b}_1, \boldsymbol{b}_2, \cdots, \boldsymbol{b}_n)$. 利用性质 1.3.4，得

$$\|\boldsymbol{AB}\|_{\mathrm{F}}^2 = \|(\boldsymbol{Ab}_1, \boldsymbol{Ab}_2, \cdots, \boldsymbol{Ab}_n)\|_{\mathrm{F}}^2 = \sum_{i=1}^{n} \|\boldsymbol{Ab}_i\|^2$$

$$\leqslant \sum_{i=1}^{n} \|\boldsymbol{A}\|_{\mathrm{F}}^2 \|\boldsymbol{b}_i\|^2 = \|\boldsymbol{A}\|_{\mathrm{F}}^2 \|\boldsymbol{B}\|_{\mathrm{F}}^2.$$ □

性质 1.3.6 对 n 维向量 $\boldsymbol{u}, \boldsymbol{v}$，有

$$\|\boldsymbol{uv}^{\mathrm{T}}\|_{\mathrm{F}} = \|\boldsymbol{u}\|_2 \|\boldsymbol{v}\|_2.$$

证明 易知

$$\|\boldsymbol{uv}^{\mathrm{T}}\|_{\mathrm{F}}^2 = \operatorname{tr}(\boldsymbol{vu}^{\mathrm{T}}\boldsymbol{uv}^{\mathrm{T}}) = \|\boldsymbol{u}\|_2^2 \operatorname{tr}(\boldsymbol{vv}^{\mathrm{T}}) = \|\boldsymbol{u}\|_2^2 \|\boldsymbol{v}\|_2^2.$$ □

性质 1.3.7 设矩阵 $\boldsymbol{A} = \sum_{i=1}^{m} \boldsymbol{u}_i \boldsymbol{v}_i^{\mathrm{T}}$，其中 $\boldsymbol{u}_i, \boldsymbol{v}_i \in \mathbb{R}^n$. 则

$$\|\boldsymbol{A}\|_{\mathrm{F}}^2 = \sum_{i=1}^{m}\sum_{j=1}^{m} \langle \boldsymbol{u}_i, \boldsymbol{u}_j\rangle\langle \boldsymbol{v}_i, \boldsymbol{v}_j\rangle.$$

证明 为简单起见，这里以 $m=2$ 为例进行证明，也就是

$$\boldsymbol{A} = \boldsymbol{u}_1\boldsymbol{v}_1^{\mathrm{T}} + \boldsymbol{u}_2\boldsymbol{v}_2^{\mathrm{T}} = (\boldsymbol{u}_1, \boldsymbol{u}_2)\begin{pmatrix} \boldsymbol{v}_1^{\mathrm{T}} \\ \boldsymbol{v}_2^{\mathrm{T}} \end{pmatrix},$$

其中 $\boldsymbol{u}_1, \boldsymbol{v}_1, \boldsymbol{u}_2, \boldsymbol{v}_2 \in \mathbb{R}^n$. 则

$$\boldsymbol{AA}^{\mathrm{T}} = (\boldsymbol{u}_1, \boldsymbol{u}_2)\begin{pmatrix} \boldsymbol{v}_1^{\mathrm{T}} \\ \boldsymbol{v}_2^{\mathrm{T}} \end{pmatrix}(\boldsymbol{v}_1, \boldsymbol{v}_2)\begin{pmatrix} \boldsymbol{u}_1^{\mathrm{T}} \\ \boldsymbol{u}_2^{\mathrm{T}} \end{pmatrix}$$

$$= (\boldsymbol{u}_1, \boldsymbol{u}_2)\begin{pmatrix} \langle \boldsymbol{v}_1, \boldsymbol{v}_1 \rangle & \langle \boldsymbol{v}_1, \boldsymbol{v}_2 \rangle \\ \langle \boldsymbol{v}_2, \boldsymbol{v}_1 \rangle & \langle \boldsymbol{v}_2, \boldsymbol{v}_2 \rangle \end{pmatrix}\begin{bmatrix} \boldsymbol{u}_1^{\mathrm{T}} \\ \boldsymbol{u}_2^{\mathrm{T}} \end{bmatrix}$$

$$= \langle \boldsymbol{v}_1, \boldsymbol{v}_1 \rangle \boldsymbol{u}_1 \boldsymbol{u}_1^{\mathrm{T}} + 2\langle \boldsymbol{v}_1, \boldsymbol{v}_2 \rangle \boldsymbol{u}_1 \boldsymbol{u}_2^{\mathrm{T}} + \langle \boldsymbol{v}_2, \boldsymbol{v}_2 \rangle \boldsymbol{u}_2 \boldsymbol{u}_2^{\mathrm{T}}.$$

从而有

$$\begin{aligned} \| \boldsymbol{A} \|_{\mathrm{F}}^2 &= \mathrm{tr}(\boldsymbol{A}\boldsymbol{A}^{\mathrm{T}}) \\ &= \langle \boldsymbol{u}_1, \boldsymbol{u}_1 \rangle \langle \boldsymbol{v}_1, \boldsymbol{v}_1 \rangle + 2\langle \boldsymbol{u}_1, \boldsymbol{u}_2 \rangle \langle \boldsymbol{v}_1, \boldsymbol{v}_2 \rangle + \langle \boldsymbol{v}_2, \boldsymbol{v}_2 \rangle \langle \boldsymbol{u}_2, \boldsymbol{u}_2 \rangle. \end{aligned}$$

□

性质 1.3.8　设 n 阶方阵 $\boldsymbol{A}$ 的特征根分别为 $\lambda_1, \lambda_2, \cdots, \lambda_n$. 则

$$\| \boldsymbol{A} \|_{\mathrm{F}}^2 \geqslant \sum_{i=1}^{n} | \lambda_i |^2.$$

若 $\boldsymbol{A}$ 是对称的，则

$$\| \boldsymbol{A} \|_{\mathrm{F}}^2 = \sum_{i=1}^{n} \lambda_i^2.$$

证明　对 n 阶矩阵 $\boldsymbol{A}$，存在正交矩阵 $\boldsymbol{P}$，使得

$$\boldsymbol{P}\boldsymbol{A}\boldsymbol{P}^{\mathrm{T}} = \begin{pmatrix} \lambda_1 & * & \cdots & * \\ 0 & \lambda_2 & \cdots & * \\ \vdots & \vdots & & \vdots \\ 0 & 0 & \cdots & \lambda_n \end{pmatrix}.$$

利用正交变换下矩阵 F 范数的不变性容易验证结论成立. □

在正交变换下，矩阵的 F 范数不变，也就是对 n 阶方阵 $\boldsymbol{A}$ 和任意的正交阵 $\boldsymbol{Q}$，有

$$\| \boldsymbol{Q}^{\mathrm{T}}\boldsymbol{A}\boldsymbol{Q} \|_{\mathrm{F}} = \| \boldsymbol{A} \|_{\mathrm{F}}.$$

特别地，若 $\boldsymbol{Q}^{\mathrm{T}}\boldsymbol{A}\boldsymbol{Q}$ 为对角阵，则该结论说明：在正交变换下，矩阵元素所代表的能量集中于对角元. 需要说明的是，在相似变换下该性质未必成立. 对此有以下结论.

性质 1.3.9　对实对称矩阵 $\boldsymbol{A}$ 和同阶非奇异阵 $\boldsymbol{P}$，有

$$2 \| \boldsymbol{A} \|_{\mathrm{F}} \leqslant \| \boldsymbol{P}\boldsymbol{A}\boldsymbol{P}^{-1} + (\boldsymbol{P}\boldsymbol{A}\boldsymbol{P}^{-1})^{\mathrm{T}} \|_{\mathrm{F}}.$$

证明　由性质 1.3.8，有

$$\| \boldsymbol{A} \|_{\mathrm{F}}^2 = \sum_{i=1}^{n} \lambda_i^2(\boldsymbol{A}) = \sum_{i=1}^{n} \lambda_i^2(\boldsymbol{P}\boldsymbol{A}\boldsymbol{P}^{-1}) \leqslant \| \boldsymbol{P}\boldsymbol{A}\boldsymbol{P}^{-1} \|_{\mathrm{F}}^2.$$

所以

$$\begin{aligned} \| \boldsymbol{P}\boldsymbol{A}\boldsymbol{P}^{-1} + (\boldsymbol{P}\boldsymbol{A}\boldsymbol{P}^{-1})^{\mathrm{T}} \|_{\mathrm{F}}^2 &= 2 \| \boldsymbol{P}\boldsymbol{A}\boldsymbol{P}^{-1} \|_{\mathrm{F}}^2 + 2\mathrm{tr}(\boldsymbol{A}\boldsymbol{A}^{\mathrm{T}}) \\ &= 2 \| \boldsymbol{P}\boldsymbol{A}\boldsymbol{P}^{-1} \|_{\mathrm{F}}^2 + 2 \| \boldsymbol{A} \|_{\mathrm{F}}^2 \\ &\geqslant 4 \| \boldsymbol{A} \|_{\mathrm{F}}^2. \end{aligned}$$

由此即得结论. □

n 阶方阵 $\boldsymbol{A}$ 的特征根模的最大值称为矩阵的谱半径，记为 $\rho(\boldsymbol{A})$，也就是

$$\rho(\boldsymbol{A}) = \max_{1 \leqslant i \leqslant n} | \lambda_i(\boldsymbol{A}) |.$$

谱半径并不总是矩阵的范数，如矩阵 $\boldsymbol{A} = \begin{pmatrix} 0 & 2 \\ 0 & 0 \end{pmatrix}$ 的谱半径为零，但 $\| \boldsymbol{A} \|_1 =$

2.这说明,矩阵的谱半径和矩阵的某种范数的差距可以很大.一般地,我们有如下结论.

定理 1.3.3 对矩阵 $\boldsymbol{A}\in\mathbb{R}^{n\times n}$ 和矩阵的任意一种范数 $\|\cdot\|$,都有 $\rho(\boldsymbol{A})\leqslant\|\boldsymbol{A}\|$.进一步,对任意的 $\varepsilon>0$ 和任意的 n 阶方阵 $\boldsymbol{A}$,存在矩阵范数 $\|\cdot\|$,使得 $\|\boldsymbol{A}\|\leqslant\rho(\boldsymbol{A})+\varepsilon$.

证明 首先,设 $\boldsymbol{x}\in\mathbb{R}^n$ 为矩阵 $\boldsymbol{A}$ 的最大模特征根 λ 的特征向量.则由 $\boldsymbol{A}\boldsymbol{x}=\lambda\boldsymbol{x}$ 和矩阵范数的基本性质,有

$$\|\boldsymbol{A}\boldsymbol{x}\| = |\lambda|\,\|\boldsymbol{x}\| \leqslant \|\boldsymbol{A}\|\,\|\boldsymbol{x}\|.$$

由 $\boldsymbol{x}\neq\boldsymbol{0}$ 知 $|\lambda|\leqslant\|\boldsymbol{A}\|$,也就是 $\rho(\boldsymbol{A})\leqslant\|\boldsymbol{A}\|$.

其次,对任意的 n 阶矩阵 $\boldsymbol{A}$,存在正交阵 $\boldsymbol{U}$ 和上三角阵

$$\boldsymbol{\Sigma} = \begin{pmatrix} \lambda_1 & d_{12} & \cdots & d_{1n} \\ 0 & \lambda_2 & \cdots & d_{2n} \\ \vdots & \vdots & & \vdots \\ 0 & 0 & \cdots & \lambda_n \end{pmatrix},$$

使得

$$\boldsymbol{A} = \boldsymbol{U}^*\boldsymbol{\Sigma}\boldsymbol{U}.$$

取 $\varepsilon>0$,$\boldsymbol{D}_\varepsilon=\mathrm{diag}(\varepsilon,\varepsilon^2,\cdots,\varepsilon^n)$.则

$$\boldsymbol{D}_\varepsilon^{-1}\boldsymbol{\Sigma}\boldsymbol{D}_\varepsilon = \begin{pmatrix} \lambda_1 & d_{12}\varepsilon & d_{13}\varepsilon^2 & \cdots & d_{1n}\varepsilon^{n-1} \\ 0 & \lambda_2 & d_{22}\varepsilon & \cdots & d_{2n}\varepsilon^{n-2} \\ \vdots & \vdots & \vdots & & \vdots \\ 0 & 0 & 0 & \cdots & d_{(n-1)n}\varepsilon \\ 0 & 0 & 0 & \cdots & \lambda_n \end{pmatrix}.$$

显然,在 $\varepsilon>0$ 充分小时,上述矩阵每行的和小于 $\lambda_k+\varepsilon$,也就是说,当 $\varepsilon>0$ 充分小时,$\|\boldsymbol{D}_\varepsilon^{-1}\boldsymbol{\Sigma}\boldsymbol{D}_\varepsilon\|_1\leqslant\rho(\boldsymbol{A})+\varepsilon$.

定义矩阵范数

$$\|\boldsymbol{A}\| = \|\boldsymbol{D}_\varepsilon\boldsymbol{U}\boldsymbol{A}\boldsymbol{U}^*\boldsymbol{D}_\varepsilon^{-1}\|_1 = \|\boldsymbol{D}_\varepsilon\boldsymbol{\Sigma}\boldsymbol{D}_\varepsilon^{-1}\|_1.$$

根据前面的讨论,当 $\varepsilon>0$ 充分大时,$\|\boldsymbol{A}\|\leqslant\rho(\boldsymbol{A})+\varepsilon$. □

结合前面的结论得到,对任意的 $\varepsilon>0$,存在矩阵范数 $\|\cdot\|$,使得

$$\|A\| - \varepsilon \leqslant \rho(A) \leqslant \|A\|.$$

定理 1.3.4 对于任意的方阵 $\boldsymbol{A}$ 及任意的矩阵范数 $\|\cdot\|$,有

$$\rho(\boldsymbol{A}) = \lim_{k\to\infty}\|\boldsymbol{A}^k\|^{1/k}.$$

证明 根据定理 1.3.3,对任意的 $k(k=1,2,\cdots)$,有

$$\rho^k(\boldsymbol{A}) = \rho(\boldsymbol{A}^k) \leqslant \|\boldsymbol{A}^k\|.$$

所以

$$\rho(\boldsymbol{A}) = \rho(\boldsymbol{A}^k) \leqslant \|\boldsymbol{A}^k\|^{1/k}.$$

对 k 取极限,得

$$\rho(\boldsymbol{A}) \leqslant \lim_{k\to\infty} \| \boldsymbol{A}^k \|^{1/k}.$$

反过来,对任意的 $\varepsilon>0$,记 $\bar{\boldsymbol{A}} = (\rho(\boldsymbol{A})+\varepsilon)^{-1}\boldsymbol{A}$,则 $\rho(\bar{\boldsymbol{A}})<1$. 所以

$$\lim_{k\to\infty} \| \bar{\boldsymbol{A}}^k \| = 0.$$

进而,当 $k>0$ 充分大时,$\| \bar{\boldsymbol{A}}^k \| <1$. 也就是说,

$$\| \boldsymbol{A}^k \| \leqslant (\rho(\boldsymbol{A})+\varepsilon)^k,$$

即

$$\| \boldsymbol{A}^k \|^{1/k} \leqslant \rho(\boldsymbol{A})+\varepsilon.$$

对 k 取极限并利用 $\varepsilon>0$ 充分小,知 $\lim\limits_{k\to\infty} \| \boldsymbol{A}^k \|^{1/k} \leqslant \rho(\boldsymbol{A})$. □

本节最后,我们讨论矩阵的条件数. 对任意的 n 阶方阵 $\boldsymbol{A}$,其条件数定义为

$$K(\boldsymbol{A}) = \begin{cases} \| \boldsymbol{A} \| \, \| \boldsymbol{A}^{-1} \|, & \boldsymbol{A} \text{ 非奇异}, \\ \infty, & \boldsymbol{A} \text{ 奇异}. \end{cases}$$

利用矩阵的谱范数与矩阵特征最值之间的关系

$$\| \boldsymbol{A} \| \geqslant \rho(\boldsymbol{A}) = \lambda_{\max},$$
$$\| \boldsymbol{A}^{-1} \| \leqslant \rho(\boldsymbol{A}^{-1}) = 1/\lambda_{\min},$$

对任意非奇异矩阵 $\boldsymbol{A}$ 的任意范数,成立

$$K(\boldsymbol{A}) \geqslant |\lambda_{\max}| / |\lambda_{\min}|.$$

定理 1.3.5 (Stein 定理)　设矩阵 $\boldsymbol{A}$ 对称、正定. 对方阵 $\boldsymbol{H}$,若 $\boldsymbol{A}-\boldsymbol{H}^{\mathrm{T}}\boldsymbol{A}\boldsymbol{H}$ 正定,则 $\rho(\boldsymbol{H})<1$.

证明　设 $(\lambda,\boldsymbol{u})$ 为矩阵 $\boldsymbol{H}$ 的任一特征对. 由题设,知

$$\boldsymbol{u}^{\mathrm{T}}\boldsymbol{A}\boldsymbol{u} > 0, \quad \boldsymbol{u}^{\mathrm{T}}(\boldsymbol{A}-\boldsymbol{H}^{\mathrm{T}}\boldsymbol{A}\boldsymbol{H})\boldsymbol{u} > 0.$$

从而

$$\boldsymbol{u}^{\mathrm{T}}\boldsymbol{A}\boldsymbol{u} > \boldsymbol{u}^{\mathrm{T}}\boldsymbol{H}^{\mathrm{T}}\boldsymbol{A}\boldsymbol{H}\boldsymbol{u} = \lambda^2 \boldsymbol{u}^{\mathrm{T}}\boldsymbol{A}\boldsymbol{u} > 0.$$

所以 $|\lambda|<1$. □

定义 1.3.1　若矩阵 $\boldsymbol{A},\boldsymbol{B},\boldsymbol{C}$ 满足 $\boldsymbol{A}=\boldsymbol{B}-\boldsymbol{C}$,其中 $\boldsymbol{B}^{-1},\boldsymbol{C}$ 都是非负矩阵,则称矩阵 $\boldsymbol{B},\boldsymbol{C}$ 为矩阵 $\boldsymbol{A}$ 的一个正则分离(regular splitting).

进一步,若矩阵 $\boldsymbol{B}$ 非奇异,矩阵 $\boldsymbol{B}+\boldsymbol{C}$ 正定,则称矩阵 $\boldsymbol{B},\boldsymbol{C}$ 为矩阵 $\boldsymbol{A}$ 的一个 P 正则分离(P-regular splitting).

定理 1.3.6　设 $\boldsymbol{A}=\boldsymbol{B}-\boldsymbol{C}$ 为正定矩阵 $\boldsymbol{A}$ 的一个 P 正则分离. 则

$$\rho(\boldsymbol{B}^{-1}\boldsymbol{C}) < 1$$

证明　根据 Stein 定理,只需证明 $\boldsymbol{A}=\boldsymbol{A}-(\boldsymbol{B}^{-1}\boldsymbol{C})^{\mathrm{T}}\boldsymbol{A}\boldsymbol{B}^{-1}\boldsymbol{C}$ 正定即可.

事实上,由于

$$\boldsymbol{B}^{-1}\boldsymbol{C} = \boldsymbol{I}-\boldsymbol{B}^{-1}\boldsymbol{A},$$

所以

$$\begin{aligned} \boldsymbol{Q} &= (\boldsymbol{B}^{-1}\boldsymbol{A})^{\mathrm{T}}\boldsymbol{A} - \boldsymbol{A}\boldsymbol{B}^{-1}\boldsymbol{A} - (\boldsymbol{B}^{-1}\boldsymbol{A})^{\mathrm{T}}\boldsymbol{A}\boldsymbol{B}^{-1}\boldsymbol{A} \\ &= (\boldsymbol{B}^{-1}\boldsymbol{A})^{\mathrm{T}}(\boldsymbol{B}+\boldsymbol{B}^{\mathrm{T}}-\boldsymbol{A})\boldsymbol{B}^{-1}\boldsymbol{A} \\ &= (\boldsymbol{B}^{-1}\boldsymbol{A})^{\mathrm{T}}(\boldsymbol{B}^{\mathrm{T}}+\boldsymbol{C})\boldsymbol{B}^{-1}\boldsymbol{A}. \end{aligned}$$

由 P 正则分离的定义,知 $\boldsymbol{B}+\boldsymbol{C}$ 正定.而

$$\begin{aligned}\boldsymbol{B}+\boldsymbol{C} &= \frac{1}{2}(\boldsymbol{B}+\boldsymbol{C}+\boldsymbol{B}^{\mathrm{T}}+\boldsymbol{C}^{\mathrm{T}}) \\ &= \frac{1}{2}(\boldsymbol{B}+\boldsymbol{C}^{\mathrm{T}})+\frac{1}{2}(\boldsymbol{B}^{\mathrm{T}}+\boldsymbol{C}),\end{aligned}$$

且对任意的 $\boldsymbol{x}\in\mathbb{R}^n$,有

$$\begin{aligned}\boldsymbol{x}^{\mathrm{T}}(\boldsymbol{B}+\boldsymbol{C})\boldsymbol{x} &= \frac{1}{2}\boldsymbol{x}^{\mathrm{T}}(\boldsymbol{B}+\boldsymbol{C}^{\mathrm{T}})\boldsymbol{x}+\frac{1}{2}\boldsymbol{x}^{\mathrm{T}}(\boldsymbol{B}^{\mathrm{T}}+\boldsymbol{C})\boldsymbol{x} \\ &= \boldsymbol{x}^{\mathrm{T}}(\boldsymbol{B}+\boldsymbol{C}^{\mathrm{T}})\boldsymbol{x} = \boldsymbol{x}^{\mathrm{T}}(\boldsymbol{B}^{\mathrm{T}}+\boldsymbol{C})\boldsymbol{x}.\end{aligned}$$

所以 $\boldsymbol{B}+\boldsymbol{C}$ 正定等价于 $\boldsymbol{B}^{\mathrm{T}}+\boldsymbol{C}$ 正定. □

第 2 章 矩阵分解与标准形

矩阵分解的主要目的是建立矩阵的标准形,而矩阵的标准形又源自矩阵的相似不变性.矩阵分解不但可以刻画矩阵的主要特征,而且可使复杂的问题简单化.如矩阵的三角分解提供了一个求解线性方程组的有效算法,而矩阵的标准形给我们提供了计算矩阵的相似不变量(如特征根、行列式、秩、特征多项式及迹)的一种工具.

常见的矩阵分解主要有满秩分解、三角分解、直角分解、谱分解、Jordan 分解、奇异值分解、极分解等.对于实矩阵,这些标准形中有些是在实数域上建立的,有些需要在复数域上建立,有些分解是唯一的,而有些分解是不唯一的.

2.1 三角分解

矩阵的三角分解又称 LU 分解,它是指在一定条件下将一个方阵分解成一个单位下三角矩阵(lower-triangle) 和一个上三角矩阵(upper-triangle)的乘积,又称 Doolittle 分解.对于实矩阵,该分解是在实数域上完成的.

定理 2.1.1(三角分解定理) 设 $\boldsymbol{A}\in\mathbb{R}^{n\times n}$,$\mathrm{rank}(\boldsymbol{A})=k$,且矩阵的前 k 阶顺序主子阵非奇异,则存在单位下三角矩阵 $\boldsymbol{L}\in\mathbb{R}^{n\times n}$ 和上三角矩阵 $\boldsymbol{U}\in\mathbb{R}^{n\times n}$,使得 $\boldsymbol{A}=\boldsymbol{L}\boldsymbol{U}$.进一步,$\boldsymbol{A}$ 非奇异当且仅当 $\boldsymbol{L}$,$\boldsymbol{U}$ 非奇异.

证明 首先通过初等行变换将矩阵 $\boldsymbol{A}$ 的第一列化为 $a_{11}\boldsymbol{e}_1$,也就是

$$\boldsymbol{L}_1\boldsymbol{A}=\begin{pmatrix}1 & 0 & \cdots & 0\\ -a_{21}/a_{11} & 1 & \cdots & 0\\ \vdots & \vdots & & \vdots\\ -a_{n1}/a_{11} & 0 & \cdots & 1\end{pmatrix}\begin{pmatrix}a_{11} & a_{12} & \cdots & a_{1n}\\ a_{21} & a_{22} & \cdots & a_{2n}\\ \vdots & \vdots & & \vdots\\ a_{n1} & a_{n2} & \cdots & a_{nn}\end{pmatrix}$$

$$
= \begin{pmatrix} a_{11}^1 & a_{12}^1 & \cdots & a_{1n}^1 \\ 0 & a_{22}^1 & \cdots & a_{2n}^1 \\ \vdots & \vdots & & \vdots \\ 0 & a_{n2}^1 & \cdots & a_{nn}^1 \end{pmatrix} \triangleq \boldsymbol{A}^{(1)}.
$$

根据题设，$a_{22}^1 \neq 0$. 对 $\boldsymbol{A}^{(1)}$ 进行初等行变换，将其第二列化为$(a_{12}^1, a_{22}^1, 0, \cdots, 0)^{\mathrm{T}}$. 也就是

$$
\boldsymbol{L}_2 \boldsymbol{L}_1 \boldsymbol{A} = \begin{pmatrix} 1 & 0 & 0 & \cdots & 0 \\ 0 & 1 & 0 & \cdots & 0 \\ 0 & -a_{32}^1/a_{22}^1 & 1 & \cdots & 0 \\ \vdots & \vdots & \vdots & & \vdots \\ 0 & -a_{n2}^1/a_{22}^1 & 0 & \cdots & 1 \end{pmatrix} \begin{pmatrix} a_{11}^1 & a_{12}^1 & a_{13}^1 & \cdots & a_{1n}^1 \\ 0 & a_{22}^1 & a_{23}^1 & \cdots & a_{2n}^1 \\ 0 & a_{32}^1 & a_{33}^1 & \cdots & a_{3n}^1 \\ \vdots & \vdots & \vdots & & \vdots \\ 0 & a_{n2}^1 & a_{n3}^1 & \cdots & a_{nn}^1 \end{pmatrix}
$$

$$
= \begin{pmatrix} a_{11}^2 & a_{12}^2 & a_{13}^2 & \cdots & a_{1n}^2 \\ 0 & a_{22}^2 & a_{23}^2 & \cdots & a_{2n}^2 \\ 0 & 0 & a_{33}^2 & \cdots & a_{2n}^2 \\ \vdots & \vdots & \vdots & & \vdots \\ 0 & 0 & a_{n3}^2 & \cdots & a_{nn}^2 \end{pmatrix}.
$$

由题设，$a_{33}^2 \neq 0$. 重复上述过程，至多 k 步之后即得到矩阵 $\boldsymbol{A}$ 的三角分解. □

根据定理的证明过程，矩阵的三角分解过程实际上是矩阵的 Gauss 消元过程. 习惯上，称矩阵 $\boldsymbol{A}^{(k)}$ 的第 k 个主对角元 a_{kk}^{k-1} 为主元. 显然，在矩阵的上述分解过程中，只有主元非零才能保证分解正常进行. 这是矩阵可以进行三角分解的必要条件. 如果不满足该条件，就需要在分解过程中对矩阵进行行变换或列变换，进而对矩阵的主对角元进行调整. 但这样最后得到的不是完全三角分解.

借助矩阵的三角分解，可将线性方程组

$$
\boldsymbol{Ax} = \boldsymbol{b}
$$

转化为两个较易求解的三角方程

$$
\boldsymbol{LUx} = \boldsymbol{b} \quad \Rightarrow \quad \begin{cases} \boldsymbol{Ly} = \boldsymbol{b}, \\ \boldsymbol{Ux} = \boldsymbol{y}. \end{cases}
$$

这是线性方程组的 Gauss 消元法中常用的一种技术.

下面是矩阵的三角分解唯一的充分必要条件.

定理 2.1.2 矩阵 $\boldsymbol{A} \in \mathbb{R}^{n \times n}$ 的三角分解唯一的充分必要条件是，矩阵 $\boldsymbol{A}$ 的前 $n-1$ 阶顺序主子式非零.

下面讨论矩阵 $\boldsymbol{A}$ 对称、正定的情况. 此时，矩阵 $\boldsymbol{A}$ 的三角分解 $\boldsymbol{A} = \boldsymbol{LU}$ 唯一. 将上三角矩阵 $\boldsymbol{U}$ 化成单位上三角阵，也就是 $\boldsymbol{U} = \boldsymbol{D}\overline{\boldsymbol{U}}$，其中 $\boldsymbol{D}$ 为对角阵，$\overline{\boldsymbol{U}}$ 为单位上三角阵. 则由 $\boldsymbol{A}$ 的对称性，有

$$
\boldsymbol{A} = \boldsymbol{LD}\overline{\boldsymbol{U}} = \overline{\boldsymbol{U}}^{\mathrm{T}} \boldsymbol{DL}^{\mathrm{T}}.
$$

由 LU 分解的唯一性，得

$$L = \overline{U}^{\mathrm{T}}.$$

所以

$$A = LDL^{\mathrm{T}},$$

其中 D 为正的对角阵.这称为对称矩阵的 Cholesky 分解.

定理 2.1.3（Cholesky 分解定理）　设 $A \in \mathbb{R}^{n\times n}$ 对称、正定.则存在单位下三角矩阵 L 和正的对角矩阵 D,使得 $A = LDL^{\mathrm{T}}$.进一步,存在对角元为正的下三角矩阵 L,使得 $A = LL^{\mathrm{T}}$.

2.2　满秩分解与骨架分解

矩阵的满秩分解就是将一个矩阵分解成一个列满秩矩阵和一个行满秩矩阵的乘积.对于实矩阵,该分解是在实数域上完成的.

定理 2.2.1　对矩阵 $A \in \mathbb{C}_r^{m\times n}$,存在 $B \in \mathbb{C}_r^{m\times r}$,$C \in \mathbb{C}_r^{r\times n}$,使得 $A = BC$.

证明　对秩为 r 的矩阵 $A \in \mathbb{C}^{m\times n}$,通过行变换和列变换可得一秩为 r 的单位对角阵.也就是,存在 m 阶非奇异矩阵 P 和 n 阶非奇异矩阵 Q,使得

$$PAQ = \begin{pmatrix} I_r & 0 \\ 0 & 0 \end{pmatrix}.$$

从而有

$$A = P^{-1}\begin{pmatrix} I_r & 0 \\ 0 & 0 \end{pmatrix}Q^{-1} = P^{-1}\begin{pmatrix} I_r & 0 \\ 0 & 0 \end{pmatrix}\begin{pmatrix} I_r & 0 \\ 0 & 0 \end{pmatrix}Q^{-1}.$$

将矩阵 P^{-1} 和 Q^{-1} 进行如下分块:

$$P^{-1} = (B_{m\times r}, \overline{B}_{m\times(m-r)}), \quad Q^{-1} = \begin{pmatrix} C_{r\times n} \\ \overline{C}_{(n-r)\times n} \end{pmatrix}.$$

可得 $A = BC$.

由于对任意的 r 阶非奇异矩阵 Y,BY 和 $Y^{-1}C$ 也是满足定理条件的分解因子,所以这种分解不唯一.

矩阵的骨架分解(dyadic decomposition 或 skeleton decomposition)是指将一个秩为 r 的矩阵 A 分解成其子矩阵的乘积.

定理 2.2.2　设矩阵 $A \in \mathbb{R}_r^{m\times n}$.则 A 有如下分解:

$$A = C\Gamma^{-1}R,$$

其中分解因子 C 为矩阵 A 的 r 线性无关列构成的子矩阵,R 为矩阵 A 的 r 线性无关行构成的子矩阵,而 Γ 为上述 r 列和 r 行所确定的非奇异子矩阵.

证明　不失一般性,对矩阵 $A \in \mathbb{R}_r^{m\times n}$ 做如下分块:

$$\begin{pmatrix} \boldsymbol{A}_{11} & \boldsymbol{A}_{12} & \boldsymbol{A}_{13} \\ \boldsymbol{A}_{21} & \boldsymbol{A}_{22} & \boldsymbol{A}_{23} \\ \boldsymbol{A}_{31} & \boldsymbol{A}_{32} & \boldsymbol{A}_{33} \end{pmatrix},$$

其中 r 阶子矩阵 $\boldsymbol{\Gamma}=\boldsymbol{A}_{22}$ 非奇异. 自然有子矩阵 $\boldsymbol{R}=(\boldsymbol{A}_{21},\boldsymbol{A}_{22},\boldsymbol{A}_{23})$ 行满秩, 子矩阵 $\boldsymbol{C}=\begin{pmatrix} \boldsymbol{A}_{12} \\ \boldsymbol{A}_{22} \\ \boldsymbol{A}_{32} \end{pmatrix}$ 列满秩.

下面验证

$$\boldsymbol{A} = \boldsymbol{C}\boldsymbol{\Gamma}^{-1}\boldsymbol{R}$$

成立. 事实上, 由于 $\operatorname{rank}(\boldsymbol{A})=r$, 利用矩阵秩的定义, 矩阵 $\boldsymbol{A}$ 的分块

$$\begin{pmatrix} \boldsymbol{A}_{11} & \boldsymbol{A}_{12} & \boldsymbol{A}_{13} \\ \boldsymbol{A}_{21} & \boldsymbol{A}_{22} & \boldsymbol{A}_{23} \\ \boldsymbol{A}_{31} & \boldsymbol{A}_{32} & \boldsymbol{A}_{33} \end{pmatrix}$$

的第一行和最后一行均可通过中间行线性表出, 也就是

$$\begin{pmatrix} \boldsymbol{A}_{11}-\boldsymbol{A}_{12}\boldsymbol{A}_{22}^{-1}\boldsymbol{A}_{21} & \boldsymbol{A}_{12}-\boldsymbol{A}_{12} & \boldsymbol{A}_{13}-\boldsymbol{A}_{12}\boldsymbol{A}_{22}^{-1}\boldsymbol{A}_{23} \\ \boldsymbol{A}_{21} & \boldsymbol{A}_{22} & \boldsymbol{A}_{23} \\ \boldsymbol{A}_{31}-\boldsymbol{A}_{32}\boldsymbol{A}_{22}^{-1}\boldsymbol{A}_{21} & \boldsymbol{A}_{32}-\boldsymbol{A}_{32} & \boldsymbol{A}_{33}-\boldsymbol{A}_{32}\boldsymbol{A}_{22}^{-1}\boldsymbol{A}_{23} \end{pmatrix} = \begin{pmatrix} \boldsymbol{0} & \boldsymbol{0} & \boldsymbol{0} \\ \boldsymbol{A}_{21} & \boldsymbol{A}_{22} & \boldsymbol{A}_{23} \\ \boldsymbol{0} & \boldsymbol{0} & \boldsymbol{0} \end{pmatrix}.$$

这说明

$$\boldsymbol{A} = \begin{pmatrix} \boldsymbol{A}_{12}\boldsymbol{A}_{22}^{-1}\boldsymbol{A}_{21} & \boldsymbol{A}_{12} & \boldsymbol{A}_{12}\boldsymbol{A}_{22}^{-1}\boldsymbol{A}_{23} \\ \boldsymbol{A}_{21} & \boldsymbol{A}_{22} & \boldsymbol{A}_{23} \\ \boldsymbol{A}_{32}\boldsymbol{A}_{22}^{-1}\boldsymbol{A}_{21} & \boldsymbol{A}_{32} & \boldsymbol{A}_{32}\boldsymbol{A}_{22}^{-1}\boldsymbol{A}_{23} \end{pmatrix}.$$

而后者可表示成

$$\begin{pmatrix} \boldsymbol{A}_{12} \\ \boldsymbol{A}_{22} \\ \boldsymbol{A}_{32} \end{pmatrix} \boldsymbol{A}_{22}^{-1}(\boldsymbol{A}_{21},\boldsymbol{A}_{22},\boldsymbol{A}_{23}),$$

也就是

$$\boldsymbol{A} = \boldsymbol{C}\boldsymbol{\Gamma}^{-1}R.$$ □

上述结论说明, 若矩阵 $\boldsymbol{A}\in\mathbb{R}^{m\times n}$ 的秩 $r\ll\min\{m,n\}$, 那么可在 $\boldsymbol{A}$ 中选取 r 行和 r 列来表示矩阵 $\boldsymbol{A}$, 从而减少矩阵 $\boldsymbol{A}$ 的存储量. 其证明过程说明, 矩阵 $\boldsymbol{A}$ 的任一非奇异子矩阵及其对应的行和列构成该分解的分解因子.

2.3　正交变换与 QR 分解

先介绍正交变换. 根据定义，正交变换满足 $Q^* Q = I$. 所以对于任意的 $x \in \mathbb{R}^n$，$|Qx| = |x|$. 因此，正交变换是保长变换. 显然，一个向量在正交变换后方向发生了旋转，但根据正交变换行列式的值，其旋转方式不同：若 $|Q| = 1$，该旋转称为刚体旋转，其特点是一个物体旋转后形状不变；若 $|Q| = -1$，该旋转具有对称性，称为非刚体旋转，该变换属于镜像变换.

先介绍 Householder 变换（旋转变换）. 对长度相等的向量 $u, v \in \mathbb{R}^n$，是否存在变换 P，使得 $v = Pu$？先看两者之间的几何关系. 分别记向量 u, v 为 $\overrightarrow{OA}$ 和 $\overrightarrow{OC}$，记 AC 的中点为 B. 则 $\overrightarrow{AB}$ 是向量 $-u$ 在 $\overrightarrow{AB}$ 方向上的投影（见图 2.3.1）. 也就是

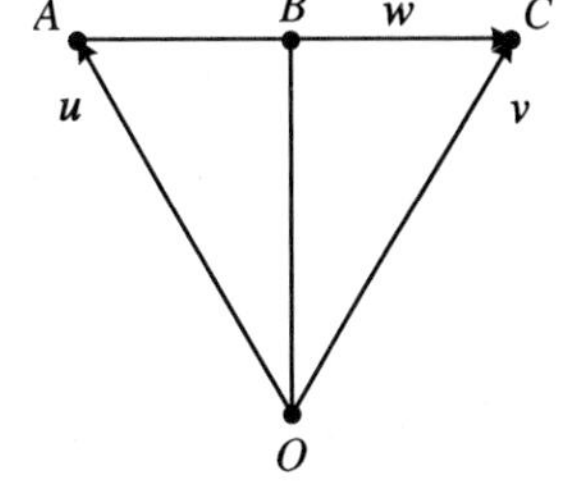

图 2.3.1

$$\overrightarrow{AB} = -\langle u, w\rangle w,$$

其中 $w = \dfrac{v - u}{\| v - u \|}$. 从而

$$\begin{aligned} v &= u + \overrightarrow{AC} = u + 2\overrightarrow{AB} \\ &= u - 2w^{\mathrm{T}} u w = u - 2ww^{\mathrm{T}} u = (I - 2ww^{\mathrm{T}})u. \end{aligned}$$

这也可以写成

$$v = u - 2\langle w, u\rangle w.$$

令 $P = I - 2ww^{\mathrm{T}}$，便得到 $v = Pu$. 容易验证，P 为正交阵. 进一步，由

$$\begin{pmatrix} 1 & \sqrt{2}w^{\mathrm{T}} \\ 0 & I \end{pmatrix}\begin{pmatrix} 1 & \sqrt{2}w^{\mathrm{T}} \\ \sqrt{2}w & I \end{pmatrix} = \begin{pmatrix} 1 - 2w^{\mathrm{T}} w & 0 \\ \sqrt{2}w & I \end{pmatrix},$$

$$\begin{pmatrix} 1 & 0 \\ -\sqrt{2}w & I \end{pmatrix}\begin{pmatrix} 1 & \sqrt{2}w^{\mathrm{T}} \\ \sqrt{2}w & I \end{pmatrix} = \begin{pmatrix} 1 & \sqrt{2}w^{\mathrm{T}} \\ 0 & I - 2ww^{\mathrm{T}} \end{pmatrix},$$

对两边分别取行列式，得

$$\det(I - 2ww^{\mathrm{T}}) = 1 - 2w^{\mathrm{T}} w,$$

所以 $|P| = -1$. 变换 P 称为 Householder 变换. Householder 变换通常称为镜像变换.

下面是它的一个应用，它是 QR 分解（直交分解）的基础.

引理 2.3.1　对任意的非零向量 $u \in \mathbb{R}^n$，存在 Householder 变换 P，使 $Pu = \mu e_1$，其中 $\mu = \| u \|$.

证明 记

$$w = \frac{\mu e_1 - u}{\| \mu e_1 - u \|},$$

则

$$ww^{\mathrm{T}} = \frac{(\mu e_1 - u)(\mu e_1 - u)^{\mathrm{T}}}{(\| \mu e_1 - u \|)^2} = \frac{(\mu e_1 - u)(\mu e_1 - u)^{\mathrm{T}}}{2\mu(\mu - u_1)}.$$

从而

$$\begin{aligned} Pu &= (I - 2ww^{\mathrm{T}})u = u - 2\frac{(\mu e_1 - u)(\mu e_1 - u)^{\mathrm{T}} u}{2\mu(\mu - u_1)} \\ &= u - \frac{(\mu e_1 - u)(\mu(u_1 - \mu))}{\mu(\mu - u_1)} = u + (\mu e_1 - u) = \mu e_1. \end{aligned}$$

□

下面借助引理 2.3.1 讨论矩阵的 QR 分解.

定理 2.3.1 设 $A \in \mathbb{R}_r^{m\times n}$,则存在 m 阶实正交矩阵 Q,满足

$$QA = \begin{pmatrix} R & S \\ 0 & 0 \end{pmatrix} = \begin{pmatrix} T \\ 0 \end{pmatrix},$$

其中 R 为 r 阶实的非奇异上三角矩阵,$S \in \mathbb{C}_r^{\times(n-r)}$,$T \in \mathbb{C}_r^{\times n}$ 为上梯形矩阵.该分解在 A 列满秩且约定 $T \in \mathbb{R}^{n\times n}$ 的对角元为正数的条件下唯一.特别地,对非奇异矩阵 A,存在唯一的正交矩阵 Q 和对角元全为正的上三角阵 R,使得 $A = QR$.

该结论的证明基于以下思路:不失一般性,设 A 的前 r 列线性无关.否则,可通过列交换满足该条件.

下面通过 Householder 变换一步步将矩阵 A 化成上梯形矩阵.首先对矩阵 A 的第一列 a_1,通过 Householder 变换 P_1 将其化为 $\| a_1 \|_2 e_1$,也就是

$$\begin{aligned} A^{(1)} = P_1 A &= (\| a_1 \|_2 e_1, a_2^1, a_3^1, \cdots, a_n^1) \\ &= \begin{pmatrix} \| a_1 \|_2 & a_{12}^1 & \cdots & a_{1n}^1 \\ 0 & a_{22}^1 & \cdots & a_{2n}^1 \\ \vdots & \vdots & & \vdots \\ 0 & a_{m2}^1 & \cdots & a_{mn}^1 \end{pmatrix}. \end{aligned}$$

然后对 $A^{(1)}$,构造 Householder 变换 P_2,使满足

$$P_2(\| a_1 \|_2 e_1) = \| a_1 \|_2 e_1, \quad P_2(a_2^1) = (a_{12}^1, a_{22}^2, 0, \cdots, 0)^{\mathrm{T}},$$

其中 $a_{22}^2 = \| (a_{22}^1, a_{32}^1, \cdots, a_{m2}^1)^{\mathrm{T}} \|$.所以

$$P_2 P_1 A = \begin{pmatrix} \| a_1 \|_2 & a_{12}^1 & a_{13}^2 & \cdots & a_{1n}^2 \\ 0 & a_{22}^2 & a_{23}^2 & \cdots & a_{2n}^2 \\ 0 & 0 & a_{33}^2 & \cdots & a_{3n}^2 \\ \vdots & \vdots & \vdots & & \vdots \\ 0 & 0 & a_{m3}^2 & \cdots & a_{mn}^2 \end{pmatrix}.$$

依次做下去,n 步之后便得要证明的结论.下面是详细的证明过程.

证明 对矩阵 $A = (a_1, a_2, \cdots, a_n)$,令

$$\boldsymbol{w}_1 = \pm \frac{\boldsymbol{a}_1 - \|\boldsymbol{a}_1\| \boldsymbol{e}_1}{\|\boldsymbol{a}_1 - \|\boldsymbol{a}_1\| \boldsymbol{e}_1\|}.$$

则

$$\boldsymbol{P}_1 = \boldsymbol{I} - 2\boldsymbol{w}_1 \boldsymbol{w}_1^{\mathrm{T}},$$

满足

$$\boldsymbol{P}_1 \boldsymbol{a}_1 = \|\boldsymbol{a}_1\| \boldsymbol{e}_1.$$

记

$$\boldsymbol{A}^{(1)} = \boldsymbol{P}_1 \boldsymbol{A} = (\|\boldsymbol{a}_1\|_2 \boldsymbol{e}_1, \boldsymbol{a}_2^1, \boldsymbol{a}_3^1, \cdots, \boldsymbol{a}_n^1)$$
$$= \begin{pmatrix} a_{11}^1 & a_{12}^1 & \cdots & a_{1n}^1 \\ 0 & a_{22}^1 & \cdots & a_{2n}^1 \\ \vdots & \vdots & & \vdots \\ 0 & a_{m2}^1 & \cdots & a_{mn}^1 \end{pmatrix}.$$

基于矩阵 $\boldsymbol{A}^{(1)}$ 的第二列 $\boldsymbol{a}_2^1 = (a_{12}^1, a_{22}^1, \cdots, a_{m2}^1)^{\mathrm{T}}$，令

$$\boldsymbol{a}_2^2 = (a_{12}^1, a_{22}^2, 0, \cdots, 0)^{\mathrm{T}},$$

其中 $a_{22}^2 = \|(a_{22}^1, a_{32}^1, \cdots, a_{m2}^1)^{\mathrm{T}}\|$. 取

$$\boldsymbol{w}_2 = \frac{\boldsymbol{a}_2^1 - \boldsymbol{a}_2^2}{\|\boldsymbol{a}_2^1 - \boldsymbol{a}_2^2\|} = \frac{\bar{\boldsymbol{w}}_2}{\|\bar{\boldsymbol{w}}_2\|} = \frac{1}{\|\bar{\boldsymbol{w}}_2\|} \begin{pmatrix} 0 \\ a_{22}^1 - a_{22}^2 \\ a_{32}^1 \\ \vdots \\ a_{n2}^1 \end{pmatrix} = \begin{pmatrix} 0 \\ \hat{\boldsymbol{w}}_2 \end{pmatrix}.$$

则

$$\boldsymbol{P}_2 = \boldsymbol{I} - 2\boldsymbol{w}_2 \boldsymbol{w}_2^{\mathrm{T}} = \begin{pmatrix} 1 & \boldsymbol{0} \\ \boldsymbol{0} & \boldsymbol{I} - 2\hat{\boldsymbol{w}}_2 \hat{\boldsymbol{w}}_2^{\mathrm{T}} \end{pmatrix},$$

满足

$$\boldsymbol{P}_2(\|\boldsymbol{a}_1\| \boldsymbol{e}_1, \boldsymbol{a}_2^1) = \begin{pmatrix} a_{11}^1 & a_{12}^1 \\ 0 & a_{22}^2 \\ 0 & 0 \\ \vdots & \vdots \\ 0 & 0 \end{pmatrix}.$$

从而

$$\boldsymbol{P}_2 \boldsymbol{P}_1 \boldsymbol{A} = \begin{pmatrix} a_{11}^1 & a_{12}^1 & a_{13}^1 & \cdots & a_{1n}^1 \\ 0 & a_{22}^2 & a_{23}^2 & \cdots & a_{2n}^2 \\ 0 & 0 & a_{33}^2 & \cdots & a_{3n}^2 \\ \vdots & \vdots & \vdots & & \vdots \\ 0 & 0 & a_{m3}^2 & \cdots & a_{mn}^2 \end{pmatrix}.$$

依次这样做下去，在第 r 次便得到

$$
P_r\cdots P_1A=\begin{pmatrix}a_{11}^1 & a_{12}^1 & \cdots & a_{1r}^1 & \cdots & a_{1n}^1\\ 0 & a_{22}^2 & \cdots & a_{2r}^2 & \cdots & a_{2n}^2\\ \vdots & \vdots & & \vdots & & \vdots\\ 0 & 0 & \cdots & a_{rr}^r & \cdots & a_{rn}^r\\ 0 & 0 & \cdots & 0 & \cdots & 0\\ \vdots & \vdots & & \vdots & & \vdots\\ 0 & 0 & \cdots & 0 & \cdots & 0\end{pmatrix},
$$

其中

$$
R_r=\begin{pmatrix}a_{11}^1 & a_{12}^1 & \cdots & a_{1r}^1\\ 0 & a_{22}^2 & \cdots & a_{2r}^2\\ \vdots & \vdots & & \vdots\\ 0 & 0 & \cdots & a_{rr}^r\end{pmatrix}
$$

为 r 阶非奇异上三角矩阵.令 $Q=P_r\cdots P_1$,便得定理结论. □

对矩阵 $A=(a_1,a_2,\cdots,a_n)\in\mathbb{R}^{m\times n}$ 的 QR 分解 $A=QR$,其中

$$
Q=(q_1,q_2,\cdots,q_n)\in\mathbb{R}^{m\times m},
$$

$$
R=\begin{pmatrix}r_{11} & r_{12} & r_{13} & \cdots & r_{1n}\\ 0 & r_{22} & r_{23} & \cdots & r_{2n}\\ 0 & 0 & r_{33} & \cdots & r_{3n}\\ \vdots & \vdots & \vdots & & \vdots\\ 0 & 0 & 0 & \cdots & r_{mn}\end{pmatrix},
$$

容易验证,对任意的 $k(1\leqslant k\leqslant n)$,有

$$
\mathrm{span}\{a_1,a_2,\cdots,a_k\}=\mathrm{span}\{q_1,q_2,\cdots,q_k\}.
$$

若 $A\in\mathbb{R}_n^{m\times n}$,则存在 m 阶实正交阵 Q,使得

$$
QA=\begin{pmatrix}R\\ 0\end{pmatrix},
$$

其中 R 是对角元为正的实上三角阵.从而

$$
A=Q^{\mathrm{T}}\begin{pmatrix}R\\ 0\end{pmatrix}=Q_1R.
$$

其中 Q_1 为 $m\times n$ 列正交阵,R 为 n 阶对角元为正的实上三角阵.

下面对矩阵 QA 做进一步变换.由于

$$
(QA)^{\mathrm{T}}=\begin{pmatrix}R^{\mathrm{T}} & 0\\ S^{\mathrm{T}} & 0\end{pmatrix},
$$

对上述矩阵再次运用定理 2.3.1,知存在 n 阶正交阵 P,满足

$$
P(QA)^{\mathrm{T}}=\begin{pmatrix}R_1 & 0\\ 0 & 0\end{pmatrix},
$$

其中 R_1 是非奇异的上三角阵.这称为矩阵的完全直交分解.

定理 2.3.2　设 $A \in \mathbb{C}_r^{m\times n}$，则存在 m 阶实正交阵 $\boldsymbol{Q}$ 和 n 阶实正交阵 $\boldsymbol{P}$，满足

$$\boldsymbol{QAP} = \begin{pmatrix} \boldsymbol{R}_1 & \boldsymbol{0} \\ \boldsymbol{0} & \boldsymbol{0} \end{pmatrix},$$

其中 R_1 为 r 阶非奇异的上三角阵.

实际上，矩阵的 $\boldsymbol{QR}$ 分解也可通过向量组的 Gram-Schmidt 标准正交化方法获得.

同样，设矩阵 $\boldsymbol{A} = (\boldsymbol{a}_1, \boldsymbol{a}_2, \cdots, \boldsymbol{a}_n)$ 列满秩. 下面将其化为标准正交化组.

首先，令

$$r_{11} = \| \boldsymbol{a}_1 \|, \quad \boldsymbol{q}_1 = \frac{\boldsymbol{a}_1}{\| \boldsymbol{a}_1 \|},$$

并取

$$\boldsymbol{q}_2 = \boldsymbol{a}_2 - r_{12}\boldsymbol{q}_1,$$

其中 r_{12} 待定. 取 $r_{12} = \langle \boldsymbol{a}_2, \boldsymbol{q}_1 \rangle$，则 $\boldsymbol{q}_1, \boldsymbol{q}_2$ 单位正交. 令

$$r_{22} = \| \boldsymbol{q}_2 \|, \quad \boldsymbol{q}_2 = \frac{\boldsymbol{q}_2}{\| \boldsymbol{q}_2 \|}.$$

则

$$(\boldsymbol{a}_1, \boldsymbol{a}_2) = (\boldsymbol{q}_1, \boldsymbol{q}_2)\begin{pmatrix} r_{11} & r_{12} \\ 0 & r_{22} \end{pmatrix}.$$

以此类推，对 $\boldsymbol{a}_j (j = 2, 3, \cdots, n)$，令

$$\boldsymbol{q}_j = \boldsymbol{a}_j - \sum_{i=1}^{j-1} r_{ij}\boldsymbol{q}_i .$$

为使 $\langle \boldsymbol{q}_i, \boldsymbol{q}_j \rangle = 0$，取 $r_{ij} = \langle \boldsymbol{a}_j, \boldsymbol{q}_i \rangle$. 再令 $\boldsymbol{q}_j = \dfrac{\boldsymbol{q}_j}{\| \boldsymbol{q}_j \|}$，使 $\boldsymbol{q}_1, \boldsymbol{q}_2, \cdots, \boldsymbol{q}_j$ 单位正交.

对上面的迭代过程引入 $r_{jj} = \| \boldsymbol{q}_j \|$，则

$$\boldsymbol{a}_j = \sum_{i=1}^{j} r_{ij}\boldsymbol{q}_i, \quad j = 1, 2, \cdots, n.$$

若令 $Q = (\boldsymbol{q}_1, \boldsymbol{q}_2, \cdots, \boldsymbol{q}_n)$，$\boldsymbol{R}$ 为由上述迭代过程产生的 $r_{ij} (1 \leqslant i \leqslant j \leqslant n)$ 构成的上三角阵，则 $\boldsymbol{R}$ 非奇异，且

$$(\boldsymbol{a}_1, \boldsymbol{a}_2, \cdots, \boldsymbol{a}_m) = (\boldsymbol{q}_1, \boldsymbol{q}_2, \cdots, \boldsymbol{q}_m)\begin{pmatrix} r_{11} & r_{12} & \cdots & r_{1m} \\ 0 & r_{22} & \cdots & r_{2m} \\ \vdots & \vdots & & \vdots \\ 0 & 0 & \cdots & r_{mm} \end{pmatrix},$$

即 $\boldsymbol{A} = \boldsymbol{QR}$. 由此知，如果向量组 $\boldsymbol{a}_1, \boldsymbol{a}_2, \cdots, \boldsymbol{a}_m$ 线性无关，则上述迭代过程可执行到第 m 步.

2.4 Schur 分解和 Jordan 分解

根据矩阵论的知识，在相似变换下，矩阵的特征根、迹、行列式等保持不变. 为了从矩阵的表达形式更容易观察这些量，一个很自然的方式就是通过相似变换将其化为对角形. 遗憾的是，并不是所有的矩阵都可以对角化.

定理 2.4.1 n 阶方阵 $\boldsymbol{A}$ 可对角化的充分必要条件是，它有 n 个线性无关的特征向量.

证明 若 n 阶矩阵 $\boldsymbol{A}$ 可对角化，则存在非奇异矩阵 $\boldsymbol{Q}$，使得

$$\boldsymbol{Q}^{-1}\boldsymbol{A}\boldsymbol{Q} = \mathrm{diag}(\lambda_1,\lambda_2,\cdots,\lambda_n).$$

上式等价于

$$\boldsymbol{A}\boldsymbol{Q} = \boldsymbol{Q}\mathrm{diag}(\lambda_1,\lambda_2,\cdots,\lambda_n).$$ □

需要说明的是，对于实矩阵 $\boldsymbol{A}$，矩阵 $\boldsymbol{Q}$ 可能定义在复数域上. Schur 标准形和 Jordan 标准形是矩阵的所有标准形中最接近对角的标准形. 这两种标准形也是在复数域内完成的. 因此，这里的应用工具是酉矩阵，也就是满足 $\boldsymbol{U}^* = \boldsymbol{U}^{-1}$ 的矩阵.

定理 2.4.2 (Schur 分解定理) 任意 $n\times n$ 实矩阵 $\boldsymbol{A}$ 都酉相似于上三角阵，而且该标准形的对角元为矩阵 $\boldsymbol{A}$ 的特征值. 即存在酉矩阵 $\boldsymbol{Q}$，使得

$$\boldsymbol{Q}^*\boldsymbol{A}\boldsymbol{Q} = \begin{pmatrix} \lambda_1 & * & * & \cdots & * \\ 0 & \lambda_2 & * & \cdots & * \\ 0 & 0 & \lambda_3 & \cdots & * \\ \vdots & \vdots & \vdots & & \vdots \\ 0 & 0 & 0 & \cdots & \lambda_n \end{pmatrix}.$$

证明 设 $\boldsymbol{q}_1^{(1)}$ 是 $\boldsymbol{A}$ 的属于 λ_1 的单位特征向量. 以 $\boldsymbol{q}_1^{(1)}$ 为第一列构造酉矩阵 $\boldsymbol{Q}_1=(\boldsymbol{q}_1^{(1)},\boldsymbol{q}_2^{(1)},\cdots,\boldsymbol{q}_n^{(1)})$. 则

$$\bar{\boldsymbol{Q}}_1^*\boldsymbol{A}\boldsymbol{Q}_1 = \begin{pmatrix} (\boldsymbol{q}_1^{*(1)})^{\mathrm{T}} \\ (\boldsymbol{q}_2^{*(1)})^{\mathrm{T}} \\ \vdots \\ (\boldsymbol{q}_n^{*(1)})^{\mathrm{T}} \end{pmatrix}(\boldsymbol{A}\boldsymbol{q}_1^{(1)},\boldsymbol{A}\boldsymbol{q}_2^{(1)},\cdots,\boldsymbol{A}\boldsymbol{q}_n^{(1)})$$

$$= \begin{pmatrix} (\boldsymbol{q}_1^{*(1)})^{\mathrm{T}} \\ (\boldsymbol{q}_2^{*(1)})^{\mathrm{T}} \\ \vdots \\ (\boldsymbol{q}_n^{*(1)})^{\mathrm{T}} \end{pmatrix}(\lambda_1\boldsymbol{q}_1^{(1)},\boldsymbol{A}\boldsymbol{q}_2^{(1)},\cdots,\boldsymbol{A}\boldsymbol{q}_n^{(1)}).$$

因为 $\boldsymbol{q}_1^{(1)},\boldsymbol{q}_2^{(1)},\cdots,\boldsymbol{q}_n^{(1)}$ 共轭正交，故

$$Q_1^* AQ_1 = \begin{pmatrix} \lambda_1 & * \\ \mathbf{0} & A_1 \end{pmatrix},$$

其中 A_1 为 $n-1$ 阶矩阵.由于在酉变换下矩阵的特征值不变,故 A_1 的特征值为 $\lambda_2,\cdots,\lambda_n$.同理,设 $q_2^{(2)}$ 是 A_1 的属于 λ_2 的单位特征向量.将 $q_2^{(2)}$ 扩成标准正交系 $q_2^{(2)},q_3^{(2)},\cdots,q_n^{(2)}$.令

$$\bar{Q}_2 = (q_2^{(2)},q_3^{(2)},\cdots,q_n^{(2)}),\quad Q_2 = \begin{pmatrix} 1 & \mathbf{0} \\ \mathbf{0} & \bar{Q}_2 \end{pmatrix}.$$

则

$$Q_2^* Q_1^* AQ_1 Q_2 = Q_2^* \begin{pmatrix} \lambda_1 & * \\ \mathbf{0} & A_1 \end{pmatrix} Q_2 = \begin{pmatrix} \lambda_1 & * & * \\ 0 & \lambda_2 & * \\ \mathbf{0} & \mathbf{0} & A_2 \end{pmatrix}.$$

依次这样做下去,得到

$$Q^* AQ = \begin{pmatrix} \lambda_1 & * & * & \cdots & * \\ 0 & \lambda_2 & * & \cdots & * \\ 0 & 0 & \lambda_3 & \cdots & * \\ \vdots & \vdots & \vdots & & \vdots \\ 0 & 0 & 0 & \cdots & \lambda_n \end{pmatrix} = R,$$

其中 $Q=Q_1Q_2\cdots Q_{n-1}$,R 的对角元为A 的特征值. □

根据上述证明过程,若实矩阵的特征根都是实的,则这里的酉矩阵 U 为实的正交阵.下面的结论说明,满足 $AA^*=A^*A$ 的正规矩阵酉相似于一个对角阵.

定理 2.4.3　矩阵 $A\in\mathbb{R}^{n\times n}$ 正规的充分必要条件是,它与对角矩阵酉相似,也就是存在酉矩阵 U,使得

$$\begin{aligned} A &= U\mathrm{diag}(\lambda_1,\lambda_2,\cdots,\lambda_n)U^* \\ &= \lambda_1 u_1 u_1^* + \lambda_2 u_2 u_2^* \cdots + \lambda_n u_n u_n^*, \end{aligned}$$

其中 λ_i 为矩阵A 的特征值,而酉矩阵 U 中的列构成矩阵A 的特征向量.

证明　对正规矩阵 A,由定理 2.4.2,存在酉阵 U,使得

$$U^* AU = \begin{pmatrix} a_1 & b_{12} & b_{13} & \cdots & b_{1n} \\ 0 & \lambda_2 & b_{22} & \cdots & b_{2n} \\ 0 & 0 & \lambda_3 & \cdots & b_{3n} \\ \vdots & \vdots & \vdots & & \vdots \\ 0 & 0 & 0 & \cdots & \lambda_n \end{pmatrix} = B.$$

由 A 正规得到B 正规.再利用 $BB^*=B^*B$,得到

$$b_{1j} = 0,\quad j = 2,3,\cdots,n.$$

类似得到

$$\begin{aligned} b_{2j} &= 0,\quad j = 3,\cdots,n, \\ b_{ij} &= 0,\quad j = i+1,\cdots,n. \end{aligned}$$

从而

$$\boldsymbol{B} = \operatorname{diag}(\lambda_1, \lambda_2, \cdots, \lambda_n).$$

反过来，若 $\boldsymbol{A}$ 酉相似于一个对角阵，则容易验证它是正规矩阵. □

上述结论说明，正规矩阵有完全的特征向量系. 尽管如此，由于正规矩阵不是 Hermite 矩阵，所以其特征根未必是实数. 也就是说，正规矩阵的对角化标准形是在复数域上建立的. 若 $\boldsymbol{A}$ 为 n 阶实对称阵，则它有完全特征向量系. 根据定理 2.4.2，存在实的正交阵 $\boldsymbol{Q}$，使得

$$\boldsymbol{A} = \boldsymbol{Q}\operatorname{diag}(\lambda_1, \lambda_2, \cdots, \lambda_n)\boldsymbol{Q}^{\mathrm{T}}.$$

在实数域上可建立实矩阵的拟上三角标准形. 根据下面结论的证明过程，之所以出现拟上三角标准形而不是上三角，是因为实矩阵含有复的特征根.

定理 2.4.4（实 Schur 分解定理） 对 $\boldsymbol{A} \in \mathbb{R}^{n\times n}$，存在正交阵 $\boldsymbol{Q} \in \mathbb{R}^{n\times n}$，使得

$$\boldsymbol{Q}^{\mathrm{T}}\boldsymbol{A}\boldsymbol{Q} = \begin{pmatrix} R_{11} & R_{12} & R_{13} & \cdots & R_{1k} \\ 0 & R_{22} & R_{23} & \cdots & R_{2k} \\ 0 & 0 & R_{33} & \cdots & R_{3k} \\ \vdots & \vdots & \vdots & & \vdots \\ 0 & 0 & 0 & \cdots & R_{kk} \end{pmatrix},$$

其中 $R_{ii}(i=1,2,\cdots,k)$ 为实数或 2 阶实矩阵.

证明 若矩阵 $\boldsymbol{A}$ 的特征根都是实数，则其特征向量也全为实向量，从而存在正交阵 $\boldsymbol{Q}$，使得 $\boldsymbol{Q}^{\mathrm{T}}\boldsymbol{A}\boldsymbol{Q}$ 为实的上三角阵. 从而结论成立. 若矩阵 $\boldsymbol{A}$ 含有复的特征根，则它们都是成对出现的. 设 $\lambda = \alpha + \mathrm{i}\beta$ 为矩阵 $\boldsymbol{A}$ 的一个复特征根，$x + \mathrm{i}y$ 为相应的特征向量，则

$$\boldsymbol{A}(x + \mathrm{i}y) = (\alpha + \mathrm{i}\beta)(x + \mathrm{i}y),$$

且 x, y 线性无关. 否则，存在 $\gamma \neq 0$，使得 $x = \gamma y$，从而

$$\boldsymbol{A}y = (\alpha + \mathrm{i}\beta)y.$$

由于 $\boldsymbol{A}$ 为实矩阵，所以 $\beta = 0$，这又与 λ 为复根矛盾.

这样，$\boldsymbol{A}(x + \mathrm{i}y) = (\alpha + \mathrm{i}\beta)(x + \mathrm{i}y)$ 可写成

$$\boldsymbol{A}(x, y) = (x, y)\begin{pmatrix} \alpha & \beta \\ -\beta & \alpha \end{pmatrix}.$$

从而 x, y 张成矩阵 $\boldsymbol{A}$ 的一个不变子空间.

将矩阵 (x, y) 做 QR 分解，得 $(x, y) = \boldsymbol{Q}\boldsymbol{R}$，其中 $\boldsymbol{Q}$ 为正交阵，而

$$\boldsymbol{R} = \begin{pmatrix} r_{11} & r_{12} \\ 0 & r_{22} \\ 0 & 0 \\ \vdots & \vdots \\ 0 & 0 \end{pmatrix}.$$

将其代入

$$A(x,y) = (x,y)\begin{pmatrix} \alpha & \beta \\ -\beta & \alpha \end{pmatrix},$$

得

$$Q^{\mathrm{T}}AQR = R\begin{pmatrix} \alpha & \beta \\ -\beta & \alpha \end{pmatrix} = \begin{pmatrix} * & * \\ * & * \\ 0 & 0 \\ \vdots & \vdots \\ 0 & 0 \end{pmatrix}.$$

据此容易验证，$Q^{\mathrm{T}}AQ$ 具有形式

$$\begin{pmatrix} a_{11}^1 & a_{12}^1 & a_{13}^1 & \cdots & a_{1n}^1 \\ a_{21}^1 & a_{22}^1 & a_{23}^1 & \cdots & a_{2n}^1 \\ 0 & 0 & a_{33}^1 & \cdots & a_{3n}^1 \\ \vdots & \vdots & \vdots & & \vdots \\ 0 & 0 & a_{n3}^1 & \cdots & a_{nn}^1 \end{pmatrix},$$

也就是

$$Q^{\mathrm{T}}AQ = \begin{pmatrix} R_{11} & R_{12} \\ \mathbf{0} & \bar{R}_{22} \end{pmatrix},$$

且 2 阶矩阵 R_{11}的特征根为 $\alpha \pm \mathrm{i}\beta$. 对矩阵 $\bar{R}_{22}$用数学归纳法可得结论. □

特别指出，一个矩阵在复数域上可对角化，也就是酉相似于对角阵，与它的 Hermite 性质不等价. 酉相似于对角阵的矩阵只有在它的特征根都是实数的时候才是 Hermite 矩阵. 显然，只有实正规矩阵的特征根都是实的，才能保证它可实对角化. 显然这样的矩阵是实对称的.

综上所述，有如下结论.

性质 2.4.1　(1) 一个复矩阵可对角化的充分必要条件是它是正规的，而该正规阵为 Hermite 矩阵的充分必要条件是它的特征根都是实的.

(2) 一个实方阵在复数域上可对角化的充分必要条件是它是实正规的，而实的正规阵为对称阵的充分必要条件是它的特征根都是实的. 从而一个实方阵在实数域上可对角化的充分必要条件是它是实对称的.

Schur 分解使得矩阵酉相似于一个上三角阵. 下面的 Jordan 分解则可使标准形更“对角”. Jordan 矩阵由 Jordan 块组成，每一 Jordan 块具有如下形式：

$$J_k = \begin{pmatrix} \lambda_k & 1 & & \\ & \lambda_k & \ddots & \\ & & \ddots & 1 \\ & & & \lambda_k \end{pmatrix}.$$

定理 2.4.5　设 $A \in \mathbb{R}^{n\times n}$，则存在 n 阶非奇异的复矩阵 T，使得

$$T^{-1}AT = J = \mathrm{diag}(J_1, J_2, \cdots, J_s),$$

其中 J_i 为对角元为 λ_i 的 Jordan 块，λ_i 为 A 的特征值($i=1,2,\cdots,s$).

一个矩阵的 Jordan 标准形中有几个 Jordan 块，就有几个线性无关的特征向量，它们构成了变换矩阵 T 的某些列. 当 A 的线性无关的特征向量的个数 $r< n$ 时，T 的其余 $n-r$ 列叫作 A 的广义特征向量，即满足

$$(A-\lambda I)^k x = 0,\quad (A-\lambda I)^{k-1} x \neq 0.$$

这时称 x 为 A 的 k 度广义特征向量.

下面考虑 Jordan 块的性质.

对每个 Jordan 块，显然有

$$J_k = \begin{pmatrix} \lambda_k & 1 & 0 & \cdots & 0 \\ 0 & \lambda_k & 1 & \cdots & 0 \\ \vdots & \vdots & \vdots & \ddots & \vdots \\ 0 & 0 & 0 & \ddots & 1 \\ 0 & 0 & 0 & \cdots & \lambda_k \end{pmatrix}_{s\times s} = \lambda_k I_s + \begin{pmatrix} 0 & 1 & 0 & \cdots & 0 \\ 0 & 0 & 1 & \cdots & 0 \\ \vdots & \vdots & \vdots & \ddots & \vdots \\ 0 & 0 & 0 & \ddots & 1 \\ 0 & 0 & 0 & \cdots & 0 \end{pmatrix}_{s\times s}.$$

容易验证，后一矩阵满足

$$\begin{pmatrix} 0 & 1 & 0 & \cdots & 0 \\ 0 & 0 & 1 & \cdots & 0 \\ \vdots & \vdots & \vdots & & \vdots \\ 0 & 0 & 0 & \cdots & 1 \\ 0 & 0 & 0 & \cdots & 0 \end{pmatrix}_{s\times s}^2 = \begin{pmatrix} 0 & 0 & 1 & \cdots & 0 \\ 0 & 0 & 0 & \ddots & 0 \\ \vdots & \vdots & \vdots & \ddots & 1 \\ 0 & 0 & 0 & \ddots & 0 \\ 0 & 0 & 0 & \cdots & 0 \end{pmatrix}_{s\times s},$$

$$\begin{pmatrix} 0 & 1 & 0 & \cdots & 0 \\ 0 & 0 & 1 & \ddots & 0 \\ \vdots & \vdots & \vdots & \ddots & \vdots \\ 0 & 0 & 0 & \ddots & 1 \\ 0 & 0 & 0 & \cdots & 0 \end{pmatrix}_{s\times s}^3 = \begin{pmatrix} 0 & 0 & 0 & 1 & \cdots & 0 \\ 0 & 0 & 0 & 0 & \ddots & \vdots \\ \vdots & \vdots & \vdots & \vdots & \ddots & 1 \\ 0 & 0 & 0 & 0 & \ddots & 0 \\ 0 & 0 & 0 & 0 & \cdots & 0 \\ 0 & 0 & 0 & 0 & \cdots & 0 \end{pmatrix}_{s\times s}.$$

而

$$\begin{pmatrix} 0 & 1 & 0 & \cdots & 0 \\ 0 & 0 & 1 & \cdots & 0 \\ \vdots & \vdots & \vdots & \ddots & \vdots \\ 0 & 0 & 0 & \ddots & 1 \\ 0 & 0 & 0 & \cdots & 0 \end{pmatrix}_{s\times s}^s = 0_{s\times s}.$$

由 $AT=T^{-1}J$，设 Jordan 块 J_k 对应 A 中的列 $q_k, \cdots, q_{k+s-1}$ 则

$$Aq_k = \lambda_k q_k,$$
$$Aq_{k+1} = q_k + \lambda_k q_{k+1},$$
$$Aq_{k+2} = q_{k+1} + \lambda_k q_{k+2},$$

$$\cdots,$$
$$\boldsymbol{A}\boldsymbol{q}_{k+s-1} = \boldsymbol{q}_{k+s-2} + \lambda_k \boldsymbol{q}_{k+s-1},$$

即

$$\begin{aligned}
&(\boldsymbol{A} - \lambda_k \boldsymbol{I})\boldsymbol{q}_k = \boldsymbol{0},\\
&(\boldsymbol{A} - \lambda_k \boldsymbol{I})\boldsymbol{q}_{k+1} = \boldsymbol{q}_k,\\
&(\boldsymbol{A} - \lambda_k \boldsymbol{I})\boldsymbol{q}_{k+2} = \boldsymbol{q}_{k+1},\\
&\cdots,\\
&(\boldsymbol{A} - \lambda_k \boldsymbol{I})\boldsymbol{q}_{k+s-1} = \boldsymbol{q}_{k+s-2}.
\end{aligned}$$

所以

$$\begin{aligned}
&(\boldsymbol{A} - \lambda_k \boldsymbol{I})\boldsymbol{q}_k = \boldsymbol{0},\\
&(\boldsymbol{A} - \lambda_k \boldsymbol{I})^2\boldsymbol{q}_{k+1} = \boldsymbol{0},\\
&(\boldsymbol{A} - \lambda_k \boldsymbol{I})^3\boldsymbol{q}_{k+2} = \boldsymbol{0},\\
&\cdots,\\
&(\boldsymbol{A} - \lambda_k \boldsymbol{I})^s\boldsymbol{q}_{k+s-1} = \boldsymbol{0}.
\end{aligned}$$

但是

$$\begin{aligned}
&(\boldsymbol{A} - \lambda_k \boldsymbol{I})^0\boldsymbol{q}_k \neq \boldsymbol{0},\\
&(\boldsymbol{A} - \lambda_k \boldsymbol{I})^1\boldsymbol{q}_{k+1} \neq \boldsymbol{0},\\
&(\boldsymbol{A} - \lambda_k \boldsymbol{I})^2\boldsymbol{q}_{k+2} \neq \boldsymbol{0},\\
&\cdots,\\
&(\boldsymbol{A} - \lambda_k \boldsymbol{I})^{s-1}\boldsymbol{q}_{k+s-1} \neq \boldsymbol{0}.
\end{aligned}$$

这样，$\boldsymbol{q}_k$ 是 $\boldsymbol{A}$ 的属于 λ_k 的特征向量，$\boldsymbol{q}_{k+1},\boldsymbol{q}_{k+2},\cdots,\boldsymbol{q}_{k+s-1}$ 分别为 $\boldsymbol{A}$ 的属于 λ_k 的 $2,3,\cdots,s$ 度广义特征向量.

若 $\boldsymbol{A}$ 的相异特征值分别为 $\lambda_1,\lambda_2,\cdots,\lambda_r$，其重数分别为 $k_1,k_2,\cdots,k_r$，则 $\boldsymbol{A}$ 的特征多项式为

$$f(\lambda) = (\lambda - \lambda_1)^{k_1}(\lambda - \lambda_2)^{k_2}\cdots(\lambda - \lambda_r)^{k_r},$$

其中 $\sum_{i=1}^{r} k_i = n$. 把特征多项式的根 λ_i 的重数 k_i 叫作特征值 λ_i 的代数重数.

对应于 $\boldsymbol{A}$ 的特征值 λ_i 的特征向量的个数叫作该特征根的几何重数. 显然，每一特征根的几何重数小于或等于其代数重数.

2.5 谱 分 解

如果一个矩阵与对角阵相似，则称其可对角化. 此时该矩阵有完全特征向量系，也就是有 n 个线性无关的特征向量. 该分解是在实数域上完成的.

定理 2.5.1 设 $A \in \mathbb{R}^{n\times n}$，$A$ 可对角化的充分必要条件是它有完全特征向量系. 这时 A 有谱分解：

$$A = X\text{diag}(\lambda_1,\lambda_2,\cdots,\lambda_n)X^{-1} = \lambda_1 x_1 y_1^{\mathrm{T}} + \cdots + \lambda_n x_n y_n^{\mathrm{T}},$$

其中 $\lambda_1,\lambda_2,\cdots,\lambda_n$ 是 A 的特征值，$x_1,x_2,\cdots,x_n$ 是 A 的对应特征向量.

证明 只证充分性. 设 A 有完全特征向量系：$\lambda_1,\lambda_2,\cdots,\lambda_n$ 是 A 的特征值，$x_1,x_2,\cdots,x_n$ 是 A 的对应特征向量. 令 $X=(x_1,x_2,\cdots,x_n)$，则 X 非奇异. 由于 $Ax_i=\lambda_i x_i$，故

$$AX = X\text{diag}(\lambda_1,\lambda_2,\cdots,\lambda_n),$$

即 $A=X\text{diag}(\lambda_1,\lambda_2,\cdots,\lambda_n)X^{-1}$. 从而 A 可对角化.

由于 $A=X\text{diag}(\lambda_1,\lambda_2,\cdots,\lambda_n)X^{-1}$，记 $X^{-1}=(y_1,y_2,\cdots,y_n)^{\mathrm{T}}$，展开便得后一式. □

利用上述定理可得对称矩阵的如下结论.

定理 2.5.2 设 A 是 n 阶对称矩阵，则 A 与对角阵相似. 其对角元为 A 的特征值. 这时 A 有 谱分解：

$$A = U\text{diag}(\lambda_1,\lambda_2,\cdots,\lambda_n)U^{\mathrm{T}} = \lambda_1 u_1 u_1^{\mathrm{T}} + \lambda_2 u_2 u_2^{\mathrm{T}} + \cdots + \lambda_n u_n u_n^{\mathrm{T}}.$$

上述分解称为对称矩阵的谱分解.

实际上，根据矩阵 $A \in \mathbb{R}_r^{m\times n}$ 的满秩分解 $A=BC$ 也可得矩阵的谱分解，因为

$$A = BC = BI_rC = \sum_{i=1}^{r} b_i c_i^{\mathrm{T}},$$

只是该分解满足的条件较弱.

2.6 奇异值分解

矩阵的奇异值分解是将矩阵分解成秩 1 矩阵的和，所以在某种意义上起到谱分解的作用. 与谱分解不同的是，它的分解因子是列(行)正交的. 它有很多诱人的性质，是矩阵最常见的一种分解. 该分解是在实数域上完成的.

定义 2.6.1 设 $A \in \mathbb{R}^{m\times n}$. 若 $\sigma \geqslant 0$，$u \in \mathbb{R}^m$，$v \in \mathbb{R}^n$ 满足

$$Av = \sigma u, \quad A^{\mathrm{T}}u = \sigma v,$$

则称 σ 为矩阵 A 的奇异值，u 和 v 分别是 A 的左奇异向量和右奇异向量.

定理 2.6.1（奇异值分解定理） 设 $A \in \mathbb{R}^{m\times n}$，则存在 m 阶正交阵 U 和 n 阶正交阵 V，使

$$A = U\begin{pmatrix} \Sigma & 0 \\ 0 & 0 \end{pmatrix} V^{\mathrm{T}},$$

其中

$$\boldsymbol{\Sigma} = \mathrm{diag}(\sigma_1, \sigma_2, \cdots, \sigma_r), \quad \sigma_i \geqslant \sigma_{i-1} > 0.$$

证明　由于 $\boldsymbol{A} \in \mathbb{R}^{m \times n}$，故 $\boldsymbol{A}^{\mathrm{T}}\boldsymbol{A}$ 半正定. 设 $\sigma_1^2 \geqslant \sigma_2^2 \geqslant \cdots \geqslant \sigma_r^2 > 0 = \sigma_{r+1}^2 = \cdots = \sigma_n^2$ 为其特征根，而 $\boldsymbol{v}_1, \boldsymbol{v}_2, \cdots, \boldsymbol{v}_n$ 为相应的单位特征向量. 记

$$\boldsymbol{V}_1 = (\boldsymbol{v}_1, \boldsymbol{v}_2, \cdots, \boldsymbol{v}_r), \quad \boldsymbol{V}_2 = (\boldsymbol{v}_{r+1}, \boldsymbol{v}_{r+2}, \cdots, \boldsymbol{v}_n), \quad \boldsymbol{V} = (\boldsymbol{V}_1, \boldsymbol{V}_2).$$

则

$$\boldsymbol{V}_1^{\mathrm{T}}\boldsymbol{A}^{\mathrm{T}}\boldsymbol{A}\boldsymbol{V}_1 = \boldsymbol{\Sigma}^2, \quad \boldsymbol{V}_2^{\mathrm{T}}\boldsymbol{A}^{\mathrm{T}}\boldsymbol{A}\boldsymbol{V}_2 = \boldsymbol{0}.$$

故

$$\boldsymbol{\Sigma}^{-1}\boldsymbol{V}_1^{\mathrm{T}}\boldsymbol{A}^{\mathrm{T}}\boldsymbol{A}\boldsymbol{V}_1\boldsymbol{\Sigma}^{-1} = \boldsymbol{I}, \quad \boldsymbol{A}\boldsymbol{V}_2 = \boldsymbol{0}.$$

令 $\boldsymbol{U}_1 = \boldsymbol{A}\boldsymbol{V}_1\boldsymbol{\Sigma}^{-1}$，则 $\boldsymbol{U}_1$ 列单位正交，即 $\boldsymbol{U}_1^{\mathrm{T}}\boldsymbol{U}_1 = \boldsymbol{I}$，且 $\boldsymbol{A}\boldsymbol{V}_1 = \boldsymbol{U}_1\boldsymbol{\Sigma}$. 选择 $\boldsymbol{U}_2$，使 $\boldsymbol{U} = (\boldsymbol{U}_1, \boldsymbol{U}_2)$ 正交，则

$$\boldsymbol{U}^{\mathrm{T}}\boldsymbol{A}\boldsymbol{V} = \begin{bmatrix} \boldsymbol{U}_1^{\mathrm{T}}\boldsymbol{A}\boldsymbol{V}_1 & \boldsymbol{U}_1^{\mathrm{T}}\boldsymbol{A}\boldsymbol{V}_2 \\ \boldsymbol{U}_2^{\mathrm{T}}\boldsymbol{A}\boldsymbol{V}_1 & \boldsymbol{U}_2^{\mathrm{T}}\boldsymbol{A}\boldsymbol{V}_2 \end{bmatrix} = \begin{pmatrix} \boldsymbol{\Sigma} & \boldsymbol{0} \\ \boldsymbol{0} & \boldsymbol{0} \end{pmatrix}.$$

这样便得到 $\boldsymbol{A}$ 的奇异值分解.

另外，利用

$$\boldsymbol{A} = \boldsymbol{U}\begin{pmatrix} \boldsymbol{\Sigma} & \boldsymbol{0} \\ \boldsymbol{0} & \boldsymbol{0} \end{pmatrix}\boldsymbol{V}^{\mathrm{T}} = (\boldsymbol{U}_1, \boldsymbol{U}_2)\begin{pmatrix} \boldsymbol{\Sigma} & \boldsymbol{0} \\ \boldsymbol{0} & \boldsymbol{0} \end{pmatrix}\begin{bmatrix} \boldsymbol{V}_1^{\mathrm{T}} \\ \boldsymbol{V}_2^{\mathrm{T}} \end{bmatrix} = \boldsymbol{U}_1\boldsymbol{\Sigma}\boldsymbol{V}_1^{\mathrm{T}},$$

可得压缩形式的奇异值分解. 据此，矩阵的奇异值分解一般写成

$$\boldsymbol{A} = \boldsymbol{U}\boldsymbol{\Sigma}\boldsymbol{V}^{\mathrm{T}},$$

其中 $\boldsymbol{U} \in \mathbb{R}^{m \times r}$ 和 $\boldsymbol{V} \in \mathbb{R}^{n \times r}$ 为列正交阵.

特别地，设 $\boldsymbol{A} \in \mathbb{R}_r^{n \times n}$ 对称、半正定，且 $\lambda_1 \geqslant \lambda_2 \geqslant \cdots \geqslant \lambda_r$ 为其非零特征根，$\boldsymbol{v}_1, \boldsymbol{v}_2, \cdots, \boldsymbol{v}_r$ 为对应的特征向量. 根据前面的证明过程，向量组 $\boldsymbol{v}_1, \boldsymbol{v}_2, \cdots, \boldsymbol{v}_r$ 构成列正交阵 $\boldsymbol{V}_1$，而 $\sigma_i = \lambda_i^2$ $(i = 1, 2, \cdots, r)$ 为 $\boldsymbol{A}$ 的非零奇异值. 从而

$$\boldsymbol{V}_1^{\mathrm{T}}\boldsymbol{A}\boldsymbol{V}_1 = \mathrm{diag}(\lambda_1, \lambda_2, \cdots, \lambda_r) = \boldsymbol{\Sigma}.$$

故 $\boldsymbol{V}_1\mathrm{diag}(\lambda_1, \lambda_2, \cdots, \lambda_r)\boldsymbol{V}_1$ 构成矩阵 $\boldsymbol{A}$ 的奇异值分解，也就是说，其特征值构成矩阵的奇异值. □

在严格意义上，我们有如下结论.

推论 2.6.1　矩阵的特征值为其奇异值的充分必要条件是该矩阵对称、半正定.

对一般的对称矩阵 $\boldsymbol{A}$，根据前面的证明过程，其非零特征根 $\lambda_1, \lambda_2, \cdots, \lambda_r$ 的特征向量 $\boldsymbol{v}_1, \boldsymbol{v}_2, \cdots, \boldsymbol{v}_r$ 构成列正交阵 $\boldsymbol{V}_1$，而 $\boldsymbol{\Sigma}$ 的对角元与 $\mathrm{diag}(\lambda_1, \lambda_2, \cdots, \lambda_r)$ 的对角元至多相差一个正负号. 相应地，$\boldsymbol{U}_1$ 中的列与 $\boldsymbol{V}_1$ 中的列也至多相差一个正负号. 具体地，对角阵 $\boldsymbol{\Sigma} = \mathrm{diag}(\sigma_1, \sigma_2, \cdots, \sigma_r)$ 和矩阵 $\boldsymbol{U}_1 = (\boldsymbol{u}_1, \boldsymbol{u}_2, \cdots, \boldsymbol{u}_r)$ 分别满足

$$\sigma_i = \begin{cases} \lambda_i, & \lambda_i > 0, \\ -\lambda_i, & \lambda_i < 0, \end{cases} \quad \boldsymbol{u}_i = \begin{cases} \boldsymbol{v}_i, & \lambda_i > 0, \\ -\boldsymbol{v}_i, & \lambda_i < 0. \end{cases}$$

也就是说，对称矩阵的奇异值分解可通过对其标准形

$$A = V_1 \mathrm{diag}(\lambda_1, \lambda_2, \cdots, \lambda_r) V_1^{\mathrm{T}}$$

中的后一 V_1 中的列适当变换符号并使对角阵的对角元为正得到.

根据上述证明过程,A 的奇异值$\sigma_i = \sqrt{\lambda_i}$,其中 λ_i 为$A^{\mathrm{T}}A$ 的特征值.同时,矩阵的最大奇异值满足

$$\sigma_1(A) = \max_{\|x\| = \|y\| = 1} x^{\mathrm{T}} A y = \max_{x, y \in \mathbb{R}^n} \frac{x^{\mathrm{T}} A y}{\|x\| \|y\|}.$$

根据矩阵 2 范数的性质,得

$$\|A\|_2 = \sigma_1(A) = \max_{\|x\| = \|y\| = 1} x^{\mathrm{T}} A y.$$

另一方面,对矩阵 $A \in \mathbb{R}^{m \times n}$,由于 $\|A\|_2^2 = \sigma_1^2(A) = \max\{\lambda_{\max}(A^{\mathrm{T}}A)\}$,利用对角占优矩阵的性质,得

$$\|A\|_2 \leqslant t \quad \Leftrightarrow \quad \|A\|_2^2 \leqslant t^2 \quad \Leftrightarrow \quad t^2 I_m - AA^{\mathrm{T}} \quad \Leftrightarrow \quad \begin{pmatrix} tI_m & A \\ A^{\mathrm{T}} & tI_m \end{pmatrix} \geqslant 0.$$

设 $A = U\Sigma V^{\mathrm{T}}$,$u_1$ 和 v_1 分别为 U 和 V 的第一列.则

$$\sigma_2(A) = \max_{\substack{x^{\mathrm{T}} u_1 = 0, y^{\mathrm{T}} v_1 = 0 \\ x^{\mathrm{T}} x = y^{\mathrm{T}} y = 1}} x^{\mathrm{T}} A y = \max_{\substack{x^{\mathrm{T}} u_1 = 0, y^{\mathrm{T}} v_1 = 0 \\ x^{\mathrm{T}} x = y^{\mathrm{T}} y = 1}} (U^{\mathrm{T}} x)^{\mathrm{T}} \Sigma (V^{\mathrm{T}} y).$$

以此类推,得

$$\sigma_{k+1}(A) = \max_{\substack{x^{\mathrm{T}} u_i = 0, y^{\mathrm{T}} v_i = 0, i = 1, 2, \cdots, k \\ x^{\mathrm{T}} x = y^{\mathrm{T}} y = 1}} x^{\mathrm{T}} A y.$$

设矩阵 $A \in \mathbb{R}^{m \times n}$的奇异值分解为$U\Sigma V^{\mathrm{T}}$.定义矩阵的迹范数(trace norm)

$$\|A\|_* = \mathrm{tr}(\Sigma) = \sum \sigma_i(A).$$

则

$$\|A\|_* = \max_{\|B\|_2 \leqslant 1} \langle B, A \rangle.$$

事实上,对任意 $m \times n$ 矩阵B,利用 A 的奇异值分解,得

$$\begin{aligned} \langle B, A \rangle &= \mathrm{tr}(B^{\mathrm{T}} A) = \mathrm{tr}(V B^{\mathrm{T}} U^{\mathrm{T}} U A V^{\mathrm{T}}) \\ &= \langle U B V^{\mathrm{T}}, U A V^{\mathrm{T}} \rangle = \langle U B V^{\mathrm{T}}, \Sigma \rangle. \end{aligned}$$

显然,有

$$\|B\|_* = \|UBV^{\mathrm{T}}\|_*.$$

由此知结论成立.

设矩阵 A 有奇异值分解$A = U\Sigma V^{\mathrm{T}}$.记

$$U = (u_1, u_2, \cdots, u_n), \quad V = (v_1, v_2, \cdots, v_n),$$

则

$$A = \sum_{i=1}^{n} \sigma_i u_i v_i^{\mathrm{T}}.$$

下述结论告诉我们,对矩阵的奇异值分解进行截断可得到两种不同范数意义下矩阵的低秩近似,它称为 Eckart-Young 定理.

定理 2.6.2　设矩阵 $\boldsymbol{A}\in\mathbb{R}^{m\times n}$ 的奇异值分解为 $\boldsymbol{A}=\sum_{i=1}^{r}\sigma_i\boldsymbol{u}_i\boldsymbol{v}_i^{\mathrm{T}}$. 则对任意的 $k<r$, $\boldsymbol{A}_k=\sum_{i=1}^{k}\sigma_i\boldsymbol{u}_i\boldsymbol{v}_i^{\mathrm{T}}$ 为下述问题的解：

$$\min_{\operatorname{rank}(\boldsymbol{B})=k}\|\boldsymbol{A}-\boldsymbol{B}\|_2=\|\boldsymbol{A}-\boldsymbol{A}_k\|_2=\sigma_{k+1}.$$

证明　首先，由

$$\boldsymbol{U}^{\mathrm{T}}\boldsymbol{A}_k\boldsymbol{V}=\operatorname{diag}(\sigma_1,\sigma_2,\cdots,\sigma_k,0,\cdots,0)$$

和

$$\boldsymbol{U}^{\mathrm{T}}(\boldsymbol{A}-\boldsymbol{A}_k)\boldsymbol{V}=\operatorname{diag}(0,\cdots,0,\sigma_{k+1},\sigma_{k+2},\cdots,\sigma_r,0,\cdots,0),$$

知

$$\|\boldsymbol{A}-\boldsymbol{A}_k\|_2=\sigma_{k+1}.$$

其次，对任意秩为 k 的矩阵 $\boldsymbol{B}$，存在基向量 $\boldsymbol{x}_1,\boldsymbol{x}_2,\cdots,\boldsymbol{x}_{n-k}$，使得

$$N(\boldsymbol{B})=\operatorname{span}\{\boldsymbol{x}_1,\boldsymbol{x}_2,\cdots,\boldsymbol{x}_{n-k}\}.$$

由维数定理，有

$$\operatorname{span}\{\boldsymbol{x}_1,\boldsymbol{x}_2,\cdots,\boldsymbol{x}_{n-k}\}\cap\operatorname{span}\{\boldsymbol{v}_1,\boldsymbol{v}_2,\cdots,\boldsymbol{v}_k,\boldsymbol{v}_{k+1}\}\neq\{\boldsymbol{0}\}.$$

设 z 为上述交集中的单位向量，则由 $\boldsymbol{B}\boldsymbol{z}=\boldsymbol{0}$ 和

$$\boldsymbol{A}\boldsymbol{z}=\sum_{i=1}^{k+1}\sigma_i(\boldsymbol{v}_i^{\mathrm{T}}\boldsymbol{z})\boldsymbol{u}_i,$$

知

$$\begin{aligned}\|\boldsymbol{A}-\boldsymbol{B}\|_2^2&\geqslant\|(\boldsymbol{A}-\boldsymbol{B})\boldsymbol{z}\|_2^2=\|\boldsymbol{A}\boldsymbol{z}\|_2^2\\&=\sum_{i=1}^{k+1}\sigma_i^2(\boldsymbol{v}_i^{\mathrm{T}}\boldsymbol{z})^2\geqslant\sigma_{k+1}^2.\end{aligned}$$

结论得证.　□

基于实对称阵的正交三角分解和其奇异值分解之间的关系，可得如下结论.

推论 2.6.2　设 n 阶对称阵 $\boldsymbol{A}$ 的秩为 r，其非零特征根 $\lambda_1,\lambda_2,\cdots,\lambda_r$ 对应的特征向量 $\boldsymbol{v}_1,\boldsymbol{v}_2,\cdots,\boldsymbol{v}_r$ 构成矩阵 $\boldsymbol{V}_1$. 则对任意的 $k<r$, $\boldsymbol{A}_k=\sum_{i=1}^{k}\sigma_i\boldsymbol{v}_i\boldsymbol{v}_i^{\mathrm{T}}$ 为下述问题的解：

$$\min_{\operatorname{rank}(\boldsymbol{B})=k}\|\boldsymbol{A}-\boldsymbol{B}\|_2=\|\boldsymbol{A}-\boldsymbol{A}_k\|_2=\sigma_{k+1}.$$

定理 2.6.3　设矩阵 $\boldsymbol{A}\in\mathbb{R}^{m\times n}$ 的奇异值分解为 $\boldsymbol{A}=\sum_{i=1}^{r}\sigma_i\boldsymbol{u}_i\boldsymbol{v}_i^{\mathrm{T}}$. 则对任意的 $k<r$, $\boldsymbol{A}_k=\sum_{i=1}^{k}\sigma_i\boldsymbol{u}_i\boldsymbol{v}_i^{\mathrm{T}}$ 为下述问题的解：

$$\min_{\operatorname{rank}(\boldsymbol{B})=k}\|\boldsymbol{A}-\boldsymbol{B}\|_{\mathrm{F}}^2=\|\boldsymbol{A}-\boldsymbol{A}_k\|_{\mathrm{F}}^2=\sum_{i=k+1}^{r}\sigma_i^2.$$

证明　首先，对任意的 $k<r$, $\boldsymbol{A}_k=\sum_{i=1}^{k}\sigma_i\boldsymbol{u}_i\boldsymbol{v}_i^{\mathrm{T}}$,

$$\| \boldsymbol{A} - \boldsymbol{A}_k \|_F^2 = \sum_{i=k+1}^{r} \sigma_i^2.$$

其次,对于任意秩为 k 的矩阵 $\boldsymbol{B}$,存在基向量 $\boldsymbol{x}_1, \boldsymbol{x}_2, \cdots, \boldsymbol{x}_{n-k}$,使得

$$N(\boldsymbol{B}) = \text{span}\{\boldsymbol{x}_1, \boldsymbol{x}_2, \cdots, \boldsymbol{x}_{n-k}\}.$$

由维数定理,有

$$S_j \triangleq \text{span}\{\boldsymbol{x}_1, \boldsymbol{x}_2, \cdots, \boldsymbol{x}_{n-k}\} \cap \text{span}\{\boldsymbol{v}_1, \boldsymbol{v}_2, \cdots, \boldsymbol{v}_k, \boldsymbol{v}_{k+1}, \cdots, \boldsymbol{v}_j\} \neq \{\boldsymbol{0}\},$$

且

$$\dim(S_j) \geqslant j - k.$$

从而存在 S_r 中的一个线性无关组 $\boldsymbol{z}_{k+1}, \boldsymbol{z}_{k+2}, \cdots, \boldsymbol{z}_r$,使得 $\boldsymbol{z}_j \in S_j (j = k+1, \cdots, r)$. 利用 Gram-Schmidt 正交化方法可得到 S_j 的单位正交向量组 $\boldsymbol{w}_{k+1}, \boldsymbol{w}_{k+2}, \cdots, \boldsymbol{w}_r$. 记 $\boldsymbol{W} = (\boldsymbol{w}_{k+1}, \boldsymbol{w}_{k+2}, \cdots, \boldsymbol{w}_r)$. 则 $\| \boldsymbol{W} \|_2 = 1$. 从而对任意 $j (k+1 \leqslant j \leqslant r)$, $\boldsymbol{B}\boldsymbol{w}_j = \boldsymbol{0}$,

$$\boldsymbol{A}\boldsymbol{w}_j = \sum_{i=1}^{j} \sigma_i (\boldsymbol{v}_i^{\mathrm{T}} \boldsymbol{w}_j) \boldsymbol{u}_i.$$

结合矩阵 F 范数的性质,得

$$\begin{aligned}
\| \boldsymbol{A} - \boldsymbol{B} \|_F^2 &= \| \boldsymbol{A} - \boldsymbol{B} \|_F^2 \| (\boldsymbol{w}_{k+1}, \cdots, \boldsymbol{w}_r) \|_2^2 \\
&\geqslant \| (\boldsymbol{A} - \boldsymbol{B})(\boldsymbol{w}_{k+1}, \cdots, \boldsymbol{w}_r) \|_F^2 \\
&= \| \boldsymbol{A}(\boldsymbol{w}_{k+1}, \cdots, \boldsymbol{w}_r) \|_F^2 \\
&= \sum_{j=k+1}^{r} \| \boldsymbol{A}\boldsymbol{w}_j \|_2^2 = \sum_{j=k+1}^{r} \sum_{i=1}^{j} \sigma_i^2 (\boldsymbol{v}_i^{\mathrm{T}} \boldsymbol{w}_j)^2 \\
&\geqslant \sum_{j=k+1}^{r} \sigma_j^2.
\end{aligned}$$

结论得证. □

比上述结论更一般的结论是:

定理 2.6.4 设矩阵 $\boldsymbol{A} \in \mathbb{R}^{m \times n}$ 的奇异值分解为 $\boldsymbol{A} = \sum_{i=1}^{r} \sigma_i \boldsymbol{u}_i \boldsymbol{v}_i^{\mathrm{T}}$. 则对任意的 $k < r$, $\boldsymbol{A}_k = \sum_{i=1}^{k} \sigma_i \boldsymbol{u}_i \boldsymbol{v}_i^{\mathrm{T}}$ 为下述优化问题的解:

$$\min_{\text{rank}(\boldsymbol{B}) = k} \| \boldsymbol{A} - \boldsymbol{B} \|_M^2,$$

其中 $\| \cdot \|_M$ 为任意正交变换下不变的矩阵范数.

该定理称为 Eckart-Young 定理.

下面看矩阵 $\boldsymbol{A}$ 的最佳秩 r 逼近 $\boldsymbol{A}_k = \sum_{i=1}^{k} \sigma_i \boldsymbol{u}_i \boldsymbol{v}_i^{\mathrm{T}} = \boldsymbol{U}_k \boldsymbol{\Sigma}_k \boldsymbol{V}_k^{\mathrm{T}}$ 的另一种表示形式.

由奇异值的定义, $\boldsymbol{A}^{\mathrm{T}} \boldsymbol{U}_k = \boldsymbol{V}_k \boldsymbol{\Sigma}_k$, 即 $\boldsymbol{U}_k^{\mathrm{T}} \boldsymbol{A} = \boldsymbol{\Sigma}_k \boldsymbol{V}_k^{\mathrm{T}}$. 从而

$$\boldsymbol{U}_k \boldsymbol{U}_k^{\mathrm{T}} \boldsymbol{A} = \boldsymbol{U}_k \boldsymbol{\Sigma}_k \boldsymbol{V}_k^{\mathrm{T}}.$$

同样,利用 $\boldsymbol{A}\boldsymbol{V}_k = \boldsymbol{U}_k \boldsymbol{\Sigma}_k$,得

$$AV_kV_k^{\mathrm{T}} = U_k\Sigma_kV_k^{\mathrm{T}}.$$

由于 U_k 列单位正交,故 $U_kU_k^{\mathrm{T}}$ 为幂等矩阵,也就是到 $\mathrm{span}(U_k)$上的投影矩阵.这说明,矩阵 A 的最佳秩 r 逼近为矩阵 A 中的列向量到 $\mathrm{span}(U_k)$上的投影向量所构成的矩阵.

定理 2.6.5　设矩阵 $A\in\mathbb{R}^{m\times s}$,$B\in\mathbb{R}^{m\times t}$,$U\Sigma V^{\mathrm{T}}$ 为矩阵 $A^{\mathrm{T}}B$ 的奇异值分解.则 UV^{T} 为下述优化问题的最优解:

$$\min\{\|A-BX\|^2 \mid X\in\mathbb{R}^{t\times s}, XX^{\mathrm{T}}=I_t\}$$

证明　利用约束条件,目标函数可简化为

$$\|A-BX\|^2 = \|A\|^2 - 2\mathrm{tr}(A^{\mathrm{T}}BX) + \mathrm{tr}(B^{\mathrm{T}}B).$$

要使上述函数达到最小,中间项应达到最大.所以问题化为

$$\begin{aligned}&\max\{\mathrm{tr}(A^{\mathrm{T}}BX) \mid XX^{\mathrm{T}}=I_t\}\\&=\max\{\mathrm{tr}(U\Sigma V^{\mathrm{T}}X) \mid XX^{\mathrm{T}}=I_t\}\\&=\max\{\mathrm{tr}(U\Sigma\bar{X}) \mid \bar{X}\bar{X}^{\mathrm{T}}=I_t\}\quad(\bar{X}X=V^{\mathrm{T}}X)\\&=\max\{\mathrm{tr}(\Sigma\bar{\bar{X}}) \mid \bar{\bar{X}}\bar{\bar{X}}^{\mathrm{T}}=I_t\}\quad(\bar{\bar{X}}=V^{\mathrm{T}}\bar{X}U).\end{aligned}$$

由 Cauchy-Schwarz 不等式,得 $\bar{\bar{X}}=V^{\mathrm{T}}\bar{X}U=I_t$.所以 $X=VU^{\mathrm{T}}$.　□

性质 2.6.1　设矩阵 $A\in\mathbb{R}^{n\times r}$,$B\in\mathbb{R}^{n\times m}$.若 $X^*\in\mathbb{R}^{r\times m}$是最小二乘问题

$$X^* = \underset{X\in\mathbb{R}^{r\times m}}{\arg\min}\|AX-B\|$$

的解,则有

$$A^{\mathrm{T}}AX^* = A^{\mathrm{T}}B.$$

进一步,若矩阵 A 是满秩的,则有 $X^*=(A^{\mathrm{T}}A)^{-1}A^{\mathrm{T}}B$.

证明　通过最小二乘问题的最优性条件,可以得到其最优解 $\bar{x}^{(i)}\in\mathbb{R}^n$ 满足

$$A\bar{x}^{(i)} = B^{(i)},\quad i=1,2,\cdots,r,$$

其中 $B^{(i)}$表示矩阵 B 的第 i 列向量.进一步,有

$$A^{\mathrm{T}}A\bar{X}^{(i)} = A^{\mathrm{T}}B^{(i)},\quad i=1,2,\cdots,r.$$

所以结论成立.

若矩阵 A 是列满秩的,则 $A^{\mathrm{T}}A$ 是正定的非奇异矩阵,故有

$$X^* = (A^{\mathrm{T}}A)^{-1}A^{\mathrm{T}}B.$$　□

2.7　极　分　解

矩阵的极分解基于矩阵的奇异值分解,故它也是在实数域上完成的.

定理 2.7.1　设 $A\in\mathbb{R}^{n\times n}$,则 A 有如下分解:

$$\boldsymbol{A} = \boldsymbol{GE} = \boldsymbol{EH},$$

其中 $\boldsymbol{E}$ 是正交阵,$\boldsymbol{G}$ 和 $\boldsymbol{H}$ 是对称正定矩阵,且

$$\boldsymbol{G}^2 = \boldsymbol{AA}^{\mathrm{T}}, \quad \boldsymbol{H}^2 = \boldsymbol{A}^{\mathrm{T}}\boldsymbol{A}.$$

证明 设矩阵 $\boldsymbol{A}$ 的奇异值分解为 $\boldsymbol{A} = \boldsymbol{U\Sigma V}^{\mathrm{T}}$,则

$$\boldsymbol{A} = \boldsymbol{U\Sigma V}^{\mathrm{T}} = (\boldsymbol{U\Sigma U}^{\mathrm{T}})(\boldsymbol{UV}^{\mathrm{T}}) \triangleq \boldsymbol{GE},$$

$$\boldsymbol{A} = \boldsymbol{U\Sigma V}^{\mathrm{T}} = (\boldsymbol{UV}^{\mathrm{T}})(\boldsymbol{V\Sigma V}^{\mathrm{T}}) \triangleq \boldsymbol{EH}.$$

从而

$$\boldsymbol{AA}^{\mathrm{T}} = \boldsymbol{U\Sigma V}^{\mathrm{T}}\boldsymbol{V\Sigma U}^{\mathrm{T}} = \boldsymbol{U\Sigma U}^{\mathrm{T}}\boldsymbol{U\Sigma} = \boldsymbol{G}^2,$$

$$\boldsymbol{A}^{\mathrm{T}}\boldsymbol{A} = \boldsymbol{V\Sigma U}^{\mathrm{T}}\boldsymbol{U\Sigma V}^{\mathrm{T}} = \boldsymbol{V\Sigma V}^{\mathrm{T}}\boldsymbol{V\Sigma V}^{\mathrm{T}} = \boldsymbol{H}^2.$$ □

定理 2.7.2 设 $m \geqslant n$. 对矩阵 $\boldsymbol{A} \in \mathbb{R}_r^{m\times n}$,存在列正交阵 $\boldsymbol{E} \in \mathbb{R}^{m\times n}$ 和对称半正定阵 $\boldsymbol{H} \in \mathbb{R}^{n\times n}$,使得 $\boldsymbol{A} = \boldsymbol{EH}$.

证明 设矩阵 $\boldsymbol{A}$ 的奇异值分解为

$$\boldsymbol{A} = \boldsymbol{U\Sigma V}^{\mathrm{T}}.$$

则

$$\boldsymbol{A}^{\mathrm{T}}\boldsymbol{A} = \boldsymbol{V\Sigma U}^{\mathrm{T}}\boldsymbol{U\Sigma V}^{\mathrm{T}} = \boldsymbol{V\Sigma}^2\boldsymbol{V}^{\mathrm{T}}.$$

令

$$\boldsymbol{H} = (\boldsymbol{A}^{\mathrm{T}}\boldsymbol{A})^{1/2} = \boldsymbol{V\Sigma V}^{\mathrm{T}}, \quad \boldsymbol{E} = \boldsymbol{UV}^{\mathrm{T}}.$$

容易验证,矩阵 $\boldsymbol{H}$ 半正定,矩阵 $\boldsymbol{E}$ 列正交,且 $\boldsymbol{A} = \boldsymbol{EH}$. □

定理 2.7.3 设矩阵 $\boldsymbol{A} \in \mathbb{R}^{m\times n}$ 的奇异值分解和极分解为 $\boldsymbol{A} = \boldsymbol{U\Sigma V}^{\mathrm{T}} = \boldsymbol{EH}$. 则 $\boldsymbol{E} = \boldsymbol{UV}^{\mathrm{T}}$ 为下述优化问题的最优解:

$$\max_{\boldsymbol{Q}^{\mathrm{T}}\boldsymbol{Q} = \boldsymbol{I}_m} \mathrm{tr}(\boldsymbol{Q}^{\mathrm{T}}\boldsymbol{A}) = \|\boldsymbol{A}\|_*.$$

证明 设矩阵 $\boldsymbol{A} \in \mathbb{R}^{m\times n}$ 的奇异值分解为 $\boldsymbol{A} = \boldsymbol{U\Sigma V}^{\mathrm{T}}$. 则

$$\mathrm{tr}(\boldsymbol{Q}^{\mathrm{T}}\boldsymbol{A}) = \mathrm{tr}(\boldsymbol{Q}^{\mathrm{T}}\boldsymbol{U\Sigma V}^{\mathrm{T}}) = \mathrm{tr}(\boldsymbol{V}^{\mathrm{T}}\boldsymbol{Q}^{\mathrm{T}}\boldsymbol{U\Sigma}) = \langle \boldsymbol{U}^{\mathrm{T}}\boldsymbol{QV}, \boldsymbol{\Sigma} \rangle.$$

由于 $\boldsymbol{U}^{\mathrm{T}}\boldsymbol{QV}$ 正交,故其对角元的模不超过 1,而 $\boldsymbol{\Sigma}$ 为正的对角阵,$\boldsymbol{Q}$ 的任意元素的模小于或等于 1,故上式仅当 $\boldsymbol{U}^{\mathrm{T}}\boldsymbol{QV} = \boldsymbol{I}_r$,也就是 $\boldsymbol{Q} = \boldsymbol{UV}^{\mathrm{T}}$ 时取极值. 这样的 $\boldsymbol{Q}$ 恰为矩阵 $\boldsymbol{A}$ 的极分解因子 $\boldsymbol{E}$. 此时,该问题的最优值为 $\mathrm{tr}(\boldsymbol{\Sigma}) = \|\boldsymbol{A}\|_*$. □

上述结论的一个直接推论如下.

推论 2.7.1 设矩阵 $\boldsymbol{A} \in \mathbb{R}_r^{m\times n}$. 则对任意的列正交阵 $\boldsymbol{U} \in \mathbb{R}^{r\times m}$,$\boldsymbol{V} \in \mathbb{R}^{r\times n}$,有

$$\mathrm{tr}(\boldsymbol{UAV}^{\mathrm{T}}) \leqslant \|\boldsymbol{A}\|_*.$$

而等号成立的充分必要条件是 $\boldsymbol{U}^{\mathrm{T}}$,$\boldsymbol{V}^{\mathrm{T}}$ 为矩阵 $\boldsymbol{A}$ 的奇异值分解因子.

若矩阵 $\boldsymbol{A} \in \mathbb{R}^{n\times n}$ 对称、半正定,则其特征值就是其奇异值. 故有

$$\max_{\boldsymbol{Q} \in \mathbb{R}^{n\times n}, \boldsymbol{Q}^{\mathrm{T}}\boldsymbol{Q} = \boldsymbol{I}_n} \mathrm{tr}(\boldsymbol{Q}^{\mathrm{T}}\boldsymbol{A}) = \mathrm{tr}(\boldsymbol{A}),$$

而 $\boldsymbol{Q} = \boldsymbol{I}$ 为最优解.

对于一般的 n 阶方阵 $\boldsymbol{A}$，设列正交阵 $\boldsymbol{Q}^*$ 为优化问题

$$\max_{\boldsymbol{Q}^{\mathrm{T}}\boldsymbol{Q}=\boldsymbol{I}_n} \operatorname{tr}(\boldsymbol{Q}^{\mathrm{T}}\boldsymbol{A}) = \|\boldsymbol{A}\|_*$$

的最优解，即

$$\max_{\boldsymbol{Q}^{\mathrm{T}}\boldsymbol{Q}=\boldsymbol{I}_n} \operatorname{tr}(\boldsymbol{Q}^{\mathrm{T}}\boldsymbol{A}) = \operatorname{tr}((\boldsymbol{Q}^*)^{\mathrm{T}}\boldsymbol{A}) = \|(\boldsymbol{Q}^*)^{\mathrm{T}}\boldsymbol{A}\|_* = \|\boldsymbol{A}\|_*.$$

根据推论 2.6.1，上式成立的充分必要条件是 $(\boldsymbol{Q}^*)^{\mathrm{T}}\boldsymbol{A}$ 对称、半正定. 所以使得正交阵 $\boldsymbol{Q}$ 为优化问题

$$\max_{\boldsymbol{Q}^{\mathrm{T}}\boldsymbol{Q}=\boldsymbol{I}_n} \operatorname{tr}(\boldsymbol{Q}^{\mathrm{T}}\boldsymbol{A})$$

的最优解的充分必要条件是 $\boldsymbol{Q}^{\mathrm{T}}\boldsymbol{A}$ 对称、半正定. 特别地，若 $\boldsymbol{A}$ 非奇异，则最优解唯一.

定理 2.7.4 (Fan, Hoffman, 1955)　设矩阵 $\boldsymbol{A}\in\mathbb{R}^{m\times n}$ 的极分解为 $\boldsymbol{A}=\boldsymbol{E}\boldsymbol{H}$. 则对矩阵的正交变换下的任一不变范数 $\|\cdot\|$，有

$$\|\boldsymbol{A}-\boldsymbol{E}\| = \min\{\|\boldsymbol{A}-\boldsymbol{Q}\| \mid \boldsymbol{Q}^{\mathrm{T}}\boldsymbol{Q}=\boldsymbol{I}_n\}.$$

第 3 章 矩阵的秩、特征值与奇异值

在求解线性方程时，我们首先要考虑解的存在性、唯一性等问题，为了刻画这些问题，我们引进矩阵的概念. 同时. 矩阵的特征值在矩阵理论的研究中有重要作用，矩阵的谱分解、幂级数收敛性判别都与矩阵的特征值有密切联系.

3.1 矩阵的逆与行列式

定理 3.1.1 对方阵 $\boldsymbol{A}$，序列 $\boldsymbol{A}^k \to \boldsymbol{0}$ 的充分必要条件是 $\rho(\boldsymbol{A})<1$.

证明 必要性. 设 $\boldsymbol{A}^k \to \boldsymbol{0}$，且 $\boldsymbol{x}_1$ 为矩阵 $\boldsymbol{A}$ 的最大模特征根 λ_1 的单位特征向量. 则对任意的自然数 k，有

$$\boldsymbol{A}^k \boldsymbol{x} = \lambda_1^k \boldsymbol{x}_1.$$

两边取 2 范数，得

$$\| \boldsymbol{A}^k \boldsymbol{x} \| = | \lambda_1^k |.$$

再令 $k \to \infty$，得

$$\rho(\boldsymbol{A}) = | \lambda_1 | < 1.$$

充分性. 考虑矩阵的 Jordan 标准形

$$\boldsymbol{A} = \boldsymbol{Q} \mathrm{diag}(\boldsymbol{J}_1, \boldsymbol{J}_2, \cdots, \boldsymbol{J}_r) \boldsymbol{Q}^{-1}.$$

设 $\rho(\boldsymbol{A})<1$. 为证 $\boldsymbol{A}^k \to \boldsymbol{0}$，只需证 $\boldsymbol{J}_i^k \to \boldsymbol{0}(i=1,2,\cdots,r)$ 成立即可.

事实上，

$$\boldsymbol{J}_i = \lambda_i \boldsymbol{I}_{l_i} + \boldsymbol{E}_{l_i},$$

其中 $\boldsymbol{E}_{l_i} = (\boldsymbol{0}, \boldsymbol{e}_1, \boldsymbol{e}_2, \cdots, \boldsymbol{e}_{l_i - 1})$. 从而对任意的 $k \geq l_i$，有

$$\boldsymbol{J}_i^k = \sum_{j=0}^{l_i - 1} \frac{k!}{j!(k-j)!} \lambda_i^{k-j} \boldsymbol{E}_{l_i}^j.$$

由矩阵范数的三角不等式，得

$$\| J_i^k \| \leqslant \sum_{j=0}^{l_i-1} \frac{k!}{j!(k-j)!} |\lambda_i|^{k-j} \| E_{l_i}^j \|.$$

显然,上式的右边含有有限项,利用$|\lambda_i|<1$,由于 E_{l_i} 满足 $E_{l_i}^j = 0(j \geqslant l_i)$,上式中的每一项在 $k \to \infty$ 时均趋于零.结论得证. □

矩阵的行列式是矩阵元素的连续函数,所以非奇异矩阵在非常小的扰动下仍非奇异.从而有下面的结论.

定理 3.1.2 设矩阵 $A \in \mathbb{R}^{n\times n}$ 非奇异.如果扰动矩阵 $\delta A \in \mathbb{R}^{n\times n}$ 满足 $\| \delta A \| < \frac{1}{\kappa(A)} \| A \|$,其中 $\kappa(A) = \| A \| \| A^{-1} \|$ 为矩阵 A 的条件数,则矩阵 $A+\delta A$ 非奇异.

证明 根据题设,有

$$\| \delta A \| \| A^{-1} \| < 1. \tag{3.1.1}$$

反设结论不成立,则存在非零向量 $x \in \mathbb{R}^n$,使得

$$(A+\delta A)x = 0, \quad 即 \quad x = A^{-1}(\delta A)x.$$

从而有

$$\| x \| = \| A^{-1}(\delta A)x \| \leqslant \| A^{-1} \| \| \delta A \| \| x \|.$$

由于 $\| x \| \neq 0$,故 $\| A^{-1} \| \| \delta A \| \geqslant 1$,这与式(3.1.1)矛盾. □

从上述结论可以看出,矩阵的条件数在某种意义下给出了非奇异矩阵 A 到奇异矩阵的最小距离.特别地,在矩阵的 2 范数意义下,该结果是精确的.从理论上讲,对于非奇异矩阵 A,如果 $\kappa(A)$非常大,则只能在扰动矩阵 δA 很小时才能保证 $A+\delta A$ 非奇异.

下面的结论说明,如果非奇异矩阵 A 为单位矩阵,而扰动矩阵 δA 取 A,则 $\| A \| <1$ 可保证 $I \pm A$ 非奇异.从而有下面的引理.

引理 3.1.1(von Neumann 定理) 设 n 阶矩阵 A 满足 $\| A \| <1$,则 $I-A$ 非奇异,且

$$(I-A)^{-1} = \sum_{k=0}^{\infty} A^k, \quad \| (I-A)^{-1} \| \leqslant \frac{1}{1-\| A \|}.$$

证明 记 $S_k \triangleq \sum_{i=0}^{k} A^i$,则

$$(I-A)S_k = I - A^{k+1}.$$

由于 $\| A \| <1$,上式取极限,得

$$\lim_{k\to\infty}(I-A)S_k = I.$$

这说明 $I-A$ 非奇异,且$(I-A)^{-1} = \lim\limits_{k\to\infty} S_k$.

由于

$$\begin{aligned} 1 &= \| (I-A)^{-1}(I-A) \| \\ &= \| (I-A)^{-1} - (I-A)^{-1}A \| \end{aligned}$$

$$\geqslant \|(I-A)^{-1}\| - \|(I-A)^{-1}\|\|A\|,$$

整理上式即得结论的最后一个式子. □

用矩阵 $A^{-1}(A-B)$替代上述结论中的 A,则引理中的 $I-A$ 变为$A^{-1}B$.此时有如下结论.

推论 3.1.1 设 n 阶方阵A 非奇异且$\|A^{-1}(B-A)\|<1$,则 B 非奇异,且

$$B^{-1} = \sum_{k=0}^{\infty}(I - A^{-1}B)^k A^{-1},$$

$$\|B^{-1}\| \leqslant \frac{\|A^{-1}\|}{1-\|A^{-1}(B-A)\|}.$$

推论 3.1.2 设 n 阶方阵A 非奇异且$\|A^{-1}(B-A)\|<1$,矩阵 E 满足$\|A^{-1}\|\|E\|<1$.则 $A+E$ 非奇异且

$$\|(A+E)^{-1}\| \leqslant \frac{\|A^{-1}\|}{1-\|A^{-1}\|\|E\|}.$$

证明 令 $B=-A^{-1}E$.则$\|B\|<1$.利用 von Neumann 定理知 $I-B$ 非奇异,且$(I-B)^{-1}=\sum_{k=0}^{\infty}B^k$.所以

$$\begin{aligned}\|(I-B)^{-1}\| &\leqslant \sum_{k=0}^{\infty}\|B\|^k = \frac{1}{1-\|B\|}\\ &\leqslant \frac{1}{1-\|A^{-1}\|\|E\|}.\end{aligned}$$

利用

$$A+E = A(I+A^{-1}E) = A(I-B),$$

得

$$\|(A+E)^{-1}\| = \|(I-B)^{-1}A^{-1}\| \leqslant \frac{\|A^{-1}\|}{1-\|A^{-1}(B-A)\|}.$$ □

定理 3.1.3 设矩阵

$$A = \begin{pmatrix} A_{11} & A_{12} \\ A_{21} & A_{22} \end{pmatrix},$$

且块矩阵 A_{11}非奇异.则 Schur 补 $\bar{A}_{22}=A_{22}-A_{21}A_{11}^{-1}A_{12}$非奇异,且

$$A^{-1} = \begin{pmatrix} A_{11}^{-1}+A_{11}^{-1}A_{12}\bar{A}_{22}^{-1}A_{21}A_{11}^{-1} & -A_{11}^{-1}A_{12}\bar{A}_{22}^{-1} \\ \bar{A}_{22}^{-1}A_{21}A_{11}^{-1} & \bar{A}_{22}^{-1} \end{pmatrix}.$$

证明 由 A 和A_{11}非奇异及

$$\begin{pmatrix} I & 0 \\ -A_{21}A_{11}^{-1} & I \end{pmatrix}\begin{pmatrix} A_{11} & A_{12} \\ A_{21} & A_{22} \end{pmatrix}\begin{pmatrix} I & -A_{11}^{-1}A_{12} \\ 0 & I \end{pmatrix} = \begin{pmatrix} A_{11} & 0 \\ 0 & \bar{A}_{22} \end{pmatrix},$$

知 $\bar{A}_{22}$非奇异.上式两边分别求逆,得

$$\begin{pmatrix} A_{11} & A_{12} \\ A_{21} & A_{22} \end{pmatrix}^{-1} = \begin{pmatrix} I & -A_{11}^{-1}A_{12} \\ 0 & I \end{pmatrix}\begin{pmatrix} A_{11}^{-1} & 0 \\ 0 & A_{22}^{-1} \end{pmatrix}\begin{pmatrix} I & 0 \\ -A_{21}A_{11}^{-1} & I \end{pmatrix}.$$

整理后得结论. □

引理 3.1.2 (Sherman-Morrison 定理) 设 $\boldsymbol{A}\in\mathbb{R}^{n\times n}$ 非奇异, $\boldsymbol{u},\boldsymbol{v}\in\mathbb{R}^n$ 满足 $1+\boldsymbol{v}^{\mathrm{T}}\boldsymbol{A}^{-1}\boldsymbol{u}\neq 0$, 则 $\boldsymbol{A}+\boldsymbol{u}\boldsymbol{v}^{\mathrm{T}}$ 非奇异, 且

$$(\boldsymbol{A}+\boldsymbol{u}\boldsymbol{v}^{\mathrm{T}})^{-1}=\boldsymbol{A}^{-1}-\frac{\boldsymbol{A}^{-1}\boldsymbol{u}\boldsymbol{v}^{\mathrm{T}}\boldsymbol{A}^{-1}}{1+\boldsymbol{v}^{\mathrm{T}}\boldsymbol{A}^{-1}\boldsymbol{u}}.$$

证明 由

$$\begin{pmatrix}1 & \boldsymbol{v}^{\mathrm{T}}\boldsymbol{A}^{-1}\\ \boldsymbol{0} & \boldsymbol{I}\end{pmatrix}\begin{pmatrix}1 & -\boldsymbol{v}^{\mathrm{T}}\\ \boldsymbol{u} & \boldsymbol{A}\end{pmatrix}=\begin{pmatrix}1+\boldsymbol{v}^{\mathrm{T}}\boldsymbol{A}^{-1}\boldsymbol{u} & \boldsymbol{0}\\ \boldsymbol{u} & \boldsymbol{A}\end{pmatrix}\triangleq \boldsymbol{W}_1,$$

$$\begin{pmatrix}1 & \boldsymbol{0}\\ -\boldsymbol{u} & \boldsymbol{I}\end{pmatrix}\begin{pmatrix}1 & -\boldsymbol{v}^{\mathrm{T}}\\ \boldsymbol{u} & \boldsymbol{A}\end{pmatrix}=\begin{pmatrix}1 & -\boldsymbol{v}^{\mathrm{T}}\\ \boldsymbol{0} & \boldsymbol{A}+\boldsymbol{u}\boldsymbol{v}^{\mathrm{T}}\end{pmatrix}\triangleq \boldsymbol{W}_2,$$

易得

$$\boldsymbol{W}_1^{-1}=\begin{pmatrix}\dfrac{1}{1+\boldsymbol{v}^{\mathrm{T}}\boldsymbol{A}^{-1}\boldsymbol{u}} & \boldsymbol{0}\\ \dfrac{-\boldsymbol{A}^{-1}\boldsymbol{u}}{1+\boldsymbol{v}^{\mathrm{T}}\boldsymbol{A}^{-1}\boldsymbol{u}} & \boldsymbol{A}^{-1}\end{pmatrix},\quad \boldsymbol{W}_2^{-1}=\begin{pmatrix}1 & \boldsymbol{v}^{\mathrm{T}}(\boldsymbol{A}+\boldsymbol{u}\boldsymbol{v}^{\mathrm{T}})^{-1}\\ \boldsymbol{0} & (\boldsymbol{A}+\boldsymbol{u}\boldsymbol{v}^{\mathrm{T}})^{-1}\end{pmatrix}.$$

后者又可写成

$$\begin{aligned}\boldsymbol{W}_2^{-1}&=\begin{pmatrix}1 & -\boldsymbol{v}^{\mathrm{T}}\\ \boldsymbol{u} & \boldsymbol{A}\end{pmatrix}^{-1}\begin{pmatrix}1 & \boldsymbol{0}\\ \boldsymbol{u} & \boldsymbol{I}\end{pmatrix}=\boldsymbol{W}_1^{-1}\begin{pmatrix}1 & \boldsymbol{v}^{\mathrm{T}}\boldsymbol{A}^{-1}\\ \boldsymbol{0} & \boldsymbol{I}\end{pmatrix}\begin{pmatrix}1 & \boldsymbol{0}\\ \boldsymbol{u} & \boldsymbol{I}\end{pmatrix}\\ &=\begin{pmatrix}1 & \dfrac{\boldsymbol{v}^{\mathrm{T}}\boldsymbol{A}^{-1}}{1+\boldsymbol{v}^{\mathrm{T}}\boldsymbol{A}^{-1}\boldsymbol{u}}\\ \boldsymbol{0} & \boldsymbol{A}^{-1}-\dfrac{\boldsymbol{A}^{-1}\boldsymbol{u}\boldsymbol{v}^{\mathrm{T}}\boldsymbol{A}^{-1}}{1+\boldsymbol{v}^{\mathrm{T}}\boldsymbol{A}^{-1}\boldsymbol{u}}\end{pmatrix}.\end{aligned}$$

利用两者相等得

$$(\boldsymbol{A}+\boldsymbol{u}\boldsymbol{v}^{\mathrm{T}})^{-1}=\boldsymbol{A}^{-1}-\frac{\boldsymbol{A}^{-1}\boldsymbol{u}\boldsymbol{v}^{\mathrm{T}}\boldsymbol{A}^{-1}}{1+\boldsymbol{v}^{\mathrm{T}}\boldsymbol{A}^{-1}\boldsymbol{u}}.$$ □

上述结论在 $\boldsymbol{u},\boldsymbol{v}$ 为矩阵时也是成立的,即对 $\boldsymbol{U},\boldsymbol{V}\in\mathbb{R}^{n\times t}$,若 $\boldsymbol{A}$ 和 $\boldsymbol{I}+\boldsymbol{V}^{\mathrm{T}}\boldsymbol{A}^{-1}\boldsymbol{U}$ 非奇异,则

$$(\boldsymbol{A}+\boldsymbol{U}\boldsymbol{V}^{\mathrm{T}})^{-1}=\boldsymbol{A}^{-1}-\boldsymbol{A}^{-1}\boldsymbol{U}(\boldsymbol{I}+\boldsymbol{V}^{\mathrm{T}}\boldsymbol{A}^{-1}\boldsymbol{U})^{-1}\boldsymbol{V}^{\mathrm{T}}\boldsymbol{A}^{-1}.$$

由同样的证明过程得:

定理 3.1.4 设矩阵 $\boldsymbol{A},\boldsymbol{B},\boldsymbol{C},\boldsymbol{D}$ 满足矩阵乘积 $\boldsymbol{BCD}$ 有意义,与矩阵 $\boldsymbol{A}$ 同阶且可逆,则

$$(\boldsymbol{A}+\boldsymbol{BCD})^{-1}=\boldsymbol{A}^{-1}-\boldsymbol{A}^{-1}\boldsymbol{B}(\boldsymbol{C}^{-1}+\boldsymbol{D}\boldsymbol{A}^{-1}\boldsymbol{B})^{-1}\boldsymbol{D}\boldsymbol{A}^{-1}.$$

利用上述结论可以计算秩 2 校正矩阵的行列式.

定理 3.1.5 对 $\boldsymbol{u}_i\in\mathbb{R}^n\,(i=1,2,3,4)$,成立

$$\det(\boldsymbol{I}+\boldsymbol{u}_1\boldsymbol{u}_2^{\mathrm{T}}+\boldsymbol{u}_3\boldsymbol{u}_4^{\mathrm{T}})=(1+\boldsymbol{u}_1^{\mathrm{T}}\boldsymbol{u}_2)(1+\boldsymbol{u}_3^{\mathrm{T}}\boldsymbol{u}_4)-(\boldsymbol{u}_1^{\mathrm{T}}\boldsymbol{u}_4)(\boldsymbol{u}_2^{\mathrm{T}}\boldsymbol{u}_3).$$

证明 易知

$$\begin{pmatrix}1 & \boldsymbol{v}^{\mathrm{T}}\\ \boldsymbol{0} & \boldsymbol{I}\end{pmatrix}\begin{pmatrix}1 & -\boldsymbol{v}^{\mathrm{T}}\\ \boldsymbol{u} & \boldsymbol{I}\end{pmatrix}=\begin{pmatrix}1+\boldsymbol{v}^{\mathrm{T}}\boldsymbol{u} & \boldsymbol{0}\\ \boldsymbol{u} & \boldsymbol{I}\end{pmatrix},$$

$$\begin{pmatrix} 1 & \mathbf{0} \\ -\boldsymbol{u} & \boldsymbol{I} \end{pmatrix}\begin{pmatrix} 1 & -\boldsymbol{v}^{\mathrm{T}} \\ \boldsymbol{u} & \boldsymbol{I} \end{pmatrix} = \begin{bmatrix} 1 & -\boldsymbol{v}^{\mathrm{T}} \\ \mathbf{0} & \boldsymbol{I}+\boldsymbol{u}\boldsymbol{v}^{\mathrm{T}} \end{bmatrix}.$$

两边分别取行列式,得

$$\det(\boldsymbol{I}+\boldsymbol{u}\boldsymbol{v}^{\mathrm{T}}) = 1+\boldsymbol{u}^{\mathrm{T}}\boldsymbol{v}.$$

进一步,有

$$\begin{aligned}\det(\boldsymbol{I}+\boldsymbol{u}_1\boldsymbol{u}_2^{\mathrm{T}}+\boldsymbol{u}_3\boldsymbol{u}_4^{\mathrm{T}}) &= \det((\boldsymbol{I}+\boldsymbol{u}_1\boldsymbol{u}_2^{\mathrm{T}})(\boldsymbol{I}+(\boldsymbol{I}+\boldsymbol{u}_1\boldsymbol{u}_2^{\mathrm{T}})^{-1}\boldsymbol{u}_3\boldsymbol{u}_4^{\mathrm{T}})) \\ &= (1+\boldsymbol{u}_1^{\mathrm{T}}\boldsymbol{u}_2)(1+\boldsymbol{u}_4^{\mathrm{T}}(\boldsymbol{I}+\boldsymbol{u}_1\boldsymbol{u}_2^{\mathrm{T}})^{-1}\boldsymbol{u}_3) \\ &= (1+\boldsymbol{u}_1^{\mathrm{T}}\boldsymbol{u}_2)\left(1+\boldsymbol{u}_4^{\mathrm{T}}\left(\boldsymbol{I}-\frac{\boldsymbol{u}_1\boldsymbol{u}_2^{\mathrm{T}}}{1+\boldsymbol{u}_1^{\mathrm{T}}\boldsymbol{u}_2}\right)\boldsymbol{u}_3\right) \\ &= (1+\boldsymbol{u}_1^{\mathrm{T}}\boldsymbol{u}_2)(1+\boldsymbol{u}_3^{\mathrm{T}}\boldsymbol{u}_4)-\boldsymbol{u}_1^{\mathrm{T}}\boldsymbol{u}_4\boldsymbol{u}_2^{\mathrm{T}}\boldsymbol{u}_3.\end{aligned}$$

其中第三个等式利用了引理3.1.2. □

定理 3.1.6 设 $\boldsymbol{A}\in\mathbb{R}^{n\times n}$ 非奇异.则对任意的 $\boldsymbol{x},\boldsymbol{y}\in\mathbb{R}^n$,有

$$\det(\boldsymbol{A}+\boldsymbol{x}\boldsymbol{y}^{\mathrm{T}}) = \det(\boldsymbol{A})(1+\boldsymbol{y}^{\mathrm{T}}\boldsymbol{A}^{-1}\boldsymbol{x}).$$

证明 易知

$$\begin{pmatrix} \boldsymbol{I} & \mathbf{0} \\ \boldsymbol{y}^{\mathrm{T}}\boldsymbol{A}^{-1} & 1 \end{pmatrix}\begin{pmatrix} \boldsymbol{A} & \boldsymbol{x} \\ -\boldsymbol{y}^{\mathrm{T}} & 1 \end{pmatrix} = \begin{pmatrix} \boldsymbol{A} & \boldsymbol{x} \\ \mathbf{0} & 1+\boldsymbol{y}^{\mathrm{T}}\boldsymbol{A}^{-1}\boldsymbol{x} \end{pmatrix},$$

$$\begin{pmatrix} \boldsymbol{I} & -\boldsymbol{x} \\ \mathbf{0} & 1 \end{pmatrix}\begin{pmatrix} \boldsymbol{A} & \boldsymbol{x} \\ -\boldsymbol{y}^{\mathrm{T}} & 1 \end{pmatrix} = \begin{bmatrix} \boldsymbol{A}+\boldsymbol{x}\boldsymbol{y}^{\mathrm{T}} & \mathbf{0} \\ -\boldsymbol{y}^{\mathrm{T}} & 1 \end{bmatrix},$$

两边取行列式即得结论. □

类似可证:

定理 3.1.7 设 $\boldsymbol{A}_{11}\in\mathbb{R}^{k\times k}$ 非奇异,$\boldsymbol{A}_{22}$ 为方阵,则

$$\det\begin{bmatrix} \boldsymbol{A}_{11} & \boldsymbol{A}_{12} \\ \boldsymbol{A}_{21} & \boldsymbol{A}_{22} \end{bmatrix} = \det(\boldsymbol{A}_{11})\det(\boldsymbol{A}_{22}-\boldsymbol{A}_{21}\boldsymbol{A}_{11}^{-1}\boldsymbol{A}_{12}).$$

3.2 矩阵的秩与行列式

对向量 $\boldsymbol{x}\in\mathbb{R}^m,\boldsymbol{y}\in\mathbb{R}^n$,其外积定义为 $\boldsymbol{x}\circ\boldsymbol{y}=\boldsymbol{x}\boldsymbol{y}^{\mathrm{T}}\in\mathbb{R}^{m\times n}$.由于

$$\operatorname{rank}(\boldsymbol{x}\boldsymbol{y}^{\mathrm{T}}) \leqslant \min\{\operatorname{rank}(\boldsymbol{x}),\operatorname{rank}(\boldsymbol{y}^{\mathrm{T}})\},$$

故 $\operatorname{rank}(\boldsymbol{x}\boldsymbol{y}^{\mathrm{T}})=1$.

设 $\boldsymbol{u}_1,\boldsymbol{u}_2,\cdots,\boldsymbol{u}_n$ 为$\mathbb{R}^n$中的一组标准正交基.记 $\boldsymbol{U}=(\boldsymbol{u}_1,\boldsymbol{u}_2,\cdots,\boldsymbol{u}_n)$,则

$$\sum_{i=1}^{n}\boldsymbol{u}_i\boldsymbol{u}_i^{\mathrm{T}} = \boldsymbol{U}\boldsymbol{U}^{\mathrm{T}} = \boldsymbol{I}_n.$$

定理 3.2.1 对矩阵 $\boldsymbol{A},\boldsymbol{B}\in\mathbb{R}^{m\times n}$,有

$$\operatorname{rank}(\boldsymbol{A}\pm\boldsymbol{B}) \leqslant \operatorname{rank}(\boldsymbol{A})+\operatorname{rank}(\boldsymbol{B}).$$

证明　由于

$$\boldsymbol{A} \pm \boldsymbol{B} = (\boldsymbol{I}_m, \pm \boldsymbol{I}_m)\begin{pmatrix}\boldsymbol{A}\\ \boldsymbol{B}\end{pmatrix},$$

所以

$$\operatorname{rank}(\boldsymbol{A} \pm \boldsymbol{B}) \leqslant \operatorname{rank}\begin{pmatrix}\boldsymbol{A}\\ \boldsymbol{B}\end{pmatrix} \leqslant \operatorname{rank}(\boldsymbol{A}) + \operatorname{rank}(\boldsymbol{B}).$$ □

下面是一个更强的结论.

定理 3.2.2　对矩阵 $\boldsymbol{A},\boldsymbol{B} \in \mathbb{R}^{m\times n}$,有

$$\operatorname{rank}(\boldsymbol{A}) - \operatorname{rank}(\boldsymbol{B}) \leqslant \operatorname{rank}(\boldsymbol{A} \pm \boldsymbol{B}).$$

从而有

$$\operatorname{rank}(\boldsymbol{A}) - \operatorname{rank}(\boldsymbol{B}) \leqslant \operatorname{rank}(\boldsymbol{A} \pm \boldsymbol{B}) \leqslant \operatorname{rank}(\boldsymbol{A}) + \operatorname{rank}(\boldsymbol{B}).$$

证明　首先,由定理3.2.1,有

$$\operatorname{rank}(\boldsymbol{A} \pm \boldsymbol{B}) - \operatorname{rank}(\boldsymbol{B}) \leqslant \operatorname{rank}(\boldsymbol{A}).$$

由 $\boldsymbol{A} \in \mathbb{R}^{m\times n}$ 的任意性,取 $\boldsymbol{A} = \boldsymbol{A} \mp \boldsymbol{B}$,有

$$\operatorname{rank}(\boldsymbol{A}) - \operatorname{rank}(\boldsymbol{B}) \leqslant \operatorname{rank}(\boldsymbol{A} \mp \boldsymbol{B}).$$ □

在矩阵的扰动分析中,常取矩阵 $\boldsymbol{B}$ 为一个低秩扰动矩阵 $\boldsymbol{\Delta}$. 下面考虑矩阵乘积的秩.

定理 3.2.3　对矩阵 $\boldsymbol{A} \in \mathbb{R}^{m\times n}$, $\boldsymbol{B} \in \mathbb{R}^{n\times p}$,有

$$\operatorname{rank}(\boldsymbol{AB}) \geqslant \operatorname{rank}(\boldsymbol{A}) + \operatorname{rank}(\boldsymbol{B}) - n.$$

证明　易知

$$\begin{aligned}\operatorname{rank}(\boldsymbol{A}) + \operatorname{rank}(\boldsymbol{B}) &= \operatorname{rank}\begin{pmatrix}\boldsymbol{A} & \boldsymbol{0}\\ \boldsymbol{0} & \boldsymbol{B}\end{pmatrix} \leqslant \operatorname{rank}\begin{pmatrix}\boldsymbol{A} & \boldsymbol{0}\\ \boldsymbol{I}_n & \boldsymbol{B}\end{pmatrix}\\ &= \operatorname{rank}\begin{pmatrix}\boldsymbol{0} & -\boldsymbol{AB}\\ \boldsymbol{I}_n & B\end{pmatrix} = \operatorname{rank}\begin{pmatrix}\boldsymbol{0} & -\boldsymbol{AB}\\ \boldsymbol{I}_n & \boldsymbol{0}\end{pmatrix}\\ &= \operatorname{rank}(\boldsymbol{AB}) + n.\end{aligned}$$

展开即得命题结论. □

定理 3.2.4　设矩阵 $\boldsymbol{P} \in \mathbb{R}^{s\times m}$ 和 $\boldsymbol{Q} \in \mathbb{R}^{t\times n}$ 列满秩,则对矩阵 $\boldsymbol{A} \in \mathbb{R}^{m\times n}$,有

$$\operatorname{rank}(\boldsymbol{HAQ}^{\mathrm{T}}) = \operatorname{rank}(\boldsymbol{A}).$$

证明　首先,由矩阵秩的基本性质,有

$$\operatorname{rank}(\boldsymbol{A}) \geqslant \operatorname{rank}(\boldsymbol{PAQ}^{\mathrm{T}}). \tag{3.2.1}$$

其次,由 $\boldsymbol{P} \in \mathbb{R}^{s\times m}$ 和 $\boldsymbol{Q} \in \mathbb{R}^{t\times n}$ 列满秩,知 $\boldsymbol{P}^{\mathrm{T}}\boldsymbol{P}$ 和 $\boldsymbol{Q}^{\mathrm{T}}\boldsymbol{Q}$ 非奇异. 从而有

$$(\boldsymbol{P}^{\mathrm{T}}\boldsymbol{P})^{-1}\boldsymbol{P}^{\mathrm{T}}\boldsymbol{PAQ}^{\mathrm{T}}\boldsymbol{Q}(\boldsymbol{Q}^{\mathrm{T}}\boldsymbol{Q})^{-1} = \boldsymbol{A}.$$

再利用矩阵秩的基本不等式,得

$$\begin{aligned}\operatorname{rank}(\boldsymbol{A}) &= \operatorname{rank}((\boldsymbol{P}^{\mathrm{T}}\boldsymbol{P})^{-1}\boldsymbol{P}^{\mathrm{T}}\boldsymbol{PAQ}^{\mathrm{T}}\boldsymbol{Q}(\boldsymbol{Q}^{\mathrm{T}}\boldsymbol{Q})^{-1})\\ &\leqslant \operatorname{rank}(\boldsymbol{PAQ}^{\mathrm{T}}).\end{aligned}$$

结合式(3.2.1)得结论. □

上述定理说明,一个矩阵左乘一个列满秩矩阵或右乘一个行满秩矩阵不改变矩阵的秩.反过来,若将矩阵乘积的左右因子改为转置,则有如下结论.

定理 3.2.5 设矩阵 $\boldsymbol{P}\in\mathbb{R}^{n\times m}$ 和 $\boldsymbol{Q}\in\mathbb{R}^{n\times m}$ 列满秩,矩阵 $\boldsymbol{A}\in\mathbb{R}^{n\times n}$ 非奇异.若下述条件之一成立:

(1) 矩阵 $\boldsymbol{A}$ 正定,且存在非奇异阵 $\boldsymbol{W}\in\mathbb{R}^{m\times m}$,使得 $\boldsymbol{P}=\boldsymbol{QW}$;

(2) 存在非奇异阵 $\boldsymbol{W}\in\mathbb{R}^{m\times m}$,使得 $\boldsymbol{P}=\boldsymbol{AQW}$,

则 m 阶矩阵 $\boldsymbol{P}^{\mathrm{T}}\boldsymbol{AQ}$ 非奇异.

证明 根据题设,$m\leqslant n$.

对(1),有

$$\boldsymbol{P}^{\mathrm{T}}\boldsymbol{AQ}=\boldsymbol{W}^{\mathrm{T}}\boldsymbol{Q}^{\mathrm{T}}\boldsymbol{AQ}.$$

由 $\boldsymbol{A}$ 正定知,矩阵 $\boldsymbol{Q}^{\mathrm{T}}\boldsymbol{AQ}$ 正定,从而非奇异.再由 $\boldsymbol{W}$ 的非奇异性得 $\boldsymbol{P}^{\mathrm{T}}\boldsymbol{AQ}$ 非奇异.

对(2),有 $\boldsymbol{P}^{\mathrm{T}}\boldsymbol{AQ}=\boldsymbol{W}^{\mathrm{T}}(\boldsymbol{QA})^{\mathrm{T}}\boldsymbol{AQ}$.由于 $\boldsymbol{A}$ 非奇异和 $\boldsymbol{Q}$ 列满秩知,矩阵 $\boldsymbol{AQ}$ 列满秩.从而$(\boldsymbol{QA})^{\mathrm{T}}\boldsymbol{AQ}$ 非奇异,进而 $\boldsymbol{P}^{\mathrm{T}}\boldsymbol{AQ}$ 非奇异. □

下面的结论给出了对矩阵做适当秩 1 摄动后秩的变化情况.

定理 3.2.6 对矩阵 $\boldsymbol{A}\in\mathbb{R}_r^{m\times n}$ 和任意的 $\boldsymbol{x}\in\mathbb{R}^m$, $\boldsymbol{y}\in\mathbb{R}^n$,若 $\boldsymbol{x}^{\mathrm{T}}\boldsymbol{Ay}\neq 0$,则

$$\operatorname{rank}\left(\boldsymbol{A}-\frac{\boldsymbol{Ayx}^{\mathrm{T}}\boldsymbol{A}}{\boldsymbol{x}^{\mathrm{T}}\boldsymbol{Ay}}\right)=\operatorname{rank}(\boldsymbol{A})-1.$$

证明 首先,对满足题设条件的 $\boldsymbol{x},\boldsymbol{y}$,记

$$\boldsymbol{B}\triangleq\boldsymbol{A}-\frac{\boldsymbol{Ayx}^{\mathrm{T}}\boldsymbol{A}}{\boldsymbol{x}^{\mathrm{T}}\boldsymbol{Ay}}.$$

则 $N(\boldsymbol{A})\subset N(\boldsymbol{B})$($N(\cdot)$表示零空间),从而 $\operatorname{rank}(\boldsymbol{A})\geqslant\operatorname{rank}(\boldsymbol{B})$.

其次,由 $\boldsymbol{By}=\boldsymbol{Ay}-\dfrac{\boldsymbol{Ayx}^{\mathrm{T}}\boldsymbol{Ay}}{\boldsymbol{x}^{\mathrm{T}}\boldsymbol{Ay}}=\boldsymbol{0}$ 和 $\boldsymbol{Ay}\neq\boldsymbol{0}$,知 $\boldsymbol{y}\in N(\boldsymbol{B})$.但由于 $\boldsymbol{y}\notin N(\boldsymbol{A})$,故

$$N(\boldsymbol{A})\subsetneqq N(\boldsymbol{B}).$$

从而

$$\operatorname{rank}(\boldsymbol{B})\leqslant\operatorname{rank}(\boldsymbol{A})-1.$$

但由于$\dfrac{\boldsymbol{Ayx}^{\mathrm{T}}\boldsymbol{A}}{\boldsymbol{x}^{\mathrm{T}}\boldsymbol{Ay}}$的秩,也就是 $\boldsymbol{Ayx}^{\mathrm{T}}\boldsymbol{A}$ 的秩为 1,所以由定理 3.2.2,有

$$\operatorname{rank}(\boldsymbol{B})\geqslant\operatorname{rank}(\boldsymbol{A})-1.$$

综上,有

$$\operatorname{rank}(\boldsymbol{B})=\operatorname{rank}(\boldsymbol{A})-1.$$ □

实际上,上述结论的逆命题也成立.

定理 3.2.7 对矩阵 $\boldsymbol{A}\in\mathbb{R}_r^{m\times n}$,如果 $\boldsymbol{u}\in\mathbb{R}^m$, $\boldsymbol{v}\in\mathbb{R}^n$ 及 $\sigma\in\mathbb{R}$满足 $\operatorname{rank}(\boldsymbol{A}-\sigma^{-1}\boldsymbol{uv}^{\mathrm{T}})=r-1$,则存在 $\boldsymbol{x}\in\mathbb{R}^n$, $\boldsymbol{y}\in\mathbb{R}^m$,满足 $\boldsymbol{u}=\boldsymbol{Ax}$, $\boldsymbol{v}=\boldsymbol{A}^{\mathrm{T}}\boldsymbol{y}$ 且 $\sigma=\boldsymbol{y}^{\mathrm{T}}\boldsymbol{Ax}$.

证明 设 $\boldsymbol{U\Sigma V}^{\mathrm{T}}$ 为矩阵 $\boldsymbol{B}\triangleq\boldsymbol{A}-\sigma^{-1}\boldsymbol{uv}^{\mathrm{T}}$ 的奇异值分解,其中 $\boldsymbol{U}\in\mathbb{R}^{m\times(r-1)}$, $\boldsymbol{V}\in\mathbb{R}^{n\times(r-1)}$, $\boldsymbol{\Sigma}\in\mathbb{R}^{(r-1)\times(r-1)}$.则

$$\begin{aligned} \boldsymbol{A} &= \boldsymbol{B} + \sigma^{-1}\boldsymbol{u}\boldsymbol{v}^{\mathrm{T}} = \boldsymbol{U}\boldsymbol{\Sigma}\boldsymbol{V}^{\mathrm{T}} + \sigma^{-1}\boldsymbol{u}\boldsymbol{v}^{\mathrm{T}} \\ &= (\boldsymbol{U},\boldsymbol{u})\begin{pmatrix} \boldsymbol{\Sigma} & \boldsymbol{0} \\ \boldsymbol{0} & \sigma^{-1} \end{pmatrix}\begin{pmatrix} \boldsymbol{V}^{\mathrm{T}} \\ \boldsymbol{v}^{\mathrm{T}} \end{pmatrix}. \end{aligned}$$

由于 $\mathrm{rank}(\boldsymbol{A}) = \mathrm{rank}(\boldsymbol{B}) + 1$，所以存在非零向量 $\boldsymbol{x} \in N(\boldsymbol{V}^{\mathrm{T}}) \backslash N(\boldsymbol{V},\boldsymbol{v})^{\mathrm{T}}$. 从而

$$\boldsymbol{A}\boldsymbol{x} = \sigma^{-1}\boldsymbol{v}^{\mathrm{T}}\boldsymbol{x}\boldsymbol{u}.$$

这说明 $\boldsymbol{u} = \frac{\sigma}{\boldsymbol{v}^{\mathrm{T}}\boldsymbol{x}}\boldsymbol{A}\boldsymbol{x}$.

同理，存在非零向量 $\boldsymbol{y} \in N(\boldsymbol{U}^{\mathrm{T}}) \backslash N(\boldsymbol{U},\boldsymbol{u})^{\mathrm{T}}$. 同样有

$$\boldsymbol{A}^{\mathrm{T}}\boldsymbol{y} = \sigma^{-1}\boldsymbol{u}^{\mathrm{T}}\boldsymbol{y}\boldsymbol{v},$$

也就是 $\boldsymbol{v} = \frac{\sigma}{\boldsymbol{u}^{\mathrm{T}}\boldsymbol{y}}\boldsymbol{A}^{\mathrm{T}}\boldsymbol{y}$.

调整 $\boldsymbol{x},\boldsymbol{y}$ 的模长，使 $\boldsymbol{v}^{\mathrm{T}}\boldsymbol{x} = \boldsymbol{u}^{\mathrm{T}}\boldsymbol{y} = \sigma$，则

$$\boldsymbol{y}^{\mathrm{T}}\boldsymbol{A}\boldsymbol{x} = \sigma^{-1}\boldsymbol{u}^{\mathrm{T}}\boldsymbol{y}\boldsymbol{x}^{\mathrm{T}}\boldsymbol{v} = \sigma.$$

□

上述结论在矩阵 $\boldsymbol{A}$ 为对称阵时简化为如下结论.

定理 3.2.8 设矩阵 $\boldsymbol{A} \in \mathbb{R}_r^{n\times n}$ 对称. 若 $\boldsymbol{x} \in \mathbb{R}^n$ 满足 $\boldsymbol{x}^{\mathrm{T}}\boldsymbol{A}\boldsymbol{x} \neq 0$，则

$$\mathrm{rank}\left(\boldsymbol{A} - \frac{\boldsymbol{A}\boldsymbol{x}\boldsymbol{x}^{\mathrm{T}}\boldsymbol{A}}{\boldsymbol{x}^{\mathrm{T}}\boldsymbol{A}\boldsymbol{x}}\right) = \mathrm{rank}(\boldsymbol{A}) - 1.$$

反过来，若 $\boldsymbol{u} \in \mathbb{R}^n$ 和 $\sigma \in \mathbb{R}$ 满足

$$\mathrm{rank}(\boldsymbol{A} - \sigma^{-1}\boldsymbol{u}\boldsymbol{u}^{\mathrm{T}}) = r - 1,$$

则存在 $\boldsymbol{x} \in \mathbb{R}^n$，满足 $\boldsymbol{u} = \boldsymbol{A}\boldsymbol{x}$ 且 $\sigma = \boldsymbol{x}^{\mathrm{T}}\boldsymbol{A}\boldsymbol{x}$.

根据定理 3.2.6，若令 $\boldsymbol{A}_0 = \boldsymbol{A} \in \mathbb{R}^{m\times n}$，则迭代过程

$$\boldsymbol{A}_{k+1} = \boldsymbol{A}_k - \frac{\boldsymbol{A}_k\boldsymbol{y}\boldsymbol{x}^{\mathrm{T}}\boldsymbol{A}_k}{\boldsymbol{x}^{\mathrm{T}}\boldsymbol{A}_k\boldsymbol{y}}$$

在 r 步内可将矩阵 $\boldsymbol{A}$ 分解成秩 1 矩阵的和. 但由于其中的向量组 $\boldsymbol{x}_1,\boldsymbol{x}_2,\cdots,\boldsymbol{x}_r$ 和 $\boldsymbol{y}_1,\boldsymbol{y}_2,\cdots,\boldsymbol{y}_r$ 在子空间上有很大的任意性，故向量组 $\boldsymbol{A}\boldsymbol{x}_1,\boldsymbol{A}\boldsymbol{x}_2,\cdots,\boldsymbol{A}\boldsymbol{x}_r$ 和向量组 $\boldsymbol{A}^{\mathrm{T}}\boldsymbol{y}_1,\boldsymbol{A}^{\mathrm{T}}\boldsymbol{y}_2,\cdots,\boldsymbol{A}^{\mathrm{T}}\boldsymbol{y}_r$ 未必分别正交，所以上述分解一般不构成矩阵 $\boldsymbol{A}$ 的奇异值分解，$\boldsymbol{A}\boldsymbol{x}_1,\boldsymbol{A}\boldsymbol{x}_2,\cdots,\boldsymbol{A}\boldsymbol{x}_r$ 和向量组 $\boldsymbol{A}^{\mathrm{T}}\boldsymbol{y}_1,\boldsymbol{A}^{\mathrm{T}}\boldsymbol{y}_2,\cdots,\boldsymbol{A}^{\mathrm{T}}\boldsymbol{y}_r$ 自然也未必构成矩阵 $\boldsymbol{A}$ 的奇异值向量. 一般地，通过上述过程得到的矩阵分解称为矩阵 $\boldsymbol{A}$ 的双共轭分解. 将上述结论进行推广，可得如下结论.

定理 3.2.9 设矩阵 $\boldsymbol{A} \in \mathbb{R}_r^{m\times n}$，$\boldsymbol{U} \in \mathbb{R}^{m\times k}$，$\boldsymbol{R} \in \mathbb{R}_k^{k\times k}$，$\boldsymbol{V} \in \mathbb{R}^{n\times k}$，其中 $k \leqslant r$，则

$$\mathrm{rank}(\boldsymbol{A} - \boldsymbol{U}\boldsymbol{R}^{-1}\boldsymbol{V}^{\mathrm{T}}) = \mathrm{rank}(\boldsymbol{A}) - \mathrm{rank}(\boldsymbol{U}\boldsymbol{R}^{-1}\boldsymbol{V}^{\mathrm{T}})$$

的充分必要条件是，存在 $\boldsymbol{X} \in \mathbb{R}^{n\times k}$，$\boldsymbol{Y} \in \mathbb{R}^{m\times k}$，满足

$$\boldsymbol{U} = \boldsymbol{A}\boldsymbol{X}, \quad \boldsymbol{V} = \boldsymbol{A}^{\mathrm{T}}\boldsymbol{Y}, \quad \boldsymbol{R} = \boldsymbol{Y}^{\mathrm{T}}\boldsymbol{A}\boldsymbol{X}.$$

证明 根据题设，$\boldsymbol{U},\boldsymbol{V}$ 均列满秩，且 $\mathrm{rank}(\boldsymbol{U}\boldsymbol{R}^{-1}\boldsymbol{V}^{\mathrm{T}}) = \mathrm{rank}(\boldsymbol{R}^{-1}) = k$.

充分性. 记 $\boldsymbol{B} \triangleq \boldsymbol{A} - \boldsymbol{A}\boldsymbol{X}\boldsymbol{R}^{-1}\boldsymbol{Y}^{\mathrm{T}}\boldsymbol{A}$，则对任意使 $\boldsymbol{R} = \boldsymbol{Y}^{\mathrm{T}}\boldsymbol{A}\boldsymbol{X}$ 非奇异的 $\boldsymbol{X} \in \mathbb{R}^{n\times k}$，$\boldsymbol{Y} \in \mathbb{R}^{m\times k}$，成立

$$BX = AX - AXR^{-1}Y^{\mathrm{T}}AX = \mathbf{0}.$$

因此 $\mathrm{span}(X)\subset N(B)$. 但 $N(A)\subset N(B)$ 且 $\mathrm{span}(X)\cap N(A)=\{\mathbf{0}\}$,从而由定理 3.2.2,得到

$$\mathrm{rank}(B) = \mathrm{rank}(A) - k = \mathrm{rank}(A) - \mathrm{rank}(UR^{-1}V^{\mathrm{T}}).$$

必要性. 若 R 为对角阵,则根据定理 3.2.7,逐步递推可得命题结论.

若 R 非对角阵,则存在 k 阶正交阵 P,Q,满足 $R=P\Sigma Q$,其中 Σ 为对角阵. 则题设变为

$$\mathrm{rank}(A - \bar{U}\Sigma^{-1}\bar{V}^{\mathrm{T}}) = \mathrm{rank}(A) - \mathrm{rank}(\bar{U}\Sigma^{-1}\bar{V}^{\mathrm{T}}),$$

其中 $\bar{U}=UQ$, $\bar{V}=VP$. 利用 R 为对角阵时得到的结论,存在 $\bar{X}\in\mathbb{R}^{n\times k}$, $\bar{Y}\in\mathbb{R}^{m\times k}$,满足

$$\bar{U} = A\bar{X},\quad \bar{V} = A^{\mathrm{T}}\bar{Y},\quad \Sigma = \bar{Y}^{\mathrm{T}}A\bar{X}.$$

令 $X=\bar{X}Q$, $Y=\bar{Y}P$,将变换返回,得

$$U = A\bar{X}Q = AX,\quad V = A^{\mathrm{T}}\bar{Y}Q = A^{\mathrm{T}}Y,$$

$$R = P\Sigma Q = P\bar{Y}^{\mathrm{T}}A\bar{X}Q = YAX.$$

□

3.3 矩阵的特征值

根据定义,只有方阵才有特征根和特征向量,而且,实对称矩阵的特征根都是实数. 进一步,若一个实矩阵的特征根都是实的,则该矩阵的特征向量也都是实的;反过来,若一个实矩阵含有复特征根,则它必有复的特征向量.

定理 3.3.1 (Gerschgorin 圆盘定理) 矩阵 $A=(a_{ij})_{n\times n}$ 的特征值必属于下列圆盘之一:

$$|\lambda - a_{ii}| \leqslant \sum_{j\neq i}|a_{ij}|,\quad i = 1,2,\cdots,n.$$

证明 设 λ 为 A 的一个特征值,则存在非零向量 $x\in\mathbb{R}^n$,使得 $Ax=\lambda x$. 记 $|x|_\infty = \max\limits_{1\leqslant i\leqslant n}|x_i| = |x_k|$. 考虑 $Ax=\lambda x$ 的第 i 个方程

$$\sum_{j=1}^{n} a_{ij}x_j = \lambda x_i,$$

也就是

$$(\lambda - a_{ii})x_i = \sum_{j\neq i}a_{ij}x_j.$$

于是

$$|\lambda - a_{ii}||x_i| \leqslant \sum_{j\neq i}|a_{ij}||x_j| \leqslant |x_i|\sum_{j\neq k}|a_{ij}|.$$

利用 $x_i\neq 0$,可得结论. □

该结论的一个直接应用是,利用矩阵中的元素可以界定矩阵特征值的模:

$$|\lambda| \leqslant \max_{1 \leqslant i \leqslant n} \sum_{j=1}^{n} |a_{ij}|.$$

下面是该结论的一个直接推论.

推论 3.3.1 严格对角占优矩阵 $\boldsymbol{A}$(即满足 $|a_{ii}| > \sum_{i \neq j} |a_{ij}|, i = 1,2,\cdots,n$)为非奇异矩阵.

定理 3.3.2 (Brauer 定理) 矩阵 $\boldsymbol{A} = (a_{ij})_{n \times n}$ 的特征值必属于下列圆盘之一:

$$\bigcup_{i \neq j} \{|\lambda - a_{ii}||\lambda - a_{jj}| \leqslant r_i r_j\},$$

其中 $r_i = \sum_{j \neq 1} |a_{ij}|$.

证明 设 λ 为矩阵 $\boldsymbol{A}$ 的特征值, $\boldsymbol{x}$ 为对应的特征向量. 若 $\boldsymbol{x}$ 只有一个非零分量 x_{i_0}, 则 $\lambda = a_{i_0 i_0}$.

其次, 设 $|x_p| \geqslant |x_q|$ 为该特征向量的模最大的两个分量. 则由特征向量的定义, 有

$$(a_{pp} - \lambda)x_p = \sum_{j \neq p} a_{pj} x_j, \quad (a_{qq} - \lambda)x_q = \sum_{j \neq q} a_{pj} x_j.$$

从而

$$|a_{pp} - \lambda||x_p| \leqslant \sum_{j \neq p} |a_{pj}||x_j|,$$

$$|a_{qq} - \lambda||x_q| \leqslant \sum_{j \neq q} |a_{pj}||x_j|.$$

利用 $|x_p| \geqslant |x_q|$, 得

$$|a_{pp} - \lambda| \leqslant r_p \frac{|x_q|}{|x_p|}, \quad |a_{qq} - \lambda| \leqslant r_q \frac{|x_p|}{|x_q|}.$$

两式相乘, 得

$$|a_{pp} - \lambda||a_{qq} - \lambda| \leqslant r_p \frac{|x_q|}{|x_p|} r_q \frac{|x_p|}{|x_q|} = r_p r_q.$$ □

推论 3.3.2 若矩阵 $\boldsymbol{A} = (a_{ij})_{n \times n}$ 满足

$$|a_{ii}||a_{jj}| > r_i r_j, \quad \forall i \neq j,$$

则矩阵 $\boldsymbol{A}$ 非奇异.

定理 3.3.3 (Rayleigh-Ritz 定理) 实对称矩阵 $\boldsymbol{A}$ 的最大和最小特征根分别为

$$\lambda_1 = \max_{\|\boldsymbol{x}\|=1} \boldsymbol{x}^{\mathrm{T}} \boldsymbol{A} \boldsymbol{x}, \quad \lambda_n = \min_{\|\boldsymbol{x}\|=1} \boldsymbol{x}^{\mathrm{T}} \boldsymbol{A} \boldsymbol{x}.$$

由于

$$\max_{\|\boldsymbol{x}\|=1} \boldsymbol{x}^{\mathrm{T}} \boldsymbol{A} \boldsymbol{x} = \max_{x \in \mathbb{R}^n} \frac{\boldsymbol{x}^{\mathrm{T}} \boldsymbol{A} \boldsymbol{x}}{\boldsymbol{x}^{\mathrm{T}} \boldsymbol{x}}, \quad \min_{\|\boldsymbol{x}\|=1} \boldsymbol{x}^{\mathrm{T}} \boldsymbol{A} \boldsymbol{x} = \min_{x \in \mathbb{R}^n} \frac{\boldsymbol{x}^{\mathrm{T}} \boldsymbol{A} \boldsymbol{x}}{\boldsymbol{x}^{\mathrm{T}} \boldsymbol{x}},$$

故称

$$R(\boldsymbol{A}, \boldsymbol{x}) = \frac{\boldsymbol{x}^{\mathrm{T}} \boldsymbol{A} \boldsymbol{x}}{\boldsymbol{x}^{\mathrm{T}} \boldsymbol{x}}$$

为矩阵 $\boldsymbol{A}$ 关于 $\boldsymbol{x}$ 的 Rayleigh 商.

设 $\lambda_1\geqslant\lambda_2\geqslant\cdots\geqslant\lambda_n$ 为实对称矩阵 $\boldsymbol{A}$ 的特征根,$\boldsymbol{\xi}_1,\boldsymbol{\xi}_2,\cdots,\boldsymbol{\xi}_n$ 为对应的单位正交特征向量.由于不同特征根的特征向量是正交的,所以

$$\lambda_k=\max_{\substack{\|\boldsymbol{x}\|=1\\ \boldsymbol{x}^{\mathrm{T}}\boldsymbol{\xi}_i=0,i=1,2,\cdots,k-1}}\boldsymbol{x}^{\mathrm{T}}\boldsymbol{A}\boldsymbol{x},\quad \lambda_{n-k}=\min_{\substack{\|\boldsymbol{x}\|=1\\ \boldsymbol{x}^{\mathrm{T}}\boldsymbol{\xi}_i=0,i=n-k+1,n-k+2,\cdots,n}}\boldsymbol{x}^{\mathrm{T}}\boldsymbol{A}\boldsymbol{x}.$$

如果记由 $\boldsymbol{\xi}_1,\boldsymbol{\xi}_2,\cdots,\boldsymbol{\xi}_k$ 构成的矩阵为 $\boldsymbol{B}$,并将其设为变量,则第一个极值为所有与 $\boldsymbol{B}$ 中的列正交的 $\boldsymbol{x}$ 的极大值中的极小值.具体地,有如下结论.

定理 3.3.4(Courant-Fischer 定理) 设 $\lambda_1\geqslant\lambda_2\geqslant\cdots\geqslant\lambda_n$ 为实对称矩阵 $\boldsymbol{A}\in\mathbb{R}^{n\times n}$ 的特征根,$\boldsymbol{\xi}_1,\boldsymbol{\xi}_2,\cdots,\boldsymbol{\xi}_n$ 为对应的单位正交特征向量.则

$$\lambda_{k+1}=\min_{\boldsymbol{B}\in\mathbb{R}^{n\times k}}\max_{\substack{\|\boldsymbol{x}\|=1\\ \boldsymbol{B}^{\mathrm{T}}\boldsymbol{x}=\boldsymbol{0}}}\boldsymbol{x}^{\mathrm{T}}\boldsymbol{A}\boldsymbol{x},\quad \lambda_{n-k}=\max_{\boldsymbol{B}\in\mathbb{R}^{n\times(n-k)}}\min_{\substack{\|\boldsymbol{x}\|=1\\ \boldsymbol{B}^{\mathrm{T}}\boldsymbol{x}=\boldsymbol{0}}}\boldsymbol{x}^{\mathrm{T}}\boldsymbol{A}\boldsymbol{x},$$

且上述最优值分别在 $\boldsymbol{B}=(\boldsymbol{\xi}_1,\boldsymbol{\xi}_2,\cdots,\boldsymbol{\xi}_k)$ 和 $\boldsymbol{B}=(\boldsymbol{\xi}_{n-k+1},\boldsymbol{\xi}_{n-k+2},\cdots,\boldsymbol{\xi}_n)$ 时达到.

证明 记 $\boldsymbol{Q}=(\boldsymbol{\xi}_1,\boldsymbol{\xi}_2,\cdots,\boldsymbol{\xi}_n)$.令 $\boldsymbol{y}=\boldsymbol{Q}\boldsymbol{x},\bar{\boldsymbol{B}}=\boldsymbol{Q}\boldsymbol{B}$,则 $\boldsymbol{y}^{\mathrm{T}}\boldsymbol{y}=1$ 且

$$\boldsymbol{x}^{\mathrm{T}}\boldsymbol{A}\boldsymbol{x}=\boldsymbol{y}^{\mathrm{T}}\mathrm{diag}(\lambda_1,\lambda_2,\cdots,\lambda_n)\boldsymbol{y}.$$

所以

$$\begin{aligned}\max_{\substack{\|\boldsymbol{x}\|=1\\ \boldsymbol{B}^{\mathrm{T}}\boldsymbol{x}=\boldsymbol{0}}}\boldsymbol{x}^{\mathrm{T}}\boldsymbol{A}\boldsymbol{x}&=\max_{\substack{\|\boldsymbol{y}\|=1\\ \bar{\boldsymbol{B}}^{\mathrm{T}}\boldsymbol{y}=\boldsymbol{0}}}\boldsymbol{y}^{\mathrm{T}}\mathrm{diag}(\lambda_1,\lambda_2,\cdots,\lambda_n)\boldsymbol{y}\\ &\geqslant\max_{\substack{\boldsymbol{y}=(\bar{\boldsymbol{y}};0),\ \|\bar{\boldsymbol{y}}\|=1\\ \boldsymbol{B}^{\mathrm{T}}\bar{\boldsymbol{y}}=\boldsymbol{0}}}\boldsymbol{y}^{\mathrm{T}}\mathrm{diag}(\lambda_1,\lambda_2,\cdots,\lambda_{k+1},0,\cdots,0)\boldsymbol{y}\\ &\geqslant\min_{\substack{\boldsymbol{y}=(\bar{\boldsymbol{y}};0),\ \|\bar{\boldsymbol{y}}\|=1\\ \boldsymbol{B}^{\mathrm{T}}\bar{\boldsymbol{y}}=\boldsymbol{0}}}\boldsymbol{y}^{\mathrm{T}}\mathrm{diag}(\lambda_1,\lambda_2,\cdots,\lambda_{k+1},0,\cdots,0)\boldsymbol{y}\\ &\geqslant\min_{\|\bar{\boldsymbol{y}}\|=1}\bar{\boldsymbol{y}}^{\mathrm{T}}\mathrm{diag}(\lambda_1,\lambda_2,\cdots,\lambda_{k+1})\bar{\boldsymbol{y}}=\lambda_{k+1},\end{aligned}$$

这里 $\bar{\boldsymbol{y}}=(\boldsymbol{y}_1,\cdots,\boldsymbol{y}_{k+1})^{\mathrm{T}}$.所以

$$\min_{\boldsymbol{B}\in\mathbb{R}^{n\times k}}\max_{\substack{\|\boldsymbol{x}\|=1\\ \boldsymbol{B}^{\mathrm{T}}\boldsymbol{x}=\boldsymbol{0}}}\boldsymbol{x}^{\mathrm{T}}\boldsymbol{A}\boldsymbol{x}\geqslant\lambda_{k+1}.$$

根据定理 3.3.3 后的注解,在 $\boldsymbol{B}=(\boldsymbol{\xi}_1,\boldsymbol{\xi}_2,\cdots,\boldsymbol{\xi}_k)$ 时,

$$\max_{\substack{\|\boldsymbol{x}\|=1\\ \boldsymbol{B}^{\mathrm{T}}\boldsymbol{x}=\boldsymbol{0}}}\boldsymbol{x}^{\mathrm{T}}\boldsymbol{A}\boldsymbol{x}=\lambda_{k+1}.$$

第一个式子得证.第二个式子可类似证明. □

定理 3.3.5 设 $\boldsymbol{A}$ 为 n 阶对称矩阵,其特征值为 $\lambda_1\geqslant\lambda_2\geqslant\cdots\geqslant\lambda_n$,对应的单位特征向量为 $\boldsymbol{x}_1,x_2,\cdots,x_n$.则对任意的正交向量组 $\boldsymbol{y}_1,\boldsymbol{y}_2,\cdots,\boldsymbol{y}_n$,成立

$$\sum_{i=1}^{k}\frac{\boldsymbol{y}_i^{\mathrm{T}}\boldsymbol{A}\boldsymbol{y}_i}{\boldsymbol{y}_i^{\mathrm{T}}\boldsymbol{y}_i}\leqslant\sum_{i=1}^{k}\lambda_i,\quad k=1,2,\cdots,n.$$

特别地,$\sum\limits_{i=1}^{k}\dfrac{\boldsymbol{y}_i^{\mathrm{T}}\boldsymbol{A}\boldsymbol{y}_i}{\boldsymbol{y}_i^{\mathrm{T}}\boldsymbol{y}_i}\leqslant\mathrm{tr}(\boldsymbol{A})$,且在 $\boldsymbol{y}_1,\boldsymbol{y}_2,\cdots,\boldsymbol{y}_n$ 为矩阵 $\boldsymbol{A}$ 的对应于 $\lambda_1,\lambda_2,\cdots,\lambda_n$ 的特征向量组时等号成立.

证明 不妨设正交向量组 $\boldsymbol{y}_1,\boldsymbol{y}_2,\cdots,\boldsymbol{y}_n$ 为单位向量.则要证明的结论为

$$\sum_{i=1}^{k} \boldsymbol{y}_i^{\mathrm{T}} \boldsymbol{A} \boldsymbol{y}_i \leqslant \sum_{i=1}^{k} \lambda_i, \quad k = 1,2,\cdots,n.$$

由于 $\boldsymbol{A}$ 为对称矩阵，故存在正交阵 $\boldsymbol{Q}$，使得

$$\boldsymbol{A} = \boldsymbol{Q}\boldsymbol{\Lambda}\boldsymbol{Q}^{\mathrm{T}},$$

其中 $\boldsymbol{\Lambda} = \mathrm{diag}(\lambda_1, \lambda_2, \cdots, \lambda_n)$.

对任意的 $k = 1,2,\cdots,n$，记 $\boldsymbol{P} = \boldsymbol{Q}^{\mathrm{T}}(\boldsymbol{y}_1, \boldsymbol{y}_2, \cdots, \boldsymbol{y}_k)$，则

$$\sum_{i=1}^{k} \boldsymbol{y}_i^{\mathrm{T}} \boldsymbol{A} \boldsymbol{y}_i = \mathrm{tr}(\boldsymbol{P}^{\mathrm{T}} \boldsymbol{\Lambda} \boldsymbol{P}) = \mathrm{tr}(\boldsymbol{\Lambda} \boldsymbol{P} \boldsymbol{P}^{\mathrm{T}}) = \sum_{i=1}^{k} \lambda_i (\boldsymbol{P}\boldsymbol{P}^{\mathrm{T}})_{ii}.$$

由于 $\boldsymbol{P}$ 为列正交阵，所以半正定对称阵 $\boldsymbol{P}\boldsymbol{P}^{\mathrm{T}}$ 的对角元属于[0,1]. 因此

$$\sum_{i=1}^{k} \boldsymbol{y}_i^{\mathrm{T}} \boldsymbol{A} \boldsymbol{y}_i \leqslant \sum_{i=1}^{k} \lambda_i.$$

□

在上述结论中，若取 $\boldsymbol{y}_i$ 为标准正交向量 $\boldsymbol{e}_i$，则有

$$\sum_{i=1}^{k} a_{ii} \leqslant \sum_{i=1}^{k} \lambda_i, \quad k = 1,2,\cdots,n.$$

下面讨论对称矩阵乘积的迹与各因子的特征值之间的关系. 首先给出如下引理.

引理 3.3.1 (Abel 恒等式)　对任意数组 $a_1, a_2, \cdots, a_n$ 和 $b_1, b_2, \cdots, b_n$，恒有

$$\sum_{i=1}^{n} a_i b_i = \sum_{i=1}^{n-1} \left((a_i - a_{i+1}) \sum_{j=1}^{i} b_j\right) + a_n \sum_{j=1}^{n} b_j.$$

证明　仅证明 $n = 3$ 时的情况.

$$\begin{aligned} a_1 b_1 + a_2 b_2 + a_3 b_3 &= (a_1 - a_2) b_1 + a_2 \sum_{j=1}^{2} b_j + a_3 b_3 \\ &= (a_1 - a_2) b_1 + (a_2 - a_3) \sum_{j=1}^{2} b_j + a_3 \sum_{j=1}^{3} b_j. \end{aligned}$$

□

定理 3.3.6　设 $\boldsymbol{A}, \boldsymbol{B} \in \mathbb{R}^{n \times n}$ 为对称矩阵，其特征根分别为 $\lambda_1 \geqslant \lambda_2 \geqslant \cdots \geqslant \lambda_n$ 和 $\mu_1 \geqslant \mu_2 \geqslant \cdots \geqslant \mu_n$. 则

$$\sum_{i=1}^{n} \lambda_i \mu_{n-i+1} \leqslant \mathrm{tr}(\boldsymbol{A}\boldsymbol{B}) \leqslant \sum_{i=1}^{n} \lambda_i \mu_i.$$

设 $\boldsymbol{A} = \boldsymbol{Q}\boldsymbol{\Lambda}\boldsymbol{Q}^{\mathrm{T}}$ 为其正交标准形，则 $\boldsymbol{B} = \boldsymbol{Q}\mathrm{diag}(\mu_1, \mu_2, \cdots, \mu_n)\boldsymbol{Q}^{\mathrm{T}}$ 时右边等号成立.

证明　根据题设，存在正交阵 $\boldsymbol{Q} = (\boldsymbol{q}_1, \boldsymbol{q}_2, \cdots, \boldsymbol{q}_n)$，使得

$$\boldsymbol{Q}^{\mathrm{T}} \boldsymbol{A} \boldsymbol{Q} = \lambda \triangleq \mathrm{diag}(\lambda_1, \lambda_2, \cdots, \lambda_n).$$

从而

$$\mathrm{tr}(\boldsymbol{A}\boldsymbol{B}) = \mathrm{tr}(\boldsymbol{Q}\boldsymbol{\Lambda}\boldsymbol{Q}^{\mathrm{T}}\boldsymbol{B}) = \mathrm{tr}(\boldsymbol{\Lambda}\boldsymbol{Q}^{\mathrm{T}}\boldsymbol{B}\boldsymbol{Q}) = \sum_{i=1}^{n} \lambda_i \bar{b}_{ii},$$

其中

$$\bar{\boldsymbol{B}} = (\bar{b}_{ij})_{n \times n} = \boldsymbol{Q}^{\mathrm{T}} \boldsymbol{B} \boldsymbol{Q}.$$

显然,有

$$\lambda_i(\bar{\boldsymbol{B}}) = \lambda_i(\boldsymbol{B}) = \mu_i, \quad i = 1,2,\cdots,n.$$

从而由 Abel 恒等式和定理 3.3.5,有

$$\begin{aligned}\operatorname{tr}(\boldsymbol{AB}) &= \sum_{i=1}^{n}\lambda_i\bar{b}_{ii} = \sum_{i=1}^{n}\left((\lambda_i - \lambda_{i+1})\sum_{j=1}^{i}\bar{b}_{jj}\right) + \lambda_n\sum_{j=1}^{n}\bar{b}_{jj} \\ &\leqslant \sum_{i=1}^{n}\left((\lambda_i - \lambda_{i+1})\sum_{j=1}^{i}\mu_j\right) + \lambda_n\sum_{j=1}^{n}\mu_j \\ &= \sum_{i=1}^{n}\lambda_i\mu_i.\end{aligned}$$

用 $-\boldsymbol{B}$ 代替 $\boldsymbol{B}$ 即得反向不等式. □

定理 3.3.7（Weyl 定理） 对 n 阶对称矩阵 $\boldsymbol{A},\boldsymbol{B}$,下式成立:

$$\lambda_i(\boldsymbol{A}) + \lambda_n(\boldsymbol{B}) \leqslant \lambda_i(\boldsymbol{A} + \boldsymbol{B}) \leqslant \lambda_i(\boldsymbol{A}) + \lambda_1(\boldsymbol{B}).$$

证明 对任意单位向量 $\boldsymbol{x}\in\mathbb{R}^n$,显然有

$$\boldsymbol{x}^{\mathrm{T}}\boldsymbol{Ax} + \min_{\|\boldsymbol{x}\|=1}\boldsymbol{x}^{\mathrm{T}}\boldsymbol{Bx} \leqslant \boldsymbol{x}^{\mathrm{T}}(\boldsymbol{A} + \boldsymbol{B})\boldsymbol{x} \leqslant \boldsymbol{x}^{\mathrm{T}}\boldsymbol{Ax} + \max_{\|\boldsymbol{x}\|=1}\boldsymbol{x}^{\mathrm{T}}\boldsymbol{Bx}.$$

利用 Rayleigh-Ritz 定理,得

$$\boldsymbol{x}^{\mathrm{T}}\boldsymbol{Ax} + \lambda_n(\boldsymbol{B}) \leqslant \boldsymbol{x}^{\mathrm{T}}(\boldsymbol{A} + \boldsymbol{B})\boldsymbol{x} \leqslant \boldsymbol{x}^{\mathrm{T}}\boldsymbol{Ax} + \lambda_1(\boldsymbol{B}).$$

由 Courant-Fischer 定理得结论. □

该结论的一个直接推论是,对对称矩阵 $\boldsymbol{A}$ 做一个误差为 ε 的对称扰动,即扰动矩阵 $\boldsymbol{H}$ 对称且满足 $\|\boldsymbol{H}\|_{\mathrm{F}}\leqslant\varepsilon$. 则

$$|\lambda_{\max}(\boldsymbol{A}) - \lambda_{\max}(\boldsymbol{A} + \boldsymbol{H})| \leqslant \varepsilon.$$

利用上述定理易得如下结论.

推论 3.3.3 对 n 阶对称矩阵 $\boldsymbol{A},\boldsymbol{B}$,若 $\boldsymbol{A}\geqslant\boldsymbol{B}$,则 $\lambda_i(\boldsymbol{A})\geqslant\lambda_i(\boldsymbol{B})$ $(i=1,2,\cdots,n)$. 进一步,若 $\boldsymbol{A}>\boldsymbol{B}$,则 $\lambda_i(\boldsymbol{A})>\lambda_i(\boldsymbol{B})(i=1,2,\cdots,n)$.

下面考虑镶边矩阵的特征根. 设 $\boldsymbol{A}$ 为 n 阶方阵,$a\in\mathbb{R}$,$\boldsymbol{b}\in\mathbb{R}^n$. 称矩阵

$$\boldsymbol{B} = \begin{pmatrix}\boldsymbol{A} & \boldsymbol{b}\\ \boldsymbol{b}^{\mathrm{T}} & a\end{pmatrix}$$

为矩阵 $\boldsymbol{A}$ 的镶边矩阵. 利用 Courant-Fischer 定理,可建立镶边对称矩阵特征值的交替定理.

定理 3.3.8 对 n 阶实对称矩阵 $\boldsymbol{A}$ 及其镶边矩阵 $\boldsymbol{B}$,设 $\lambda_1\geqslant\lambda_2\geqslant\cdots\geqslant\lambda_n$ 为矩阵 $\boldsymbol{A}$ 的特征根,$\mu_1\geqslant\mu_2\geqslant\cdots\geqslant\lambda_{n+1}$ 为矩阵 $\boldsymbol{B}$ 的特征根. 则

$$\mu_1 \geqslant \lambda_1 \geqslant \mu_2 \geqslant \cdots \geqslant \lambda_{n-1} \geqslant \mu_n \geqslant \lambda_n \geqslant \mu_{n+1}.$$

证明 我们只需证明对任意的 $i=1,2,\cdots,n$ 成立

$$\mu_{i+1} \leqslant \lambda_i \leqslant \mu_i.$$

首先,对 $\boldsymbol{x}\in\mathbb{R}^n$ 及 $t\in\mathbb{R}$,记 $\boldsymbol{y}=(\boldsymbol{x};t)$. 由定理 3.3.4,有

$$\mu_1 = \max_{\|\boldsymbol{y}\|=1}\boldsymbol{y}^{\mathrm{T}}\boldsymbol{By} \geqslant \max_{\|\boldsymbol{y}\|=1,\,t=0}\boldsymbol{y}^{\mathrm{T}}\boldsymbol{By} = \max_{\|\boldsymbol{x}\|=1}\boldsymbol{x}^{\mathrm{T}}\boldsymbol{Ax} = \lambda_1.$$

其次,对 $i=2,3,\cdots,n$,$\boldsymbol{u}_i\in\mathbb{R}^n(i=1,2,\cdots,n)$及 $v\in\mathbb{R}$,记 $\boldsymbol{z}_i=(\boldsymbol{u}_i;v)$. 再由

定理 3.3.4，有

$$\begin{aligned}\mu_i &= \min_{\xi_1,\cdots,\xi_{i-1}\in\mathbb{R}^n}\ \max_{\substack{y\perp\xi_j,\ \|y\|=1\\ j=1,2,\cdots,i-1}} \boldsymbol{y}^{\mathrm T}\boldsymbol{B}\boldsymbol{y}\\ &\geqslant \min_{\xi_1,\cdots,\xi_{i-1}}\ \max_{\substack{y\perp\xi_j,\ \|y\|=1\\ j=1,2,\cdots,i-1;\ t=0}} \boldsymbol{y}^{\mathrm T}\boldsymbol{B}\boldsymbol{y}\\ &\geqslant \min_{u_1,\cdots,u_{i-1}}\ \max_{\substack{x\perp u_j,\ \|x\|=1\\ j=1,2,\cdots,i-1}} \boldsymbol{x}^{\mathrm T}\boldsymbol{A}\boldsymbol{x} = \lambda_i.\end{aligned}$$

另一方面，对 $i=1,2,\cdots,n-1$，同样由定理 3.3.4，有

$$\begin{aligned}\mu_{i+1} &= \max_{\xi_1,\cdots,\xi_{n-(i+1)}\in\mathbb{R}^n}\ \min_{\substack{y\perp\xi_j,\ \|y\|=1\\ j=1,2,\cdots,n-i-1}} \boldsymbol{y}^{\mathrm T}\boldsymbol{B}\boldsymbol{y}\\ &\leqslant \max_{\xi_1,\cdots,\xi_{n-(i+1)}}\ \min_{\substack{y\perp\xi_j,\ \|y\|=1\\ j=1,2,\cdots,n-i-1;\ t=0}} \boldsymbol{y}^{\mathrm T}\boldsymbol{B}\boldsymbol{y}\\ &\leqslant \max_{u_1,\cdots,u_{n-(i+1)}}\ \min_{\substack{x\perp u_j,\ \|x\|=1\\ j=1,2,\cdots,n-(i+1)}} \boldsymbol{x}^{\mathrm T}\boldsymbol{A}\boldsymbol{x} = \lambda_{i+1}.\end{aligned}$$

而当 $i=n$ 时，

$$\mu_{n+1} = \min_{\|y\|=1} \boldsymbol{y}^{\mathrm T}\boldsymbol{B}\boldsymbol{y} \leqslant \min_{\|y\|=1,\ t=0} \boldsymbol{y}^{\mathrm T}\boldsymbol{B}\boldsymbol{y} = \min_{\|x\|=1} \boldsymbol{x}^{\mathrm T}\boldsymbol{A}\boldsymbol{x} = \lambda_n. \qquad \square$$

定理 3.3.9　设矩阵 $\boldsymbol{A},\boldsymbol{B}$ 分别为 $m\times n$ 矩阵和 $n\times m$ 矩阵，则 $\boldsymbol{AB}$ 和 $\boldsymbol{BA}$ 有相同的非零特征根和对应的重数. 若 $\boldsymbol{A},\boldsymbol{B}$ 均为方阵，则 $\boldsymbol{AB}$ 与 $\boldsymbol{BA}$ 相似.

证明　不妨设 $m\geqslant n$. 则对任意的 $\lambda\neq 0$，有

$$\begin{pmatrix}\boldsymbol{I}_m & -\boldsymbol{A}\\ \boldsymbol{0} & \boldsymbol{I}_n\end{pmatrix}\begin{pmatrix}\lambda\boldsymbol{I}_m & \boldsymbol{A}\\ \boldsymbol{B} & \boldsymbol{I}_n\end{pmatrix} = \begin{pmatrix}\lambda\boldsymbol{I}_m-\boldsymbol{AB} & \boldsymbol{0}\\ \boldsymbol{B} & \boldsymbol{I}_n\end{pmatrix},$$

$$\begin{pmatrix}\lambda\boldsymbol{I}_m & \boldsymbol{A}\\ \boldsymbol{B} & \boldsymbol{I}_n\end{pmatrix}\begin{pmatrix}\boldsymbol{I}_m & -\dfrac{1}{\lambda}\boldsymbol{A}\\ \boldsymbol{0} & \boldsymbol{I}_n\end{pmatrix} = \begin{pmatrix}\lambda\boldsymbol{I}_m & \boldsymbol{0}\\ \boldsymbol{B} & \boldsymbol{I}_n-\dfrac{1}{\lambda}\boldsymbol{BA}\end{pmatrix}.$$

由于上述两式左边的行列式相等，所以

$$\det(\lambda\boldsymbol{I}_m-\boldsymbol{AB}) = \lambda^m\det\left(\boldsymbol{I}_n-\frac{1}{\lambda}\boldsymbol{BA}\right) = \lambda^{m-n}\det(\lambda\boldsymbol{I}_n-\boldsymbol{BA}).$$

后一结论可由

$$\boldsymbol{AB} = \begin{cases}\boldsymbol{A}(\boldsymbol{BA})\boldsymbol{A}^{-1}, & \boldsymbol{A}\ \text{非奇异},\\ \boldsymbol{B}^{-1}(\boldsymbol{BA})\boldsymbol{B}, & \boldsymbol{B}\ \text{非奇异}\end{cases}$$

得到. $\square$

在上述讨论中，令 $\lambda=1$ 便得到如下结论.

推论 3.3.4　设矩阵 $\boldsymbol{A},\boldsymbol{B}$ 分别为 $m\times n$ 矩阵和 $n\times m$ 矩阵，则

$$\det(\boldsymbol{I}_m\pm\boldsymbol{AB}) = \det(\boldsymbol{I}_n\pm\boldsymbol{BA}).$$

特别地，对向量 $\boldsymbol{a},\boldsymbol{b}\in\mathbb{R}^n$，有

$$\det(\boldsymbol{I}_n\pm\boldsymbol{ab}^{\mathrm T}) = 1\pm\boldsymbol{a}^{\mathrm T}\boldsymbol{b}.$$

定理 3.3.10　设 $\boldsymbol{A},\boldsymbol{B}$ 为对称矩阵，则 $\boldsymbol{AB}=\boldsymbol{BA}$ 的充分必要条件是，存在正

交矩阵 $\boldsymbol{P}$,使 $\boldsymbol{A},\boldsymbol{B}$ 可同时对角化.

证明 只证必要性.为证 $\boldsymbol{A},\boldsymbol{B}$ 可同时对角化,只需证这两个矩阵有相同的特征向量.

设 $\boldsymbol{x}$ 为矩阵 $\boldsymbol{B}$ 的属于特征值 λ 的特征向量.则利用 $\boldsymbol{A},\boldsymbol{B}$ 可交换,得

$$\boldsymbol{A}^k\boldsymbol{B}\boldsymbol{x} = \lambda\boldsymbol{A}^k\boldsymbol{x} = \boldsymbol{B}\boldsymbol{A}^k\boldsymbol{x}, \quad k = 1,2,\cdots.$$

所以

$$\boldsymbol{B}(\boldsymbol{A}^k\boldsymbol{x}) = \lambda(\boldsymbol{A}^k\boldsymbol{x}), \quad k = 1,2,\cdots. \tag{3.3.1}$$

这说明 $\boldsymbol{x},\boldsymbol{A}\boldsymbol{x},\boldsymbol{A}^2\boldsymbol{x},\cdots$均为 $\boldsymbol{B}$ 的属于特征值 λ 的特征向量,并且$\{\boldsymbol{x},\boldsymbol{A}\boldsymbol{x},\boldsymbol{A}^2\boldsymbol{x},\cdots\}$构成 $\boldsymbol{B}$ 的特征值 λ 的维数有限的特征向量子空间.故存在最小的 $k\geqslant 0$ 和不全为 0 的实数 $\mu_0,\mu_1,\cdots,\mu_k$,使得

$$\mu_0\boldsymbol{x} + \mu_1\boldsymbol{A}\boldsymbol{x} + \mu_2\boldsymbol{A}^2\boldsymbol{x} + \cdots + \mu_k\boldsymbol{A}^k\boldsymbol{x} = \boldsymbol{0}.$$

不失一般性,设 $\mu_k = 1$.则

$$\mu_0\boldsymbol{x} + \mu_1\boldsymbol{A}\boldsymbol{x} + \mu_2\boldsymbol{A}^2\boldsymbol{x} + \cdots + \boldsymbol{A}^k\boldsymbol{x} = \boldsymbol{0}.$$

如果 $\boldsymbol{A}\boldsymbol{x} = \boldsymbol{0}$,则 $\boldsymbol{x}$ 为矩阵 $\boldsymbol{A}$ 的属于 0 的特征向量,命题结论得证.否则,考虑函数

$$f(y) = \mu_0 + \mu_1 y + \mu_2 y^2 + \cdots + y^k.$$

根据代数学基本定理,上述函数有 k 个根,分别记为 $y_1,y_2,\cdots,y_k$.则

$$f(y) = (y - y_1)(y - y_2)\cdots(y - y_k).$$

因而

$$f(\boldsymbol{A})\boldsymbol{x} = (\boldsymbol{A} - y_1\boldsymbol{I})(\boldsymbol{A} - y_2\boldsymbol{I})\cdots(\boldsymbol{A} - y_k\boldsymbol{I})\boldsymbol{x} = \boldsymbol{0},$$

也就是

$$\boldsymbol{A}((\boldsymbol{A} - y_2\boldsymbol{I})\cdots(\boldsymbol{A} - y_k\boldsymbol{I})\boldsymbol{x}) = y_1((\boldsymbol{A} - y_2\boldsymbol{I})\cdots(\boldsymbol{A} - y_k\boldsymbol{I})\boldsymbol{x}).$$

而根据式(3.3.1),有

$$\boldsymbol{B}((\boldsymbol{A} - y_2\boldsymbol{I})\cdots(\boldsymbol{A} - y_k\boldsymbol{I})\boldsymbol{x}) = \lambda((\boldsymbol{A} - y_2\boldsymbol{I})\cdots(\boldsymbol{A} - y_k\boldsymbol{I})\boldsymbol{x}).$$

这说明$((\boldsymbol{A} - y_2\boldsymbol{I})\cdots(\boldsymbol{A} - y_k\boldsymbol{I})\boldsymbol{x})$同时为矩阵 $\boldsymbol{A},\boldsymbol{B}$ 的非零特征向量(由 k 最小知该项非零).再由于矩阵 $\boldsymbol{A},\boldsymbol{B}$ 均为实对称矩阵,所以上述特征值和对应的特征向量均为实的.

再选择矩阵 $\boldsymbol{B}$ 的另外一个特征向量,并重复上述过程.由于对称矩阵存在正交的特征向量系统,所以将上述过程重复 n 步之后便可得到一个由矩阵 $\boldsymbol{A},\boldsymbol{B}$ 的 n 个公共特征向量构成的正交矩阵 $\boldsymbol{P}$,使矩阵 $\boldsymbol{A},\boldsymbol{B}$ 可同时对角化. □

特别地,如果 n 阶矩阵 $\boldsymbol{A},\boldsymbol{B}$ 的乘积是对称的,则它们可同时对角化.

定理 3.3.11 如果矩阵 $\boldsymbol{A},\boldsymbol{B}$ 均为半正定对称矩阵,则存在非奇异矩阵 $\boldsymbol{Q}$,使得 $\boldsymbol{Q}^{\mathrm{T}}\boldsymbol{A}\boldsymbol{Q},\boldsymbol{Q}^{\mathrm{T}}\boldsymbol{B}\boldsymbol{Q}$ 均为对角阵.

证明 记 $r = \mathrm{rank}(\boldsymbol{A} + \boldsymbol{B})$.则存在非奇异矩阵 $\boldsymbol{P}$,使得

$$\boldsymbol{P}^{\mathrm{T}}(\boldsymbol{A} + \boldsymbol{B})\boldsymbol{P} = \begin{pmatrix} \boldsymbol{I}_r & \boldsymbol{0} \\ \boldsymbol{0} & \boldsymbol{0} \end{pmatrix}.$$

将矩阵 $\boldsymbol{P}^{\mathrm{T}}\boldsymbol{B}\boldsymbol{P}$ 进行分块,得

$$P^{\mathrm{T}}BP = \begin{pmatrix} M_{11} & M_{12} \\ M_{12} & M_{22} \end{pmatrix},$$

其中 M_{11} 为 r 阶方阵. 由 $P^{\mathrm{T}}(A+B)P \geqslant P^{\mathrm{T}}BP$ 可推出 $M_{12}=0, M_{22}=0$. 由于 M_{11} 对称，故存在正交阵 Q_1 使其可对角化. 记

$$Q = P\begin{pmatrix} Q_1 & 0 \\ 0 & I_{n-t} \end{pmatrix},$$

则 Q 为非奇异阵，且可同时通过合同变换使 A, B 对角化. □

定理 3.3.12　设 $W_1 \in \mathbb{R}^{m\times m}, W_2 \in \mathbb{R}^{n\times n}$ (半)正定，则对任意的 $X \in \mathbb{R}^{m\times n}$，下述两分块矩阵同时(半)正定：

$$\begin{pmatrix} W_1 & X \\ X^{\mathrm{T}} & W_2 \end{pmatrix}, \quad \begin{pmatrix} W_1 & -X \\ -X^{\mathrm{T}} & W_2 \end{pmatrix}.$$

证明　根据二次型的定义，对任意的 $x \in \mathbb{R}^m, y \in \mathbb{R}^n$，有

$$(x,y)^{\mathrm{T}}\begin{pmatrix} W_1 & X \\ X^{\mathrm{T}} & W_2 \end{pmatrix}\begin{pmatrix} x \\ y \end{pmatrix} = x^{\mathrm{T}}W_1x + x^{\mathrm{T}}Xy + y^{\mathrm{T}}X^{\mathrm{T}}x + y^{\mathrm{T}}W_2y \geqslant 0,$$

$$(x,y)^{\mathrm{T}}\begin{pmatrix} W_1 & -X \\ -X^{\mathrm{T}} & W_2 \end{pmatrix}\begin{pmatrix} x \\ y \end{pmatrix} = x^{\mathrm{T}}W_1x - x^{\mathrm{T}}Xy - y^{\mathrm{T}}X^{\mathrm{T}}x + y^{\mathrm{T}}W_2y$$

$$= (x-y)^{\mathrm{T}}\begin{pmatrix} W_1 & X \\ X^{\mathrm{T}} & W_2 \end{pmatrix}\begin{pmatrix} X \\ -y \end{pmatrix} \geqslant 0.$$ □

定理 3.3.13(Kantorovich 不等式)　设 $\lambda_{\min}, \lambda_{\max}$ 分别为对称正定阵 A 的最小和最大特征根. 则对任意单位向量 $x \in \mathbb{R}^n$，有

$$x^{\mathrm{T}}Axx^{\mathrm{T}}A^{-1}x \leqslant \frac{(\lambda_{\min}+\lambda_{\max})^2}{4\lambda_{\min}+\lambda_{\max}}.$$

证明　由于矩阵 A 对称、正定，故存在正交阵 Q，使得 A 可对角化，即 $A = Q^{\mathrm{T}}\Sigma Q$，其中 $\Sigma = \mathrm{diag}(\lambda_{\min}, \cdots, \lambda_{\max})$. 从而有

$$x^{\mathrm{T}}Axx^{\mathrm{T}}A^{-1}x = (Qx)^{\mathrm{T}}\Sigma(Qx)(Qx)^{\mathrm{T}}\Sigma^{-1}(Qx).$$

令 $y = Qx$，则 y 为单位向量. 进一步，若记 $\beta_i = y_i^2\ (i=1,2,\cdots,n)$，则

$$\lambda \triangleq y^{\mathrm{T}}\Sigma y = \sum_{i=1}^{n}\beta_i\lambda_i$$

为 λ_i 的一个凸组合.

定义函数

$$\psi(y) = y^{\mathrm{T}}\Sigma^{-1}y = \sum_{i=1}^{n}\beta_i\frac{1}{\lambda_i},$$

则

$$x^{\mathrm{T}}Axx^{\mathrm{T}}A^{-1}x = \lambda\psi(y).$$

由于 $1/\lambda$ 关于 $\lambda>0$ 为凸函数，故 $\psi(y)$ 在两点 $(\lambda_{\min}, 1/\lambda_{\min}), (\lambda_{\max}, 1/\lambda_{\max})$ 的连线

$$y=\frac{1}{\lambda_{\min}}+\frac{1}{\lambda_{\max}}-\frac{\lambda}{\lambda_{\min}\lambda_{\max}}$$

的下方,从而

$$\psi(\boldsymbol{y})=\sum_{i=1}^{n}\beta_i\frac{1}{\lambda_i}\leqslant\frac{1}{\lambda_{\min}}+\frac{1}{\lambda_{\max}}-\frac{\lambda}{\lambda_{\min}\lambda_{\max}}.$$

所以

$$\begin{aligned}\boldsymbol{x}^{\mathrm{T}}\boldsymbol{A}\boldsymbol{x}\boldsymbol{x}^{\mathrm{T}}\boldsymbol{A}^{-1}\boldsymbol{x}&=\lambda\psi(\boldsymbol{y})\leqslant\lambda\left(\frac{1}{\lambda_{\min}}+\frac{1}{\lambda_{\max}}-\frac{\lambda}{\lambda_{\min}\lambda_{\max}}\right)\\&=\frac{1}{\lambda_{\min}\lambda_{\max}}(-\lambda^2+(\lambda_{\min}+\lambda_{\max})\lambda).\end{aligned}$$

欲使上式关于任意满足 $\lambda_{\min}\leqslant\lambda\leqslant\lambda_{\max}$ 的 λ 成立,求上式右端关于 λ 的极大值,得 $\lambda=\frac{\lambda_{\min}+\lambda_{\max}}{2}$,代入即得结论. □

设 λ 为 n 阶方阵 $\boldsymbol{A}$ 的特征根,其代数重数(algebraic multiplicity)是指 λ 作为特征多项式的根的重数.若代数重数为 1,则称 λ 是一个单根.特征值的几何重数(geometric multiplicity)是指矩阵 $\boldsymbol{A}-\lambda\boldsymbol{I}$ 的零空间的维数,或者说,几何重数是指与特征根关联的线性独立的特征向量的最大个数.若一特征根的代数重数等于几何重数,则称该特征根是一个半简特征根.

几何重数和代数重数都是针对矩阵的某个特征值来说的,一个矩阵的某特征值的几何重数是指该矩阵的 Jordan 标准形中与该特征值相关联的 Jordan 块的个数,而一个矩阵的某特征值的代数重数是指该矩阵的 Jordan 标准形中与该特征值相关的所有 Jordan 块的阶数之和.所以,对一个矩阵来讲,其代数重数不小于几何重数.

例如,下面矩阵特征根的几何重数为 3,代数重数为 6:

$$\begin{pmatrix}\lambda&1&0&0&0&0\\0&\lambda&1&0&0&0\\0&0&\lambda&0&0&0\\0&0&0&\lambda&1&0\\0&0&0&0&\lambda&0\\0&0&0&0&0&\lambda\end{pmatrix}.$$

当然,对于对称矩阵,其代数重数和几何重数相等.

3.4 矩阵的奇异值

对于任意的矩阵 $\boldsymbol{A}\in\mathbb{R}^{m\times n}$,称 $\sigma\geqslant0$ 为 $\boldsymbol{A}$ 的奇异值,若存在 $\boldsymbol{u}\in\mathbb{R}^m$,$\boldsymbol{v}\in\mathbb{R}^n$

满足

$$Av = \sigma u, \quad A^{\mathrm{T}} u = \sigma v.$$

鉴于矩阵奇异值和 AA^{T} 的特征值之间的关系，我们可建立矩阵奇异值的类似性质.

定理 3.4.1　设 $\sigma_1 \geqslant \sigma_2 \geqslant \cdots \geqslant \sigma_r$ 为矩阵 $A \in \mathbb{R}^{m\times n}$ 的所有非零奇异值. 则对任意的 $k(1 \leqslant k \leqslant r)$，有

$$\begin{aligned}\sigma_k(A) &= \min_{u_1,u_2,\cdots,u_{k-1}\in\mathbb{R}^n} \max_{\substack{x\in\mathbb{R}^n,\ \|x\|=1\\ x\perp u_1,u_2,\cdots,u_{k-1}}} \|Ax\| \\ &= \max_{u_1,u_2,\cdots,u_{n-k}\in\mathbb{R}^n} \min_{\substack{x\in\mathbb{R}^n,\ \|x\|=1\\ x\perp u_1,u_2,\cdots,u_{n-k}}} \|Ax\|.\end{aligned}$$

证明　利用 $\sigma_k^2(A) = \lambda_k(AA^{\mathrm{T}})$，并结合矩阵特征值的 Courant-Fischer 定理（即定理 3.3.4）即得结论. □

由上述定理得到

$$\sigma_1(A) = \max_{\|x\|=\|y\|=1} x^{\mathrm{T}} Ay.$$

据此，可以讨论矩阵的左、右奇异值的向量之间的关系.

性质 3.4.1　设 $m\times n$ 矩阵 A 有奇异值分解 $A = U\Sigma V^{\mathrm{T}}$. 则 $U = (u_1, u_2, \cdots, u_r)$，$V = (v_1, v_2, \cdots, v_r)$ 满足

$$u_i = \frac{Av_i}{\|Av_i\|}, \quad v_i = \frac{A^{\mathrm{T}}u_i}{\|A^{\mathrm{T}}u_i\|}, \quad i = 1,2,\cdots,r.$$

证明　首先，设 u_1, v_1 分别为矩阵 A 的最大奇异值 σ_1 的左、右奇异值的向量，即

$$Av_1 = \sigma_1 u_1, \quad A^{\mathrm{T}} u_1 = \sigma_1 v_1.$$

利用 Cauchy-Schwarz 不等式，有

$$u_1^{\mathrm{T}} Av_1 \leqslant \|u_1\| \|Av_1\| = \sigma_1.$$

而等式成立的充分必要条件是 $u_1 = Av_1/\|Av_1\|$. 类似地，$u_1 = A^{\mathrm{T}} v_1$.

其次，由于 A 有谱分解

$$A = \sum_{i=1}^{r} \sigma_i u_i v_i^{\mathrm{T}},$$

故 $A - \sigma_1 u_1 v_1^{\mathrm{T}}$ 有谱分解

$$A - \sigma_1 u_1 v_1^{\mathrm{T}} = \sum_{i=2}^{r} \sigma_i u_i v_i^{\mathrm{T}}.$$

而该矩阵的最大奇异值为 σ_2，其左、右奇异值的向量分别为 u_2, v_2. 根据前面的讨论以及 $u_1^{\mathrm{T}} u_2 = 0, v_1^{\mathrm{T}} v_2 = 0$，知

$$u_2 = \frac{(A - \sigma_i u_1 v_1^{\mathrm{T}}) v_2}{\|(A - \sigma_i u_1 v_1^{\mathrm{T}}) v_2\|} = \frac{Av_2}{\|Av_2\|}.$$

依次递推即得结论. □

利用镶边对称矩阵特征值的交替定理，可得镶边矩阵奇异值的交替定理.

定理 3.4.2 设矩阵 $\boldsymbol{A}_r$ 为从矩阵 $\boldsymbol{A}\in\mathbb{R}^{m\times n}$ 中删去 r 行或 r 列后得到的矩阵.则

$$\sigma_k(\boldsymbol{A})\geqslant\sigma_k(\boldsymbol{A}_r)\geqslant\sigma_{k+r}(\boldsymbol{A}),\quad k=1,2,\cdots,\min\{m,n\}.$$

证明 只证明 $r=1$ 时的情况,也就是证明

$$\sigma_k(\boldsymbol{A})\geqslant\sigma_k(\boldsymbol{A}_1)\geqslant\sigma_{k+1}(\boldsymbol{A}),\quad k=1,2,\cdots,\min\{m,n\}.$$

不失一般性,设 $\boldsymbol{A}_1$ 为从 $\boldsymbol{A}$ 中删去第 r 行得到的子矩阵.取 $\boldsymbol{e}_s\in\mathbb{R}^n$,并记从 n 维向量 $\boldsymbol{x}$ 删去第 s 个分量得到的新向量为 $\bar{\boldsymbol{x}}$,而记分别从 n 维向量 $\boldsymbol{u}_1,\boldsymbol{u}_2,\cdots,\boldsymbol{u}_{k-1}$ 中删去第 s 个分量得到的新向量为 $\bar{\boldsymbol{v}}_1,\bar{\boldsymbol{v}}_2,\cdots,\bar{\boldsymbol{v}}_{k-1}$.则

$$\begin{aligned}
\sigma_k(\boldsymbol{A})&=\min_{u_1,u_2,\cdots,u_{k-1}\in\mathbb{R}^n}\ \max_{\substack{x\in\mathbb{R}^n,\ \|x\|=1\\ x\perp u_1,u_2,\cdots,u_{k-1}}}\|\boldsymbol{A}\boldsymbol{x}\|\\
&\geqslant\min_{u_1,u_2,\cdots,u_{k-1}\in\mathbb{R}^n}\ \max_{\substack{x\in\mathbb{R}^n,\ \|x\|=1\\ x\perp u_1,u_2,\cdots,u_{k-1},e_s}}\|\boldsymbol{A}\boldsymbol{x}\|\\
&=\min_{\bar{v}_1,\bar{v}_2,\cdots,\bar{v}_{k-1}\in\mathbb{R}^{n-1}}\ \max_{\substack{\bar{x}\in\mathbb{R}^{n-1},\ \|\bar{x}\|=1\\ \bar{x}\perp\bar{v}_1,\bar{v}_2,\cdots,\bar{v}_{k-1}}}\|\boldsymbol{A}\bar{\boldsymbol{x}}\|\\
&=\sigma_{k+1}(\boldsymbol{A}).
\end{aligned}$$

对于第二个不等式,有

$$\begin{aligned}
\sigma_{k+1}(\boldsymbol{A})&=\max_{u_1,u_2,\cdots,u_{n-k-1}\in\mathbb{R}^n}\ \min_{\substack{x\in\mathbb{R}^n,\ \|x\|=1\\ x\perp u_1,u_2,\cdots,u_{n-k-1}}}\|\boldsymbol{A}\boldsymbol{x}\|\\
&\leqslant\max_{u_1,u_2,\cdots,u_{n-k-1}\in\mathbb{R}^n}\ \min_{\substack{x\in\mathbb{R}^n,\ \|x\|=1\\ x\perp u_1,u_2,\cdots,u_{n-k-1},e_s}}\|\boldsymbol{A}\boldsymbol{x}\|\\
&=\max_{\bar{v}_1,\bar{v}_2,\cdots,\bar{v}_{n-k-1}\in\mathbb{R}^{n-1}}\ \min_{\substack{\bar{x}\in\mathbb{R}^{n-1},\ \|\bar{x}\|=1\\ \bar{x}\perp\bar{v}_1,\bar{v}_2,\cdots,\bar{v}_{n-k-1}}}\|\boldsymbol{A}\bar{\boldsymbol{x}}\|\\
&=\sigma_{k+1}(\boldsymbol{A}).
\end{aligned}$$

□

下面讨论矩阵的奇异值和特征值之间的关系.

定理 3.4.3 设 $\sigma_1\geqslant\sigma_2\geqslant\cdots\geqslant\sigma_n$ 为矩阵 $\boldsymbol{A}\in\mathbb{R}^{n\times n}$ 的奇异值,而 $\lambda_1\geqslant\lambda_2\geqslant\cdots\geqslant\lambda_n$ 为矩阵 $(\boldsymbol{A}+\boldsymbol{A}^{\mathrm{T}})/2$ 的特征值.则

$$\sigma_k(\boldsymbol{A})\geqslant\lambda_k\left(\frac{\boldsymbol{A}+\boldsymbol{A}^{\mathrm{T}}}{2}\right),\quad k=1,2,\cdots,n.$$

证明 对任意的单位向量 $\boldsymbol{x}\in\mathbb{R}^n$,有

$$\begin{aligned}
\boldsymbol{x}^{\mathrm{T}}\boldsymbol{A}\boldsymbol{x}&=\frac{\boldsymbol{x}^{\mathrm{T}}(\boldsymbol{A}+\boldsymbol{A}^{\mathrm{T}})\boldsymbol{x}}{2}=\mathrm{Re}(\boldsymbol{x}^{\mathrm{T}}\boldsymbol{A}\boldsymbol{x})\\
&\leqslant|\boldsymbol{x}^{\mathrm{T}}\boldsymbol{A}\boldsymbol{x}|\leqslant\|\boldsymbol{x}\|\ \|\boldsymbol{A}\boldsymbol{x}\|=\|\boldsymbol{A}\boldsymbol{x}\|.
\end{aligned}$$

所以

$$\begin{aligned}
\lambda_k\left(\frac{\boldsymbol{A}+\boldsymbol{A}^{\mathrm{T}}}{2}\right)&=\min_{u_1,u_2,\cdots,u_{k-1}\in\mathbb{R}^n}\ \max_{\substack{x\in\mathbb{R}^n,\ \|x\|=1\\ x\perp u_1,u_2,\cdots,u_{k-1}}}\boldsymbol{x}^{\mathrm{T}}\frac{\boldsymbol{A}+\boldsymbol{A}^{\mathrm{T}}}{2}\boldsymbol{x}\\
&\leqslant\min_{u_1,u_2,\cdots,u_{k-1}\in\mathbb{R}^n}\ \max_{\substack{x\in\mathbb{R}^n,\ \|x\|=1\\ x\perp u_1,u_2,\cdots,u_{k-1}}}\|\boldsymbol{A}\boldsymbol{x}\|=\sigma_k(\boldsymbol{A}).
\end{aligned}$$

□

特别地，若 $\boldsymbol{A}$ 为对称阵，则

$$\sigma_k(\boldsymbol{A}) \geqslant \lambda_k(\boldsymbol{A}), \quad k = 1,2,\cdots,n.$$

引理 3.4.1　设 $\boldsymbol{U}_r \in \mathbb{R}^{m\times r}$，$\boldsymbol{V}_r \in \mathbb{R}^{n\times r}$ 分别为列正交阵，其中 $r \leqslant \min\{m,n\}$．则对矩阵 $\boldsymbol{A} \in \mathbb{R}^{m\times n}$，有

$$\sigma_k(\boldsymbol{U}_r^{\mathrm{T}}\boldsymbol{A}\boldsymbol{V}_r) \leqslant \sigma_k(\boldsymbol{A}), \quad k = 1,2,\cdots,r,$$
$$\det(\boldsymbol{U}_r^{\mathrm{T}}\boldsymbol{A}\boldsymbol{V}_r) \leqslant \sigma_1(\boldsymbol{A})\sigma_2(\boldsymbol{A})\cdots\sigma_r(\boldsymbol{A}).$$

证明　首先，分别将列正交矩阵 $\boldsymbol{U}_r$，$\boldsymbol{V}_r$ 扩充成正交阵 $\boldsymbol{U}$，$\boldsymbol{V}$．则

$$\boldsymbol{U}^{\mathrm{T}}\boldsymbol{A}\boldsymbol{V} = \begin{pmatrix} \boldsymbol{U}_r^{\mathrm{T}} \\ \boldsymbol{U}_{m-r}^{\mathrm{T}} \end{pmatrix} \boldsymbol{A}(\boldsymbol{V}_r, \boldsymbol{V}_{n-r}) = \begin{pmatrix} \boldsymbol{U}_r^{\mathrm{T}}\boldsymbol{A}\boldsymbol{V}_r & \boldsymbol{U}_r^{\mathrm{T}}\boldsymbol{A}\boldsymbol{V}_{n-r} \\ \boldsymbol{U}_{m-r}^{\mathrm{T}}\boldsymbol{A}\boldsymbol{V}_r & \boldsymbol{U}_{m-r}^{\mathrm{T}}\boldsymbol{A}\boldsymbol{V}_{n-r} \end{pmatrix}.$$

根据矩阵奇异值的交替定理（即定理 3.4.2），有

$$\sigma_k(\boldsymbol{U}_r^{\mathrm{T}}\boldsymbol{A}\boldsymbol{V}_r) \leqslant \sigma_k(\boldsymbol{U}^{\mathrm{T}}\boldsymbol{A}\boldsymbol{V}) = \sigma_k(\boldsymbol{A}), \quad k = 1,2,\cdots,r,$$

因此有

$$\det(\boldsymbol{U}_r^{\mathrm{T}}\boldsymbol{A}\boldsymbol{V}_r) = \sigma_1(\boldsymbol{U}_r^{\mathrm{T}}\boldsymbol{A}\boldsymbol{V}_r)\cdots\sigma_r(\boldsymbol{U}_r^{\mathrm{T}}\boldsymbol{A}\boldsymbol{V}_r) \leqslant \sigma_1(\boldsymbol{A})\cdots\sigma_r(\boldsymbol{A}).$$ □

据此可得到矩阵奇异值和特征值的关系定理．

定理 3.4.4　设 $\sigma_1 \geqslant \sigma_2 \geqslant \cdots \geqslant \sigma_n$ 为矩阵 $\boldsymbol{A} \in \mathbb{R}^{n\times n}$ 的奇异值，而 $\lambda_1 \geqslant \lambda_2 \geqslant \cdots \geqslant \lambda_n$ 为特征值．则

$$|\lambda_1\lambda_2\cdots\lambda_k| \leqslant \sigma_1\sigma_2\cdots\sigma_k, \quad k = 1,2,\cdots,n.$$

证明　根据 Schur 分解定理，存在正交阵 $\boldsymbol{U}$，使得

$$\boldsymbol{U}^*\boldsymbol{A}\boldsymbol{U} = \begin{pmatrix} \lambda_1 & * & * & \cdots & * \\ 0 & \lambda_2 & * & \cdots & * \\ 0 & 0 & \lambda_3 & \cdots & * \\ \vdots & \vdots & \vdots & & \vdots \\ 0 & 0 & 0 & \cdots & \lambda_n \end{pmatrix} \triangleq \boldsymbol{\Sigma}.$$

令 $\boldsymbol{U}_k$ 为 $\boldsymbol{U}$ 的前 k 列，则

$$\boldsymbol{U}^*\boldsymbol{A}\boldsymbol{U} = \begin{pmatrix} \boldsymbol{U}_k^{\mathrm{T}} \\ \boldsymbol{U}_{n-k}^{\mathrm{T}} \end{pmatrix} \boldsymbol{A}(\boldsymbol{U}_k, \boldsymbol{U}_{n-k}) = \begin{pmatrix} \boldsymbol{U}_k^{\mathrm{T}}\boldsymbol{A}\boldsymbol{U}_k & * \\ * & * \end{pmatrix} \triangleq \boldsymbol{\Sigma},$$

故 $\boldsymbol{U}_k^{\mathrm{T}}\boldsymbol{A}\boldsymbol{U}_k$ 为上三角阵．由引理 3.4.1，有

$$\begin{aligned} |\lambda_1\lambda_2\cdots\lambda_k| &= \det(\boldsymbol{U}_k^{\mathrm{T}}\boldsymbol{A}\boldsymbol{U}_k) \\ &\leqslant \sigma_1(\boldsymbol{U}_k^{\mathrm{T}}\boldsymbol{A}\boldsymbol{U}_k)\sigma_2(\boldsymbol{U}_k^{\mathrm{T}}\boldsymbol{A}\boldsymbol{U}_k)\cdots\sigma_k(\boldsymbol{U}_k^{\mathrm{T}}\boldsymbol{A}\boldsymbol{U}_k) \\ &\leqslant \sigma_1\sigma_2\cdots\sigma_k. \end{aligned}$$ □

下面讨论矩阵乘积的迹与各因子的奇异值间的关系．

定理 3.4.5（Neumann 不等式）　设 $\sigma_1 \geqslant \sigma_2 \geqslant \cdots \geqslant \sigma_n$，$\rho_1 \geqslant \rho_2 \geqslant \cdots \geqslant \rho_n$ 分别为 $m\times n$ 实矩阵 $\boldsymbol{A}$ 和 $\boldsymbol{B}$ 的奇异值．则

$$-\sum_{i=1}^{n} \sigma_i\rho_i \leqslant \mathrm{tr}(\boldsymbol{A}\boldsymbol{B}^{\mathrm{T}}) \leqslant \sum_{i=1}^{n} \sigma_i\rho_i.$$

若 $\boldsymbol{A} = \boldsymbol{U}\boldsymbol{\Lambda}_A\boldsymbol{V}^{\mathrm{T}}$ 为 $\boldsymbol{A}$ 的奇异值分解，则在 $\boldsymbol{B} = \boldsymbol{U}\mathrm{diag}(\rho_1,\rho_2,\cdots,\rho_n)\boldsymbol{V}^{\mathrm{T}}$ 时右边等

号成立.

证明 记 $r=\mathrm{rank}(\boldsymbol{A}), s=\mathrm{rank}(\boldsymbol{B})$,

$$\boldsymbol{M}=\begin{pmatrix}\boldsymbol{0} & \boldsymbol{A}\\ \boldsymbol{A}^{\mathrm{T}} & \boldsymbol{0}\end{pmatrix},\quad \boldsymbol{N}=\begin{pmatrix}\boldsymbol{0} & \boldsymbol{B}\\ \boldsymbol{B}^{\mathrm{T}} & \boldsymbol{0}\end{pmatrix}.$$

则

$$\begin{aligned}\det(\lambda\boldsymbol{I}-\boldsymbol{M}) &= \det\begin{vmatrix}\lambda\boldsymbol{I}_m & -\boldsymbol{A}\\ -\boldsymbol{A}^{\mathrm{T}} & \lambda_n\end{vmatrix}\\ &= \det(\lambda\boldsymbol{I}_m)\det(\lambda\boldsymbol{I}_n-\lambda^{-1}\boldsymbol{A}^{\mathrm{T}}\boldsymbol{A})\\ &= \lambda^{m-n}\det(\lambda^2\boldsymbol{I}_n-\boldsymbol{A}^{\mathrm{T}}\boldsymbol{A}).\end{aligned}$$

这说明矩阵 $\boldsymbol{M}$ 的非零特征值为矩阵 $\boldsymbol{A}$ 的非零奇异值. 同样,矩阵 $\boldsymbol{N}$ 的非零特征值为矩阵 $\boldsymbol{B}$ 的非零奇异值.

再利用

$$\mathrm{tr}(\boldsymbol{MN})=\begin{vmatrix}\boldsymbol{AB}^{\mathrm{T}} & \boldsymbol{0}\\ \boldsymbol{0} & \boldsymbol{A}^{\mathrm{T}}\boldsymbol{B}\end{vmatrix}=\mathrm{tr}(\boldsymbol{AB}^{\mathrm{T}})+\mathrm{tr}(\boldsymbol{A}^{\mathrm{T}}\boldsymbol{B})=2\mathrm{tr}(\boldsymbol{AB}^{\mathrm{T}}),$$

对矩阵 $\boldsymbol{M},\boldsymbol{N}$ 应用定理 3.3.6 即得结论. □

实际上,对对称矩阵 $\boldsymbol{A}$,有

$$\lambda_{\max}(\boldsymbol{A})=\max_{\|\boldsymbol{x}\|=\|\boldsymbol{y}\|=1}\boldsymbol{x}^{\mathrm{T}}\boldsymbol{Ay}.$$

也就是说,

$$\max_{\|\boldsymbol{x}\|=\|\boldsymbol{y}\|=1}\boldsymbol{x}^{\mathrm{T}}\boldsymbol{Ay}=\max_{\|\boldsymbol{x}\|=1}x^{\mathrm{T}}\boldsymbol{Ax}.$$

事实上,由于矩阵 $\boldsymbol{A}$ 对称,存在正交阵 Q,使得 $\boldsymbol{A}=Q^{\mathrm{T}}\boldsymbol{\Sigma}Q$,从而对满足 $\|\boldsymbol{x}\|=\|\boldsymbol{y}\|=1$ 的 $\boldsymbol{x},\boldsymbol{y}$,有

$$\boldsymbol{x}^{\mathrm{T}}\boldsymbol{Ay}=\boldsymbol{x}^{\mathrm{T}}\boldsymbol{\Sigma y}=\sum_{i=1}^{n}\lambda_i x_i y_i.$$

由于

$$\sum_{i=1}^{n}x_i y_i\leqslant\|\boldsymbol{x}\|\|\boldsymbol{y}\|=1,$$

所以 $\sum_{i=1}^{n}\lambda_i x_i y_i$ 在 $\boldsymbol{x}=\boldsymbol{y}=\boldsymbol{e}_1$ 时取到最大值.

3.5 主特征值的幂法

矩阵模最大的特征值称为主特征值. 幂法(power method)是计算矩阵主特征值的最有效的一种方法.

设矩阵 $\boldsymbol{A}=(a_{ij})_{n\times n}$ 有完全特征向量系,其特征值为 $\lambda_1,\lambda_2,\cdots,\lambda_n$,对应的特

征向量为 $\boldsymbol{x}_1,\boldsymbol{x}_2,\cdots,\boldsymbol{x}_n$. 并设特征值满足如下条件：

$$|\lambda_1|>|\lambda_2|\geqslant\cdots\geqslant|\lambda_n|,$$

其中 λ_1 为实特征根.

幂法的基本思想是基于任一非零向量 $\boldsymbol{v}_0$，依次构造向量序列：

$$\bar{\boldsymbol{v}}_{k+1}=\boldsymbol{A}\boldsymbol{v}_k,\quad \boldsymbol{v}_{k+1}=\frac{\bar{\boldsymbol{v}}_{k+1}}{\|\bar{\boldsymbol{v}}_{k+1}\|},\quad k=0,1,2,\cdots.$$

下面讨论幂法的收敛性.

对非零向量 $\boldsymbol{v}_0\in\mathbb{R}^n$，由假设，存在非零数组 $\mu_1,\mu_2,\cdots,\mu_n$，使得 $\boldsymbol{v}_0=\mu_1\boldsymbol{x}_1+\mu_2\boldsymbol{x}_2+\cdots+\mu_n\boldsymbol{x}_n$. 不妨设 $\mu_1\neq0$. 则

$$\boldsymbol{v}_1=\boldsymbol{A}\boldsymbol{v}_0=\lambda_1\mu_1\boldsymbol{x}_1+\mu_2\lambda_2\boldsymbol{x}_2+\cdots+\mu_n\lambda_n\boldsymbol{x}_n.$$

进一步，有

$$\begin{aligned}\boldsymbol{v}_k&=\boldsymbol{A}^k\boldsymbol{v}_0=\lambda_1^k\mu_1\boldsymbol{x}_1+\mu_2\lambda_2^k\boldsymbol{x}_2+\cdots+\mu_n\lambda_n^k\boldsymbol{x}_n\\&=\lambda_1^k\left(\mu_1\boldsymbol{x}_1+\mu_2\left(\frac{\lambda_2}{\lambda_1}\right)^k\boldsymbol{x}_2+\cdots+\mu_n\left(\frac{\lambda_k}{\lambda_1}\right)^k\boldsymbol{x}_n\right).\end{aligned}$$

由题设，对任意的 $i=2,3,\cdots,n$，$|\lambda_i/\lambda_1|<1$. 所以当 $k\to\infty$ 时，有

$$\boldsymbol{v}_k=\boldsymbol{A}^k\boldsymbol{v}_0\to\lambda_1^k\mu_1\boldsymbol{x}_1.$$

因此，当 $k\to\infty$ 时，$\dfrac{\boldsymbol{v}_k}{\mu_1\lambda_1^k}$趋于 λ_1 的特征向量 $\boldsymbol{x}_1$. 容易计算

$$\lim_{k\to\infty}\frac{(\boldsymbol{v}_{k+1})_i}{(\boldsymbol{v}_k)_i}=\lambda_1.$$

由

$$\frac{(\boldsymbol{v}_{k+1})_i}{(\boldsymbol{v}_k)_i}=\lambda_1\frac{\mu_1(\boldsymbol{x}_1)_i+\mu_2\left(\dfrac{\lambda_2}{\lambda_1}\right)^k(\boldsymbol{x}_2)_i+\cdots+\mu_n\left(\dfrac{\lambda_k}{\lambda_1}\right)^k(\boldsymbol{x}_n)_i}{\mu_1(\boldsymbol{x}_1)_i+\mu_2\left(\dfrac{\lambda_2}{\lambda_1}\right)^{k-1}(\boldsymbol{x}_2)_i+\cdots+\mu_n\left(\dfrac{\lambda_k}{\lambda_1}\right)^{k-1}(\boldsymbol{x}_n)_i},$$

知幂法的收敛速度由比值 λ_2/λ_1 决定.

前面每一步将 $\boldsymbol{v}_k$ 单位化，是为了防止在迭代过程中 $\|\boldsymbol{v}_k\|$ 趋于 0 或 ∞.

由前面的讨论知，应用幂法计算矩阵的主特征值的收敛速度主要由比值 λ_1/λ_2 决定. 所以，当该比值趋于 1 时，收敛速度会很慢. 下面通过平移对该方法进行加速.

引入矩阵 $\boldsymbol{B}=\boldsymbol{A}-\mu\boldsymbol{I}$，其中 μ 为待定参数. 则 $\boldsymbol{B}$ 的特征值为 $\lambda_1-\mu,\lambda_2-\mu,\cdots,\lambda_n-\mu$，且对应的特征向量与 $\boldsymbol{A}$ 的相同.

如果计算 $\boldsymbol{A}$ 的主特征值 λ_1，就要选择适当的 μ，使得 $\lambda_1-\mu$ 为 $\boldsymbol{B}$ 的主特征值，且

$$\frac{|\lambda_2-\mu|}{|\lambda_1-\mu|}\leqslant\frac{|\lambda_2|}{|\lambda_1|}.$$

在此假设之下，对矩阵 $\boldsymbol{B}$ 应用幂法，求得的主特征值 $\lambda_1-\mu$ 的速度会加快. 这种方法称为原点平移法.

自然地,选择有利的 μ 值可使幂法加速,但设计一个恰当的参数 μ 是很困难的. μ 选取太小,增速作用不明显; μ 取得太大,会出现 $|\lambda_1-\mu|\leqslant|\lambda_n-\mu|$ 的情况. 最后得到的是一个模最小的特征值.

显然,当

$$\frac{|\lambda_2-\mu|}{|\lambda_1-\mu|}=\frac{|\lambda_n-\mu|}{|\lambda_1-\mu|}$$

时,比值最小. 这时,收敛速度的比值为

$$\frac{|\lambda_2-\mu|}{|\lambda_1-\mu|}=\frac{|\lambda_n-\mu|}{|\lambda_1-\mu|}.$$

用幂法可求出矩阵的主特征值,但不能求出其他的特征值. 下面考虑在矩阵 $\boldsymbol{A}$ 的特征值满足

$$|\lambda_1|>|\lambda_2|>|\lambda_3|\geqslant\cdots\geqslant|\lambda_n|$$

的前提下, λ_2 的计算方法.

设 λ_1 与对应的单位特征向量 $\boldsymbol{x}_1$ 已知. 根据矩阵论的知识,存在 Householder 矩阵 $\boldsymbol{H}$,使得 $\boldsymbol{Hx}_1=\boldsymbol{e}_1$. 这样由 $\boldsymbol{Ax}_1=\lambda_1\boldsymbol{x}_1$,得

$$\boldsymbol{HAH}^{-1}\boldsymbol{e}_1=\lambda_1\boldsymbol{e}_1.$$

而 $\boldsymbol{HAH}^{-1}$ 可以写成

$$\begin{pmatrix}\lambda_1 & \boldsymbol{b}_1^{\mathrm{T}}\\ \boldsymbol{0} & \boldsymbol{B}_1\end{pmatrix},$$

其中 $\boldsymbol{b}_1$ 为 $n-1$ 维向量, $\boldsymbol{B}_1$ 为 $n-1$ 阶矩阵. 显然, $\boldsymbol{B}_1$ 的特征值为 $\lambda_2,\lambda_3,\cdots,\lambda_n$. 那么在 $|\lambda_2|>|\lambda_3|\geqslant\cdots\geqslant|\lambda_n|$ 的前提下,就可用幂法得到 λ_2 和对应的特征向量 $\boldsymbol{y}_2$. 设 $\boldsymbol{HAH}^{-1}$ 的特征值 λ_2 对应的特征向量为 $\boldsymbol{z}_2=(\alpha,\boldsymbol{y})$. 则

$$\begin{pmatrix}\lambda_1 & \boldsymbol{b}_1^{\mathrm{T}}\\ \boldsymbol{0} & \boldsymbol{B}_2\end{pmatrix}\begin{pmatrix}\alpha\\ \boldsymbol{y}\end{pmatrix}=\lambda_2\begin{pmatrix}\alpha\\ \boldsymbol{y}\end{pmatrix},$$

由此得

$$\begin{cases}\lambda_1\alpha+\boldsymbol{b}_1^{\mathrm{T}}\boldsymbol{y}=\lambda_2\alpha,\\ \boldsymbol{B}_2\boldsymbol{y}=\lambda_2\boldsymbol{y}.\end{cases}$$

由于 $\lambda_1\neq\lambda_2$,可令 $\boldsymbol{y}=\boldsymbol{y}_2$, $\alpha=\dfrac{\boldsymbol{b}_1^{\mathrm{T}}\boldsymbol{y}}{\lambda_2-\lambda_1}$. 进而得到 $\boldsymbol{x}_2=\boldsymbol{H}^{-1}\boldsymbol{z}_2$,即得到 λ_2 对应的特征向量.

3.6 主奇异值的幂法

容易验证,矩阵 $\boldsymbol{A}\in\mathbb{R}^{m\times n}$ 的最大奇异值(又称主奇异值)满足

$$\sigma_1 = \max_{\substack{x \subset \mathbb{R}^m, y \in \mathbb{R}^n \\ \|x\| = \|y\| = 1}} x^{\mathrm{T}} A y,$$

其最优解 x, y 为 A 的主奇异值单位向量.

通过将上一节的矩阵主特征值的幂法做简单修正可用来计算矩阵的主奇异值.过程如下:

先取单位向量 $y_0 \in \mathbb{R}^n$,然后通过如下过程产生迭代点列:

$$\bar{x}_{k+1} = A y_k, \quad x_{k+1} = \frac{\bar{x}_{k+1}}{\|\bar{x}_{k+1}\|},$$

$$y_{k+1} = A^{\mathrm{T}} x_{k+1}, \quad y_{k+1} = \frac{\bar{y}_{k+1}}{\|\bar{y}_{k+1}\|}.$$

并在 $\|x_{k+1} - x_k\| = \|y_{k+1} - y_k\| = 0$ 时算法终止.

容易验证,点列$\{x_k, y_k\}$使得数列$\{x_k^{\mathrm{T}} A y_k\}$单调递增.事实上,

$$x_{k+1}^{\mathrm{T}} A y_k - x_k^{\mathrm{T}} A y_k = \langle x_{k+1}, A y_k \rangle - \langle x_k, A y_k \rangle.$$

由 x_{k+1}的取法和 Cauchy-Schwarz 不等式知上式非负.从而

$$x_{k+1}^{\mathrm{T}} A y_k \geqslant x_k^{\mathrm{T}} A y_k,$$

而且等号成立的充分必要条件是

$$x_k = \|A y_k\| A y_k.$$

类似可证

$$x_{k+1}^{\mathrm{T}} A y_{k+1} \geqslant x_{k+1}^{\mathrm{T}} A y_k,$$

且等号成立的充分必要条件是

$$y_k = \|A^{\mathrm{T}} x_{k+1}\| A^{\mathrm{T}} x_{k+1}.$$

所以

$$x_{k+1}^{\mathrm{T}} A y_{k+1} \geqslant x_k^{\mathrm{T}} A y_k,$$

而等号成立的充分必要条件是

$$x_{k+1} = x_k, \quad y_{k+1} = y_k,$$

也就是

$$x_k = \|A y_k\| A y_k, \quad y_k = \|A^{\mathrm{T}} x_k\| A^{\mathrm{T}} x_k. \tag{3.6.1}$$

将上述两个等式分别与 x_k, y_k 做内积并利用 $\|x_k\| = \|y_k\| = 1$,得

$$\|A y_k\| x^{\mathrm{T}} A y_k = 1, \quad \|A^{\mathrm{T}} x_k\| y_k A^{\mathrm{T}} x_k = 1.$$

这说明

$$\|A y_k\| = \|A^{\mathrm{T}} x_k\| = \frac{1}{x_k^{\mathrm{T}} A y_k} \triangleq \frac{1}{\sigma}.$$

从而由式(3.6.1),得

$$A y_k = \sigma x_k, \quad A^{\mathrm{T}} x_k = \sigma y_k.$$

(x_k, y_k)构成矩阵 A 的奇异值σ 的一对奇异值向量.

附带说明一点:当 A 对称、半正定时,借助二次函数 $f(x) = x^{\mathrm{T}} A x$ 的凸性

$$f(x_{k+1}) - f(x_k) \geqslant \langle \nabla f(x_k), x_{k+1} - x_k \rangle,$$

利用上述证明过程可从另一角度研究对称矩阵主特征值幂法的收敛性.

对于 $\boldsymbol{A}$ 对称但非正定的情况,可将矩阵 $\boldsymbol{A}$ 做一平移 $\boldsymbol{B}=\boldsymbol{A}+\mu\boldsymbol{I}$,使矩阵 $\boldsymbol{B}$ 正定,然后通过幂法计算 $\boldsymbol{B}$ 的最大特征值,最后再对 $\boldsymbol{B}$ 做反向平移,即得矩阵 $\boldsymbol{A}$ 的最大特征根.而将幂法应用于正定矩阵 $\boldsymbol{B}=\mu\boldsymbol{I}-\boldsymbol{A}$ 可得 $\boldsymbol{B}$ 的最大特征值,从而可得矩阵 $\boldsymbol{A}$ 的最小特征根.结合前一情况即得矩阵 $\boldsymbol{A}$ 的主特征值.

对于 μ 的取法,由 Gerschgorin 圆盘定理(即定理 3.3.1),可取

$$\mu > \max_{1\leqslant i\leqslant n}\sum_{j=1}^{n}|a_{ij}|.$$

对于矩阵主奇异值的幂法,若以矩阵 $\boldsymbol{A}$ 的奇异值 σ_k 的奇异值向量 $(\boldsymbol{x}_k,\boldsymbol{y}_k)$ 为初始点,则算法一步终止.对于对称矩阵主特征值的幂法也是如此.这说明幂法不能保证最后得到的是矩阵的主奇异值或主特征值,也就是说,其有效性依赖于初始点的选取.

第 4 章 矩阵的广义逆及其应用

在信号处理、自动化控制、化学工程等问题中，许多问题可通过建模或转换为 $\boldsymbol{Ax}=\boldsymbol{b}$ 形式. 如果矩阵 $\boldsymbol{A}$ 是方阵且可逆的，则有解 $\boldsymbol{x}=\boldsymbol{A}^{-1}\boldsymbol{b}$. 但是在很多情况下，所遇到的矩阵不一定是方阵，即使是方阵也不一定是满秩的，这促使我们引进广义逆的概念，研究某种具有逆矩阵类似性质的矩阵，使得消去律在一定条件下可以使用.

4.1 矩阵的逆

这里主要将非奇异矩阵的逆推广到长方阵(rectangular matrix)和奇异阵. 首先考虑行满秩和列满秩矩阵的单侧逆.

定理 4.1.1 若 $\boldsymbol{A}\in\mathbb{R}_n^{m\times n}$ 为列满秩矩阵，则 $\boldsymbol{A}^{\mathrm{T}}\boldsymbol{A}$ 非奇异. 若 $\boldsymbol{B}\in\mathbb{R}_m^{m\times n}$ 为行满秩矩阵，则 $\boldsymbol{BB}^{\mathrm{T}}$ 非奇异.

证明 由

$$\operatorname{rank}(\boldsymbol{A})=\operatorname{rank}(\boldsymbol{A}^{\mathrm{T}}\boldsymbol{A})=n \quad 及 \quad \operatorname{rank}(\boldsymbol{B})=\operatorname{rank}(\boldsymbol{BB}^{\mathrm{T}})=m,$$

知 $\boldsymbol{A}^{\mathrm{T}}\boldsymbol{A},\boldsymbol{BB}^{\mathrm{T}}$ 均非奇异. □

由定理 4.1.1，对列满秩矩阵 $\boldsymbol{A}\in\mathbb{R}_n^{m\times n}$ 和行满秩矩阵 $\boldsymbol{B}\in\mathbb{R}_m^{m\times n}$，有

$$(\boldsymbol{A}^{\mathrm{T}}\boldsymbol{A})^{-1}\boldsymbol{A}^{\mathrm{T}}\boldsymbol{A}=((\boldsymbol{A}^{\mathrm{T}}\boldsymbol{A})^{-1}\boldsymbol{A}^{\mathrm{T}})\boldsymbol{A}=\boldsymbol{I}_n,$$

$$\boldsymbol{BB}^{\mathrm{T}}(\boldsymbol{BB}^{\mathrm{T}})^{-1}=\boldsymbol{B}(\boldsymbol{B}^{\mathrm{T}}(\boldsymbol{BB}^{\mathrm{T}})^{-1})=\boldsymbol{I}_n.$$

由此称 $(\boldsymbol{A}^{\mathrm{T}}\boldsymbol{A})^{-1}\boldsymbol{A}^{\mathrm{T}},\boldsymbol{B}^{\mathrm{T}}(\boldsymbol{BB}^{\mathrm{T}})^{-1}$ 分别为 $\boldsymbol{A},\boldsymbol{B}$ 的左逆和右逆.

矩阵的左逆和右逆不唯一. 下面的结论给出了左逆和右逆的通式.

定理 4.1.2 设 $\boldsymbol{A}\in\mathbb{R}_n^{m\times n}$ 为列满秩矩阵，则方程

$$\boldsymbol{XA}=\boldsymbol{I}$$

的通解为

$$X = (A^{\mathrm{T}}VA)^{-1}A^{\mathrm{T}}V,$$

其中 V 是使得$(A^{\mathrm{T}}VA)^{-1}$存在的任意矩阵.

设 $B\in\mathbb{R}_m^{m\times n}$ 为行满秩矩阵,则方程

$$BX = I$$

的通解为

$$X = VB^{\mathrm{T}}(BVB^{\mathrm{T}})^{-1},$$

其中 V 是使得$(BVB^{\mathrm{T}})^{-1}$存在的任意矩阵.

证明通解时,可取 $V = XX^{\mathrm{T}}$ 或 $V = X^{\mathrm{T}}X$.详细的证明过程略.

下面是列满秩矩阵的有关性质.

定理 4.1.3 设 $A\in\mathbb{R}_n^{m\times n}$ 为列满秩矩阵,则它与下列条件之一等价:

(1) 矩阵的列线性无关;

(2) $N(A)=\{\mathbf{0}\}$;

(3) $\mathrm{rank}(A)=n$;

(4) $A^{\mathrm{T}}A$ 非奇异;

(5) A 有左逆$(A^{\mathrm{T}}A)^{-1}A^{\mathrm{T}}$;

(6) $P\triangleq A(A^{\mathrm{T}}A)^{-1}A^{\mathrm{T}}$ 为从$\mathbb{R}^n$到$R(A)$上的正交投影;

(7) $Ax=b$ 有唯一解$(A^{\mathrm{T}}A)^{-1}A^{\mathrm{T}}b$.

4.2 矩阵的广义逆

定义 4.2.1 设 $A\in\mathbb{R}^{m\times n}$,称满足方程

$$AGA = A,\quad GAG = G,\quad (AG)^{\mathrm{T}} = AG,\quad (GA)^{\mathrm{T}} = GA$$

的矩阵 G 称为 A 的广义逆,又称 M-P(Moore-Penrose)广义逆或伪逆(pesudo-inverse),记为 A^{+}.

定理 4.2.1 满足定义条件的广义逆 A^{+} 存在且唯一.

证明 设矩阵 $A\in\mathbb{R}_r^{m\times n}$的奇异值分解为 $A = U\Sigma V^{\mathrm{T}}$,其中 $U\in\mathbb{R}^{m\times r}$, $V\in\mathbb{R}^{n\times r}$列满秩,$\Sigma=\mathrm{diag}(\sigma_1,\sigma_2,\cdots,\sigma_r)$.容易验证,$G = V\Sigma^{-1}U^{\mathrm{T}}$ 满足广义逆定义中的四个方程.

下证唯一性.设 G_1,G_2 满足广义逆定义中的四个方程,则

$$\begin{aligned}G_1 &= G_1AG_1 = G_1AG_2AG_1 = G_1(AG_2)^{\mathrm{T}}(AG_1)^{\mathrm{T}}\\ &= G_1(AG_1AG_2)^{\mathrm{T}} = G_1(AG_2)^{\mathrm{T}} = G_1AG_2 = G_1AG_2AG_2\\ &= (G_1A)^{\mathrm{T}}(G_2A)^{\mathrm{T}}G_2 = A^{\mathrm{T}}G_1^{\mathrm{T}}A^{\mathrm{T}}G_2^{\mathrm{T}}G_2 = A^{\mathrm{T}}G_2^{\mathrm{T}}G_2 = (G_2A)^{\mathrm{T}}G_2\\ &= G_2AG_2 = G_2.\end{aligned}$$

□

若 A 非奇异,则 $A^{+}=A^{-1}$,从而 A^{+} 是 A^{-1}的推广;若 A 列满秩,则 $A^{+}=$

$(\boldsymbol{A}^{\mathrm{T}}\boldsymbol{A})^{-1}\boldsymbol{A}^{\mathrm{T}}$;若 $\boldsymbol{A}$ 行满秩,则 $\boldsymbol{A}^{+}=\boldsymbol{A}^{\mathrm{T}}(\boldsymbol{A}\boldsymbol{A}^{\mathrm{T}})^{-1}$. 特别地,若 $\boldsymbol{A}$ 列(或行)单位正交,即 $\boldsymbol{A}^{\mathrm{T}}\boldsymbol{A}=\boldsymbol{I}$ 或 $\boldsymbol{A}\boldsymbol{A}^{\mathrm{T}}=\boldsymbol{I}$,则 $\boldsymbol{A}^{+}=\boldsymbol{A}^{\mathrm{T}}$. 而若 $\boldsymbol{A}$ 为对称幂等阵,即 $\boldsymbol{A}^2=\boldsymbol{A}$,则 $\boldsymbol{A}^{+}=\boldsymbol{A}$.

定理 4.2.2 广义逆有以下性质:

(1) $(\boldsymbol{A}^{+})^{+}=\boldsymbol{A}$;

(2) $(\boldsymbol{A}^{\mathrm{T}})^{+}=(\boldsymbol{A}^{+})^{\mathrm{T}}$;

(3) $(\boldsymbol{A}\boldsymbol{A}^{\mathrm{T}})^{+}=(\boldsymbol{A}^{\mathrm{T}})^{+}\boldsymbol{A}^{+}$, $(\boldsymbol{A}^{\mathrm{T}}\boldsymbol{A})^{+}=\boldsymbol{A}^{+}(\boldsymbol{A}^{\mathrm{T}})^{+}$;

(4) $\boldsymbol{I}-\boldsymbol{A}^{+}\boldsymbol{A}$, $\boldsymbol{I}-\boldsymbol{A}\boldsymbol{A}^{+}$, $\boldsymbol{A}^{+}\boldsymbol{A}$, $\boldsymbol{A}\boldsymbol{A}^{+}$ 是对称幂等矩阵;

(5) $\boldsymbol{A}^{+}=(\boldsymbol{A}^{\mathrm{T}}\boldsymbol{A})^{+}\boldsymbol{A}^{\mathrm{T}}=\boldsymbol{A}^{\mathrm{T}}(\boldsymbol{A}\boldsymbol{A}^{\mathrm{T}})^{+}$;

(6) $R(\boldsymbol{A}\boldsymbol{A}^{+})=R(\boldsymbol{A})$;

(7) $R(\boldsymbol{A}^{+}\boldsymbol{A})=R(\boldsymbol{A}^{+})=R(\boldsymbol{A}^{\mathrm{T}})$;

(8) $N(\boldsymbol{A}^{+}\boldsymbol{A})=N(\boldsymbol{A})$;

(9) $N(\boldsymbol{A}\boldsymbol{A}^{+})=N(\boldsymbol{A}^{+})=N(\boldsymbol{A}^{\mathrm{T}})$;

(10) $\mathrm{rank}(\boldsymbol{A})=\mathrm{rank}(\boldsymbol{A}^{+})=\mathrm{rank}(\boldsymbol{A}^{+}\boldsymbol{A})=\mathrm{rank}(\boldsymbol{A}\boldsymbol{A}^{+})$;

(11) $\mathrm{rank}(\boldsymbol{A})=m-\mathrm{rank}(\boldsymbol{I}_m-\boldsymbol{A}\boldsymbol{A}^{+})=n-\mathrm{rank}(\boldsymbol{I}_n-\boldsymbol{A}^{+}\boldsymbol{A})$.

定理 4.2.3 设 $m\times n$ 矩阵 $\boldsymbol{A}$ 的秩为 r,其奇异值分解为 $\boldsymbol{A}=\boldsymbol{U}\boldsymbol{\Sigma}\boldsymbol{V}^{\mathrm{T}}$,满秩分解为 $\boldsymbol{A}=\boldsymbol{F}\boldsymbol{G}$. 则

$$\boldsymbol{A}^{+}=\boldsymbol{V}\boldsymbol{\Sigma}^{-1}\boldsymbol{U}^{\mathrm{T}}=\boldsymbol{G}^{\mathrm{T}}(\boldsymbol{F}^{\mathrm{T}}\boldsymbol{A}\boldsymbol{G}^{\mathrm{T}})^{-1}\boldsymbol{F}^{\mathrm{T}}.$$

特别地,对非零向量 $\boldsymbol{a}\in\mathbb{R}^m$, $\boldsymbol{b}\in\mathbb{R}^n$,有

$$(\boldsymbol{a}\boldsymbol{b}^{\mathrm{T}})^{+}=\frac{\boldsymbol{b}\boldsymbol{a}^{\mathrm{T}}}{\|\boldsymbol{a}\|^2\|\boldsymbol{b}\|^2},\quad \boldsymbol{a}^{+}=\frac{\boldsymbol{a}^{\mathrm{T}}}{\|\boldsymbol{a}\|^2}.$$

特别说明:首先,逆矩阵的一些性质广义逆不具备,如

$$(\boldsymbol{A}\boldsymbol{B})^{+}\neq\boldsymbol{B}^{+}\boldsymbol{A}^{+},\quad \boldsymbol{A}\boldsymbol{A}^{+}\neq\boldsymbol{A}^{+}\boldsymbol{A}\neq\boldsymbol{I}.$$

其次,矩阵的逆和广义逆均不连续. 也就是说,非奇异阵构成一个开集. 如矩阵 $\begin{pmatrix}1&0\\0&\varepsilon\end{pmatrix}$ 的(广义)逆为 $\begin{pmatrix}1&0\\0&1/\varepsilon\end{pmatrix}$. 令 $\varepsilon\to0$,则 $\begin{pmatrix}1&0\\0&\varepsilon\end{pmatrix}\to\begin{pmatrix}1&0\\0&0\end{pmatrix}$,而 $\begin{pmatrix}1&0\\0&1/\varepsilon\end{pmatrix}$ 在 $\varepsilon\to0$ 时并不收敛到 $\begin{pmatrix}1&0\\0&0\end{pmatrix}$ 的广义逆 $\begin{pmatrix}1&0\\0&0\end{pmatrix}$.

下面给出矩阵广义逆的一个应用.

定理 4.2.4 对 $\boldsymbol{A}\in\mathbb{R}^{m\times n}$, $\boldsymbol{b}\in\mathbb{R}^m$, $\boldsymbol{A}\boldsymbol{x}=\boldsymbol{b}$ 相容的充分必要条件是 $\boldsymbol{A}\boldsymbol{A}^{+}\boldsymbol{b}=\boldsymbol{b}$. 而此时方程组的通解可表示为 $\boldsymbol{A}^{+}\boldsymbol{b}+(\boldsymbol{I}-\boldsymbol{A}^{+}\boldsymbol{A})\boldsymbol{y}$,这里 $\boldsymbol{y}\in\mathbb{R}^n$ 为自由变量. 而且, $\boldsymbol{A}^{+}\boldsymbol{b}$ 是方程 $\boldsymbol{A}\boldsymbol{x}=\boldsymbol{b}$ 的所有解中 2 范数最小的解.

证明 若 $\boldsymbol{A}\boldsymbol{x}=\boldsymbol{b}$ 有解 $\boldsymbol{x}_0$,则 $\boldsymbol{A}\boldsymbol{x}_0=\boldsymbol{b}$,即 $\boldsymbol{A}\boldsymbol{A}^{+}\boldsymbol{A}\boldsymbol{x}_0=\boldsymbol{b}$,所以 $\boldsymbol{A}\boldsymbol{A}^{+}\boldsymbol{b}=\boldsymbol{b}$.

反过来,若 $\boldsymbol{A}\boldsymbol{A}^{+}\boldsymbol{b}=\boldsymbol{b}$,则显然 $\boldsymbol{A}\boldsymbol{x}=\boldsymbol{b}$ 可解.

设 $\boldsymbol{x}_0$ 是 $\boldsymbol{A}\boldsymbol{x}=\boldsymbol{b}$ 的任一解,则 $\boldsymbol{A}\boldsymbol{x}_0=\boldsymbol{b}$. 而

$$\boldsymbol{x}_0=\boldsymbol{A}^{+}\boldsymbol{b}+\boldsymbol{x}_0-\boldsymbol{A}^{+}\boldsymbol{b}=\boldsymbol{A}^{+}\boldsymbol{b}+\boldsymbol{x}_0-\boldsymbol{A}^{+}\boldsymbol{A}\boldsymbol{x}_0$$

$$= A^{+}b + (I - A^{+}A)x_0.$$

其次,对于任意的 $y \in \mathbb{R}^m$, $A^{+}b + (I - A^{+}A)y$ 均为方程的解.而

$$\| A^{+}b + (I - A^{+}A)y \|^2$$
$$= \| A^{+}b \|^2 + 2b^{\mathrm{T}}(A^{+})^{\mathrm{T}}(I - A^{+}A)y + \| (I - A^{+}A)y \|^2.$$

利用矩阵广义逆定义中的 $A^{+}A = (A^{+}A)^{\mathrm{T}}$,上式中的中间项为零.从而

$$\| A^{+}b + (I - A^{+}A)y \|^2 = \| A^{+}b \|^2 + \| (I - A^{+}A)y \|^2$$
$$\geqslant | A^{+}b \|^2. \qquad \square$$

下面考虑线性矩阵方程

$$A^{\mathrm{T}}X + X^{\mathrm{T}}A = S,$$

其中 $A \in \mathbb{R}^{n \times p}$ 列满秩, $S \in \mathbb{R}^{p \times p}$ 对称, $X \in \mathbb{R}^{n \times p}$.先考虑齐次线性矩阵方程

$$A^{\mathrm{T}}X + X^{\mathrm{T}}A = 0. \tag{4.2.1}$$

由于 $A \in \mathbb{R}^{n \times p}$ 列满秩,存在 $A_{\perp} \in \mathbb{R}^{n \times (n-p)}$,满足 $A^{\mathrm{T}}A_{\perp} = 0$,同时 $\bar{A} = (A, A_{\perp})$ 构成 $\mathbb{R}^n$ 中的一组基.从而任何一个 $n \times p$ 矩阵都可表示成

$$\bar{A}Z = (A, A_{\perp})\begin{pmatrix} Z_1 \\ W_2 \end{pmatrix} = AZ_1 + A_{\perp}W_2.$$

将其代入式(4.2.1),得

$$A^{\mathrm{T}}AZ_1 + A^{\mathrm{T}}A_{\perp}W_2 + Z_1^{\mathrm{T}}A^{\mathrm{T}}A + W_2^{\mathrm{T}}A_{\perp}^{\mathrm{T}}A = A^{\mathrm{T}}AZ_1 + Z_1^{\mathrm{T}}A^{\mathrm{T}}A = 0.$$

欲使上式成立, Z_1 应取 $(A^{\mathrm{T}}A)^{-1}W_1$,其中 $W_1 \in \mathbb{R}^{p \times p}$ 反对称.这样方程(4.2.1)的通解为

$$X = A(A^{\mathrm{T}}A)^{-1}W + A_{\perp}W_2 = A^{+}W_1 + A_{\perp}W_2,$$

其中 $W_1 \in \mathbb{R}^{p \times p}$ 反对称, $W_2 \in \mathbb{R}^{(n-p) \times p}$ 是任意的.

另一方面,容易验证 $\frac{1}{2}(A^{\mathrm{T}})^{+}S$ 为非齐次线性矩阵方程

$$A^{\mathrm{T}}X + X^{\mathrm{T}}A = S$$

的一个特解.故非齐次线性矩阵方程 $A^{\mathrm{T}}X + X^{\mathrm{T}}A = S$ 的通解为

$$X = \frac{1}{2}(A^{\mathrm{T}})^{+}S + (A^{\mathrm{T}})^{+}W_1 + A_{\perp}W_2,$$

其中 $W \in \mathbb{R}^{p \times p}$ 反对称.若 A 列单位正交,即 $A^{\mathrm{T}}A = I_p$,则 $(A^{\mathrm{T}})^{+} = A$.利用矩阵范数的定义,有

$$\left\| \frac{1}{2}AS + N(A^{\mathrm{T}}) + AY \right\|^2 = \left\| \frac{1}{2}AS \right\|^2 + \| N(A^{\mathrm{T}}) \|^2 + \| AY \|^2 + \mathrm{tr}(YS)$$
$$\geqslant \left\| \frac{1}{2}AS \right\|^2.$$

其中最后一式利用了 $\mathrm{tr}(Y^{\mathrm{T}}S) = 0$.故 $H = \frac{1}{2}AS$ 为最小范数解.

若 A 非列单位正交,则需将 $A^{\mathrm{T}}A$ 通过正交变换化成对角阵,再通过逐项讨论才能给出最小范数解.

4.3　正交投影

设 $\Omega \subset \mathbb{R}^n$ 为非空闭凸集,对任意的 $\boldsymbol{x} \in \mathbb{R}^n$,定义

$$P_\Omega(\boldsymbol{x}) = \arg\min\{\|\boldsymbol{x}-\boldsymbol{y}\| \mid \boldsymbol{y} \in \Omega\},$$

称其为 $\boldsymbol{x}$ 到 Ω 上的投影,又称 GLP 投影. $P_\Omega(\cdot)$称为从 $\mathbb{R}^n$ 到 Ω 上的投影算子.

性质 4.3.1　设 Ω 为 $\mathbb{R}^n$ 中的非空闭凸集.则对任意的 $\boldsymbol{x} \in \mathbb{R}^n$, $\boldsymbol{y} \in \Omega$,有

$$\langle P_\Omega(\boldsymbol{x})-\boldsymbol{x}, \boldsymbol{y}-P_\Omega(\boldsymbol{x})\rangle \geqslant 0.$$

证明　由定义和题设,对 $\boldsymbol{x} \in \mathbb{R}^n$,存在唯一的点 $P_\Omega(\boldsymbol{x}) \in \Omega$,使对任意的 $\boldsymbol{y} \in \Omega$,有

$$\|P_\Omega(\boldsymbol{x})-\boldsymbol{x}\| \leqslant \|\boldsymbol{y}-\boldsymbol{x}\|.$$

由于 Ω 为凸集,故对任意的 $t \in (0,1)$, $P_\Omega(\boldsymbol{x})+t(\boldsymbol{y}-P_\Omega(\boldsymbol{x})) \in \Omega$.所以

$$\|P_\Omega(\boldsymbol{x})-\boldsymbol{x}\|^2 \leqslant \|P_\Omega(\boldsymbol{x})+t(\boldsymbol{y}-P_\Omega(\boldsymbol{x}))-\boldsymbol{x}\|^2.$$

化简得

$$0 \leqslant 2\langle \boldsymbol{y}-P_\Omega(\boldsymbol{x}), P_\Omega(\boldsymbol{x})-\boldsymbol{x}\rangle + t\|\boldsymbol{y}-P_\Omega(\boldsymbol{x})\|^2.$$

令 $t \to 0$,得

$$\langle \boldsymbol{y}-P_\Omega(\boldsymbol{x}), P_\Omega(\boldsymbol{x})-\boldsymbol{x}\rangle \geqslant 0.$$

□

上述性质是投影算子的一个基本性质,由此可以得到投影算子的单调性.

推论 4.3.1　从 $\mathbb{R}^n$ 到 Ω 上的投影算子 $P_\Omega(\cdot)$满足:

(1) $\langle P_\Omega(\boldsymbol{x})-P_\Omega(\boldsymbol{y}), \boldsymbol{x}-\boldsymbol{y}\rangle \geqslant \|P_\Omega(\boldsymbol{x})-P_\Omega(\boldsymbol{y})\|^2$,对任意的 $\boldsymbol{x}, \boldsymbol{y} \in \mathbb{R}^n$;

(2) $\|P_\Omega(\boldsymbol{x})-P_\Omega(\boldsymbol{y})\|^2 \leqslant \|\boldsymbol{x}-\boldsymbol{y}\|^2$,对任意的 $\boldsymbol{x}, \boldsymbol{y} \in \mathbb{R}^n$.

上述结论说明了投影算子的单调性.利用上述结论还可以得到算子 $\boldsymbol{x}-P_\Omega(\boldsymbol{x})$的单调性.

性质 4.3.1 的几何意义是,对于任意的 $\boldsymbol{y} \in \Omega$,矢量$\overrightarrow{P_\Omega(\boldsymbol{x})\boldsymbol{x}}$与矢量$\overrightarrow{P_\Omega(\boldsymbol{x})\boldsymbol{y}}$成钝角.该条件也是充分的,因为,对于任意的 $\boldsymbol{y} \in \Omega$,有

$$\begin{aligned}
\|\boldsymbol{x}-\boldsymbol{y}\|^2 &= \|\boldsymbol{x}-P_\Omega(\boldsymbol{x})+P_\Omega(\boldsymbol{x})-\boldsymbol{y}\|^2 \\
&= \|\boldsymbol{x}-P_\Omega(\boldsymbol{x})\|^2 + 2\langle \boldsymbol{x}-P_\Omega(\boldsymbol{x}), P_\Omega(\boldsymbol{x})-\boldsymbol{y}\rangle + \|P_\Omega(\boldsymbol{x})-\boldsymbol{y}\|^2 \\
&\geqslant \|\boldsymbol{x}-P_\Omega(\boldsymbol{x})\|^2.
\end{aligned}$$

显然,若闭凸集为一线性子空间,则 $\mathbb{R}^n$ 中任一点及其到该线性子空间上的投影和原点构成一个直角三角形.

性质 4.3.2　设 K 为 $\mathbb{R}^n$ 中的线性子空间,则对任意的 $\boldsymbol{x} \in \mathbb{R}^n$,有

$$\langle \boldsymbol{x}-P_K(\boldsymbol{x}), P_K(\boldsymbol{x})\rangle = 0,$$

即 $\langle \boldsymbol{x}, P_K(\boldsymbol{x})\rangle = \|P_K(\boldsymbol{x})\|^2$.

证明　由投影的基本性质,对任意的 $\lambda \in \mathbb{R}$,有

$$\langle P_K(\boldsymbol{x}) - \boldsymbol{x}, (\lambda - 1) P_K(\boldsymbol{x}) \rangle \geqslant 0.$$

分别取 $\lambda = 0, 2$，结论得证. □

根据上述结论，对任意的 $\boldsymbol{x} \in \mathbb{R}^n$ 和子空间 K，有

$$\begin{aligned} \|\boldsymbol{x}\|^2 &= \|\boldsymbol{x} - P_K(\boldsymbol{x}) + P_K(\boldsymbol{x})\|^2 \\ &= \|\boldsymbol{x} - P_K(\boldsymbol{x})\|^2 + \|P_K(\boldsymbol{x})\|^2 \\ &\geqslant \|P_K(\boldsymbol{x})\|^2. \end{aligned}$$

这说明，从 $\mathbb{R}^n$ 到子空间 K 上的投影算子 P_K 满足 $\|P_K\| \leqslant 1$. 在后面的讨论中，我们将基于 K 的具体形式给出 P_K 的解析式.

下面的 Moreau 正交分解定理告诉我们：$\mathbb{R}^n$ 中的任一点可分解成线性子空间 K 与其正交补空间 $K^\perp$ 上的两个投影量，而且这两个投影是正交的(图 4.3.1).

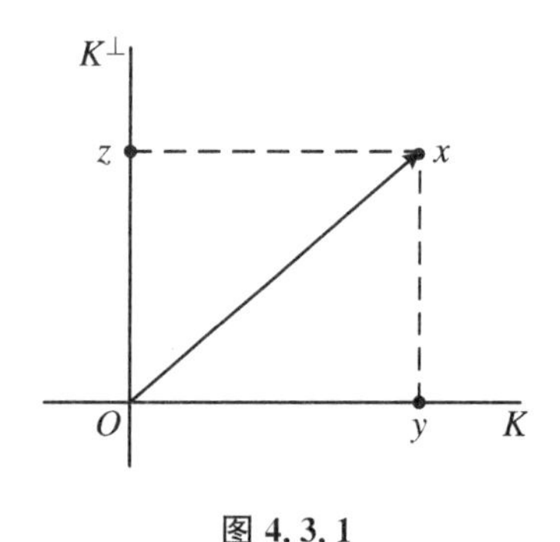

图 4.3.1

定理 4.3.1 设 K 为 $\mathbb{R}^n$ 中的线性子空间. 对任意的 $\boldsymbol{x} \in \mathbb{R}^n$，令 $\boldsymbol{y} = P_K(\boldsymbol{x})$，$\boldsymbol{z} = P_{K^\perp}(\boldsymbol{x})$，则 $\boldsymbol{x} = \boldsymbol{y} + \boldsymbol{z}$，且 $\langle \boldsymbol{y}, \boldsymbol{z} \rangle = 0$.

反过来，若 $\boldsymbol{x} \in \mathbb{R}^n$ 可分解成 $\boldsymbol{x} = \boldsymbol{y} + \boldsymbol{z}$，其中 $\boldsymbol{y} \in K$，$\boldsymbol{z} \in K^\perp$ 且 $\langle \boldsymbol{y}, \boldsymbol{z} \rangle = 0$，则 $\boldsymbol{y} = P_K(\boldsymbol{x})$，$\boldsymbol{z} = P_{K^\perp}(\boldsymbol{x})$.

证明 记 $\boldsymbol{w} = \boldsymbol{x} - \boldsymbol{y}$. 由性质 4.3.2，有 $\langle \boldsymbol{w}, \boldsymbol{y} \rangle = 0$. 下证 $\boldsymbol{w} = \boldsymbol{z}$. 事实上，对任意的 $\boldsymbol{u} \in K$，有

$$\langle \boldsymbol{w}, \boldsymbol{u} \rangle = \langle \boldsymbol{w}, \boldsymbol{u} - \boldsymbol{y} \rangle = \langle \boldsymbol{x} - \boldsymbol{y}, \boldsymbol{u} - \boldsymbol{y} \rangle \leqslant 0.$$

所以 $\boldsymbol{w} \in K^\perp$. 进一步，对任意的 $\boldsymbol{v} \in K^\perp$，有

$$\langle \boldsymbol{x} - \boldsymbol{w}, \boldsymbol{v} - \boldsymbol{w} \rangle = \langle \boldsymbol{y}, \boldsymbol{v} - \boldsymbol{w} \rangle = \langle \boldsymbol{y}, \boldsymbol{v} \rangle \leqslant 0.$$

由命题 4.3.1，知 $\boldsymbol{w} = P_{K^\perp}(\boldsymbol{x}) = \boldsymbol{z}$. 第一个结论得证.

设 $\boldsymbol{x} \in \mathbb{R}^n$ 有满足题设条件的分解. 则对任意的 $\boldsymbol{u} \in K$，有

$$\langle \boldsymbol{x} - \boldsymbol{y}, \boldsymbol{u} - \boldsymbol{y} \rangle = \langle \boldsymbol{z}, \boldsymbol{u} - \boldsymbol{y} \rangle = \langle \boldsymbol{z}, \boldsymbol{u} \rangle \leqslant 0.$$

所以 $\boldsymbol{y} = P_K(\boldsymbol{x})$. 同理，对任意的 $\boldsymbol{v} \in K^\perp$，有

$$\langle \boldsymbol{x} - \boldsymbol{z}, \boldsymbol{v} - \boldsymbol{z} \rangle = \langle \boldsymbol{y}, \boldsymbol{v} - \boldsymbol{z} \rangle = \langle \boldsymbol{y}, \boldsymbol{v} \rangle \leqslant 0.$$

故 $\boldsymbol{z} = P_{K^\perp}(\boldsymbol{x})$. 第二个结论得证. □

根据上述结论，有

$$P_{K^\perp}(\boldsymbol{x}) = (\boldsymbol{I} - P_K)\boldsymbol{x}, \quad \forall\, \boldsymbol{x} \in \mathbb{R}^n.$$

由此得到从$\mathbb{R}^n$到子空间上投影的判定定理.

定理 4.3.2　设 K 为$\mathbb{R}^n$的子空间,$\boldsymbol{x}\in\mathbb{R}^n$,$\boldsymbol{y}\in K$.则 $\boldsymbol{y}=P_K(\boldsymbol{x})$的充分必要条件是

$$\langle \boldsymbol{x},\boldsymbol{z}\rangle=\langle \boldsymbol{y},\boldsymbol{z}\rangle,\quad \forall\, \boldsymbol{z}\in K.$$

证明　由定理 4.3.1,$\boldsymbol{x}$ 可分解成$\boldsymbol{x}=\boldsymbol{x}_1+\boldsymbol{x}_2$,其中

$$\boldsymbol{x}_1=P_K(\boldsymbol{x}),\quad \boldsymbol{x}_2=P_{K^\perp}(\boldsymbol{x}).$$

必要性.若 $\boldsymbol{y}=P_K(\boldsymbol{x})$,即 $\boldsymbol{y}=\boldsymbol{x}_1$,则对任意的 $\boldsymbol{z}\in K$,有

$$\langle \boldsymbol{x},\boldsymbol{z}\rangle=\langle \boldsymbol{x}_1+\boldsymbol{x}_2,\boldsymbol{z}\rangle=\langle \boldsymbol{x}_1,\boldsymbol{z}\rangle=\langle \boldsymbol{y},\boldsymbol{z}\rangle.$$

充分性.记 $\boldsymbol{w}=\boldsymbol{x}-\boldsymbol{y}$.由题设,对任意的 $\boldsymbol{z}\in K$,有

$$\langle \boldsymbol{w},\boldsymbol{z}\rangle=\langle \boldsymbol{x}-\boldsymbol{y},\boldsymbol{z}\rangle=0.$$

这说明 $\boldsymbol{w}\in K^\perp$.由定理 4.3.1 的后一个结论得定理的结论.　□

投影算子和两个元素的极小算子有如下关系:

$$\min\{a,b\}=a-P_{\mathbb{R}_+}(a-b),\quad \forall\, a,b\in\mathbb{R}.$$

4.4　正交投影算子的计算

首先讨论从$\mathbb{R}^n$到矩阵$\boldsymbol{A}\in\mathbb{R}^{m\times n}$的核空间和值空间上的投影.

根据线性代数的知识,有

$$\mathbb{R}^n=N(\boldsymbol{A})\oplus R(\boldsymbol{A}^{\mathrm{T}}).$$

显然,上述和为直交的.因为对任意的 $\boldsymbol{x}\in\mathbb{R}^n$,存在 $\boldsymbol{y}\in N(\boldsymbol{A})$和 $\boldsymbol{z}\in\mathbb{R}^m$,使

$$\boldsymbol{x}=\boldsymbol{y}+\boldsymbol{A}^{\mathrm{T}}\boldsymbol{z},$$

故容易验证 $\boldsymbol{y}^{\mathrm{T}}\boldsymbol{A}^{\mathrm{T}}\boldsymbol{z}=0$.从而由 Moreau 分解定理,$\boldsymbol{y}$ 为$\boldsymbol{x}$ 到$N(\boldsymbol{A})$上的投影.

另一方面,若取 $\boldsymbol{P}=\boldsymbol{I}-\boldsymbol{A}^+\boldsymbol{A}$,则

$$\boldsymbol{P}\boldsymbol{x}=(\boldsymbol{I}-\boldsymbol{A}^+\boldsymbol{A})(\boldsymbol{y}+\boldsymbol{A}^{\mathrm{T}}\boldsymbol{z})=(\boldsymbol{I}-\boldsymbol{A}^+\boldsymbol{A})\boldsymbol{y}=\boldsymbol{y}.$$

这说明,$\boldsymbol{P}=\boldsymbol{I}-\boldsymbol{A}^+\boldsymbol{A}$ 为从$\mathbb{R}^n$到$N(\boldsymbol{A})$上的投影算子,而 $\boldsymbol{P}=\boldsymbol{A}^+\boldsymbol{A}$ 为从$\mathbb{R}^n$到$R(\boldsymbol{A}^{\mathrm{T}})$上的投影算子(图 4.4.1).根据该结论,可得到

$$\mathbb{R}^n=N(\boldsymbol{A})\oplus R(\boldsymbol{A}^{\mathrm{T}})$$

的正交分解式:

$$\boldsymbol{x}=\boldsymbol{A}^+\boldsymbol{A}\boldsymbol{x}+(\boldsymbol{I}-\boldsymbol{A}^+\boldsymbol{A})\boldsymbol{x},\quad \forall\, \boldsymbol{x}\in\mathbb{R}^n.$$

特别地,若 $\boldsymbol{A}\in\mathbb{R}^{n\times p}$为列单位正交阵,则 $\boldsymbol{A}^+=\boldsymbol{A}^{\mathrm{T}}$,从而有

$$P_{R(\boldsymbol{A}^{\mathrm{T}})}=\boldsymbol{A}^{\mathrm{T}}\boldsymbol{A},\quad P_{N(\boldsymbol{A})}=\boldsymbol{I}-\boldsymbol{A}^{\mathrm{T}}\boldsymbol{A}.$$

利用 $\boldsymbol{A}^+\boldsymbol{b}$ 为相容线性方程组$\boldsymbol{A}\boldsymbol{x}=\boldsymbol{b}$ 的最小 2 范数解知,将子空间 $N(\boldsymbol{A})$沿$\boldsymbol{A}^+\boldsymbol{b}$ 方向平移$\|\boldsymbol{A}^+\boldsymbol{b}\|$便得到线性方程组 $\boldsymbol{A}\boldsymbol{x}=\boldsymbol{b}$ 的解空间(图 4.4.1).这样,从$\mathbb{R}^n$到仿射空间$\Omega=\{\boldsymbol{x}\in\mathbb{R}^n\mid\boldsymbol{A}\boldsymbol{x}=\boldsymbol{b}\}$上的投影算子为

$$P_{\Omega}(\boldsymbol{u}) = (\boldsymbol{I} - \boldsymbol{A}^{+}\boldsymbol{A})\boldsymbol{u} + \boldsymbol{A}^{+}\boldsymbol{b}, \quad \forall \boldsymbol{u} \in \mathbb{R}^{n}.$$

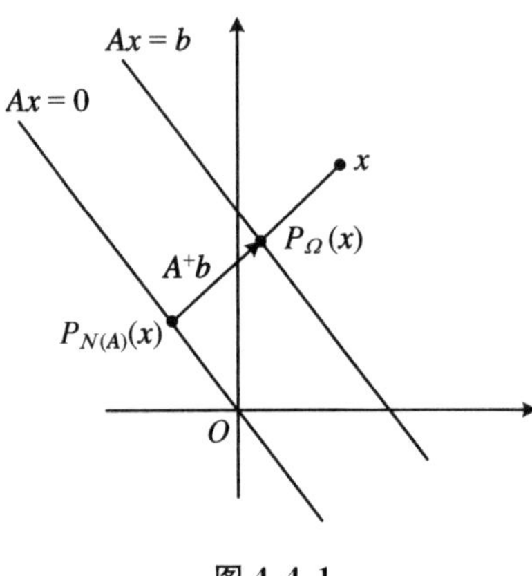

图 4.4.1

GLP 投影是从距离最短的角度建立的. 如果从向量分解的角度建立,则有如下投影的定义:具体地,设 L 为 $\mathbb{R}^n$ 的一子空间,而 M 是其补空间,也就是

$$\mathbb{R}^n = L \oplus M.$$

则对任意的 $\boldsymbol{x} \in \mathbb{R}^n$,存在唯一的 $\boldsymbol{y} \in L$, $z \in M$,使得

$$\boldsymbol{x} = \boldsymbol{y} + z.$$

则 $\boldsymbol{y}$ 称为从 $\boldsymbol{x}$ 到 L 上的投影,并记为 $P_L(\boldsymbol{x}) = \boldsymbol{y}$,而 z 称为从 $\boldsymbol{x}$ 到 M 上的投影,记为 $P_M(\boldsymbol{x}) = z$(图 4.4.2).

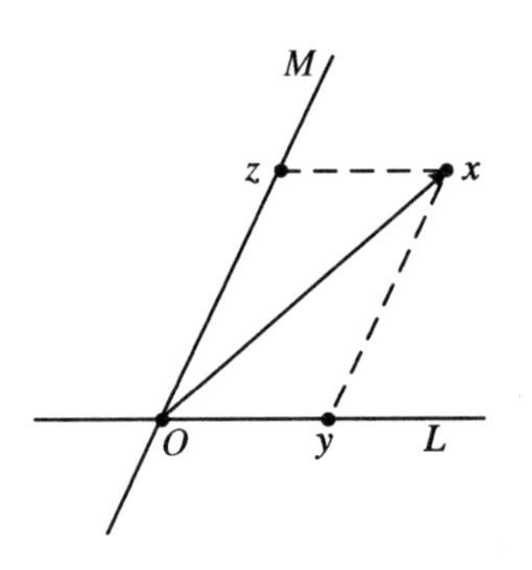

图 4.4.2

由于从 $\boldsymbol{x}$ 到 L 上的投影 $\boldsymbol{y}$ 与 $\boldsymbol{x} - \boldsymbol{y}$ 不正交,故该投影称为从 $\mathbb{R}^n$ 到 L 上的斜投影. 该投影的一个基本性质是

$$\boldsymbol{P}\boldsymbol{x} = \boldsymbol{x} \quad (\forall \boldsymbol{y} \in L), \quad \boldsymbol{P}\boldsymbol{y} = \boldsymbol{0} \quad (\forall \boldsymbol{y} \in M).$$

因此,斜投影算子是幂等的. 也就是说,斜投影在 $\mathbb{R}^n$ 的任意一组基下的矩阵为幂等阵. 该条件也是充分的.

另外,由于任意的 $\boldsymbol{x} \in \mathbb{R}^n$ 都有分解

$$\boldsymbol{x} = P(\boldsymbol{x}) + (\boldsymbol{x} - P(\boldsymbol{x})),$$

而 $P(\boldsymbol{x})\in R(P)$，$\boldsymbol{x}P(\boldsymbol{x})\in N(P)$，所以投影算子 P 的投影区域 L 为 P 的值空间，子空间 M 为 P 的零空间. 只是 $R(P)$ 与 $N(P)$ 可能不正交. 对于给定的子空间 $L\subset\mathbb{R}^n$，其补空间 M 有多个. 因此，对于给定的子空间 L，从 $\mathbb{R}^n$ 到 L 的斜投影算子不是唯一的. 最简单的例子是空中飞翔的小鸟在地面上的投影随太阳位置的改变而改变.

斜投影算子将 n 维欧氏空间分解成其值域 L 和零空间 M. 反过来，对于给定的值域 L 和零空间 M，相应的投影矩阵可通过这两个子空间的基找到. 设 $\boldsymbol{u}_1,\boldsymbol{u}_2,\cdots,\boldsymbol{u}_r$ 为值空间 L 的基，它们形成 $n\times r$ 矩阵 $\boldsymbol{A}$. 显然，相应零空间的维数为 $n-r$，该零空间的正交补空间的维数为 r. 设 $\boldsymbol{v}_1,\boldsymbol{v}_2,\cdots,\boldsymbol{v}_r$ 为后者的基，并设这些向量组合成矩阵 $\boldsymbol{B}$. 则对应的投影算子为

$$P=\boldsymbol{A}(\boldsymbol{B}^{\mathrm{T}}\boldsymbol{A})^{-1}\boldsymbol{B}^{-1}.$$

如果 M 与 L 正交，也就是 $M=L^{\perp}$，则该投影归结为前面的 GLP 投影.

事实上，设 $P_L(\boldsymbol{x})=\boldsymbol{y}$，则对任意的 $\boldsymbol{y}'\in L$，由于 $\boldsymbol{x}-\boldsymbol{y}\in L^{\perp}$，$\boldsymbol{y}-\boldsymbol{y}'\in L$，所以

$$\begin{aligned}\|\boldsymbol{x}-\boldsymbol{y}'\|^2&=\|\boldsymbol{x}-\boldsymbol{y}+\boldsymbol{y}-\boldsymbol{y}'\|^2\\&=\|\boldsymbol{x}-\boldsymbol{y}\|^2+\|\boldsymbol{y}-\boldsymbol{y}'\|^2\\&\geqslant\|\boldsymbol{x}-\boldsymbol{y}\|^2.\end{aligned}$$

所以正交投影与前面介绍的 GLP 投影是一致的.

为与斜投影区分，通常称 $M=L^{\perp}$ 情形下的投影 P_L 为从 $\mathbb{R}^n$ 到 L 上的正交投影.

定理 4.4.1　正交投影算子 P 在 $\mathbb{R}^n$ 的任意一组基下的矩阵为对称幂等阵，该条件也是充分的.

证明　设正交投影算子 P 在 $\mathbb{R}^n$ 的一组基下的矩阵为 $\boldsymbol{A}$. 则对任意的 $\boldsymbol{x}\in\mathbb{R}^n$，有

$$P\boldsymbol{x}=\boldsymbol{A}\boldsymbol{x}.$$

根据投影算子的定义知投影算子 P 是幂等的，故 $\boldsymbol{A}^2=\boldsymbol{A}$.

其次，根据正交投影的定义，子空间 $N(\boldsymbol{A}^{\mathrm{T}})$ 和 $R(\boldsymbol{A})$ 正交. 故对于任意的 $\boldsymbol{x},\boldsymbol{y}\in\mathbb{R}^n$，有

$$(\boldsymbol{A}\boldsymbol{y})^{\mathrm{T}}(\boldsymbol{x}-\boldsymbol{A}\boldsymbol{x})=\boldsymbol{y}^{\mathrm{T}}\boldsymbol{A}^{\mathrm{T}}\boldsymbol{x}-\boldsymbol{y}^{\mathrm{T}}\boldsymbol{A}^{\mathrm{T}}\boldsymbol{A}\boldsymbol{x}=0.$$

由 $\boldsymbol{x},\boldsymbol{y}$ 的任意性，知 $\boldsymbol{A}^{\mathrm{T}}=\boldsymbol{A}^{\mathrm{T}}\boldsymbol{A}$. 进而，$\boldsymbol{A}=\boldsymbol{A}^{\mathrm{T}}=\boldsymbol{A}^2$.

反过来，若矩阵 $\boldsymbol{A}$ 满足 $\boldsymbol{A}=\boldsymbol{A}^{\mathrm{T}}=\boldsymbol{A}^2$，容易验证它对应的投影为正交投影. □

最后一个问题：给定一个子空间，从 $\mathbb{R}^n$ 到该子空间上的正交投影算子是什么？事实上，设 $\boldsymbol{v}_1,\boldsymbol{v}_2,\cdots,\boldsymbol{v}_r$ 是子空间 H 的一组标准正交基，则对任意的 $\boldsymbol{x}\in\mathbb{R}^n$，由 Gram-Schmidt 正交化过程，知

$$\boldsymbol{y}=\langle\boldsymbol{x},\boldsymbol{v}_1\rangle\boldsymbol{v}_1+\langle\boldsymbol{x},\boldsymbol{v}_2\rangle\boldsymbol{v}_2+\cdots+\langle\boldsymbol{x},\boldsymbol{v}_r\rangle\boldsymbol{v}_r\in H$$

且

$$\boldsymbol{x}-\boldsymbol{y}\in H^{\perp}.$$

由正交分解的定义，知 $\boldsymbol{y}=\boldsymbol{P}_H(\boldsymbol{x})$. 而 $\boldsymbol{y}$ 可写成

$$\boldsymbol{y}=(\boldsymbol{v}_1\boldsymbol{v}_1^{\mathrm{T}}+\boldsymbol{v}_2\boldsymbol{v}_2^{\mathrm{T}}+\cdots+\boldsymbol{v}_r\boldsymbol{v}_r^{\mathrm{T}})\boldsymbol{x}.$$

所以 $\boldsymbol{P}=\sum_{i=1}^{s}\boldsymbol{v}_i\boldsymbol{v}_i^{\mathrm{T}}$ 为从 $\mathbb{R}^n$ 到 H 上的正交投影算子. 反过来，这说明线性无关向量组 $\{\boldsymbol{u}_1,\boldsymbol{u}_2,\cdots,\boldsymbol{u}_n\}$ 的 Gram-Schmidt 正交化过程

$$\boldsymbol{q}_1=\frac{1}{\|\boldsymbol{u}_1\|}\boldsymbol{u}_1,$$

$$\boldsymbol{q}_j=\boldsymbol{u}_j-\sum_{i=1}^{j-1}\langle\boldsymbol{u}_j,\boldsymbol{q}_i\rangle\boldsymbol{q}_i,\quad \boldsymbol{q}_j=\frac{1}{\|\boldsymbol{q}_j\|},\quad j=2,3,\cdots,n,$$

实质上就是计算向量在各正交方向上正交投影的过程.

另一方面，对任意单位向量 $\boldsymbol{v}$，将其视为矩阵 $\boldsymbol{A}$，则 $\boldsymbol{A}^{+}=\boldsymbol{v}^{\mathrm{T}}$. 根据第一个问题的讨论，$\boldsymbol{P}=\boldsymbol{v}\boldsymbol{v}^{\mathrm{T}}$ 为从 $\mathbb{R}^n$ 到向量 $\boldsymbol{v}$ 方向上的正交投影算子. 基于此，同样得到从 $\mathbb{R}^n$ 到 H 上的正交投影算子

$$\boldsymbol{P}=\sum_{i=1}^{s}\boldsymbol{v}_i\boldsymbol{v}_i^{\mathrm{T}}.$$

4.5 线性最小二乘问题

考虑线性最小二乘问题

$$\min_{\boldsymbol{x}\in\mathbb{R}^n}\frac{1}{2}\|\boldsymbol{b}-\boldsymbol{A}\boldsymbol{x}\|^2,\tag{4.5.1}$$

其中 $\boldsymbol{A}\in\mathbb{R}^{m\times n}$，$\boldsymbol{b}\in\mathbb{R}^m$，$m\gg n$.

定理 4.5.1 对任意的 $\boldsymbol{A}\in\mathbb{R}^{m\times n}$ 和 $\boldsymbol{b}\in\mathbb{R}^m$，线性最小二乘问题(4.5.1)存在全局最优解，而它有唯一最优解的充分必要条件是 $\boldsymbol{A}$ 列满秩.

证明 容易验证，线性最小二乘问题(4.5.1)的目标函数是关于 $\boldsymbol{x}$ 的二次凸函数. 从而任意满足

$$\boldsymbol{A}^{\mathrm{T}}\boldsymbol{A}\boldsymbol{x}=\boldsymbol{A}^{\mathrm{T}}\boldsymbol{b}\tag{4.5.2}$$

的 $\boldsymbol{x}$ 均为问题(4.5.1)的最优解. 而由

$$\boldsymbol{A}^{\mathrm{T}}\boldsymbol{b}\in R(\boldsymbol{A}^{\mathrm{T}})=R(\boldsymbol{A}^{\mathrm{T}}\boldsymbol{A}),$$

知满足问题(4.5.2)的 $\boldsymbol{x}$ 存在，从而问题(4.5.1)有最优解.

若矩阵 $\boldsymbol{A}$ 列满秩，则 $\boldsymbol{A}^{\mathrm{T}}\boldsymbol{A}$ 非奇异，问题(4.5.1)有解，从而有唯一解. 显然，逆命题也是成立的. □

根据上述结论，要求解线性最小二乘问题(4.5.1)，只需求解线性方程组(4.5.2)就可以了. 为此，先对矩阵 $\boldsymbol{A}^{\mathrm{T}}\boldsymbol{A}$ 做 QR 分解，即 $\boldsymbol{A}^{\mathrm{T}}\boldsymbol{A}=\boldsymbol{Q}\boldsymbol{R}$，然后解上三角方程

$$Rx = Q^{\mathrm{T}}A^{\mathrm{T}}b,$$

即得线性最小二乘解.

若矩阵 A 非列满秩,则线性方程组(4.5.2)有无穷多个解.利用定理 4.2.4 得线性最小二乘问题的最小 2 范数解为 $x = A^{+}b$.这说明,无论 A 是行满秩还是列满秩,线性方程组 $Ax = b$ 和矛盾方程组 $Ax = b$ 的最小 2 范数解均为 $A^{+}b$.

定理 4.5.2　设 $A \in \mathbb{R}^{m\times n}$, $B \in \mathbb{R}^{m\times r}$.则对线性最小二乘问题

$$\min_{X\in \mathbb{R}^{n\times r}} \| AX - B \|,$$

所有满足

$$A^{\mathrm{T}}Ax = A^{\mathrm{T}}B$$

的 X 为其最优解,而其最小 F 范数解为 $X = A^{+}B$.

定理 4.5.3　对非零矩阵 $A \in \mathbb{R}^{m\times n}$ 和列正交阵 $U \in \mathbb{R}^{m\times p}$, $V \in \mathbb{R}^{n\times q}$,最小二乘问题

$$\min_{X\in \mathbb{R}^{p\times q}} \| A - UXV^{\mathrm{T}} \|_{\mathrm{F}}$$

的最优解为 $X^{*} = U^{\mathrm{T}}AV$ 且

$$\| A - UX^{*}V^{\mathrm{T}} \|_{\mathrm{F}}^{2} = \| A \|_{\mathrm{F}}^{2} - \| X^{*} \|_{\mathrm{F}}^{2}.$$

证明　由于

$$\begin{aligned}\| A - UXV^{\mathrm{T}} \|_{\mathrm{F}}^{2} &= \| A \|_{\mathrm{F}}^{2} - 2\langle A, UXV^{\mathrm{T}}\rangle + \| UXV^{\mathrm{T}} \|_{\mathrm{F}}^{2} \\ &= \| A \|_{\mathrm{F}}^{2} - 2\mathrm{tr}(A^{\mathrm{T}}UXV^{\mathrm{T}}) + \| X \|_{\mathrm{F}}^{2} \\ &= \| A \|_{\mathrm{F}}^{2} - 2\mathrm{tr}(V^{\mathrm{T}}A^{\mathrm{T}}UX) + \| X \|_{\mathrm{F}}^{2} \\ &= \| A \|_{\mathrm{F}}^{2} - 2\langle U^{\mathrm{T}}AV, X\rangle + \langle X, X\rangle,\end{aligned}$$

将上式关于矩阵 X 微分,并令之为零,得 $X^{*} = U^{\mathrm{T}}AV$.从而

$$\begin{aligned}\| A - UX^{*}V^{\mathrm{T}} \|_{\mathrm{F}}^{2} &= \| A \|_{\mathrm{F}}^{2} - 2\langle U^{\mathrm{T}}AV, X^{*}\rangle + \| X^{*} \|_{\mathrm{F}}^{2} \\ &= \| A \|_{\mathrm{F}}^{2} - 2\langle X^{*}, X^{*}\rangle + \| X^{*} \|_{\mathrm{F}}^{2} \\ &= \| A \|_{\mathrm{F}}^{2} - \| X^{*} \|_{\mathrm{F}}^{2}.\end{aligned}$$

□

第5章 矩阵的梯度与微分

在矩阵优化中,常需要计算矩阵函数的梯度.对于常见的矩阵函数,如迹、行列式等,本章给出其导数的计算公式.

5.1 矩阵的梯度

如同向量函数的梯度,矩阵函数的梯度也是求该函数对各个分量的梯度得到的.如对 $\boldsymbol{a}\in\mathbb{R}^m$, $\boldsymbol{b}\in\mathbb{R}^n$, $\boldsymbol{X}=(x_{ij})\in\mathbb{R}^{m\times n}$,由于

$$\boldsymbol{a}^{\mathrm{T}}\boldsymbol{X}\boldsymbol{b}=\sum_{i=1}^{m}\sum_{j=1}^{n}x_{ij}a_ib_j,$$

所以

$$\frac{\partial(\boldsymbol{a}^{\mathrm{T}}\boldsymbol{X}\boldsymbol{b})}{\partial x_{ij}}=a_ib_j.$$

从而有

$$\frac{\partial(\boldsymbol{a}^{\mathrm{T}}\boldsymbol{X}\boldsymbol{b})}{\partial \boldsymbol{X}}=\boldsymbol{a}\boldsymbol{b}^{\mathrm{T}}.$$

类似地,设 $\boldsymbol{A}=(a_{ij})\in\mathbb{R}^{m\times n}$, $\boldsymbol{X}=(x_{ij})\in\mathbb{R}^{n\times m}$.由

$$\frac{\partial\operatorname{tr}(\boldsymbol{A}\boldsymbol{X})}{\partial x_{ij}}=\frac{\partial\sum\limits_{s,t=1}^{n,m}a_{ts}x_{st}}{\partial x_{ij}}=a_{ji},$$

得

$$\frac{\partial\operatorname{tr}(\boldsymbol{A}\boldsymbol{X})}{\partial \boldsymbol{X}}=\boldsymbol{A}^{\mathrm{T}}.$$

该结论可推广成如下形式:设 $\boldsymbol{A}\in\mathbb{R}^{m\times n}$, $\boldsymbol{X}\in\mathbb{R}^{n\times k}$, $\boldsymbol{B}\in\mathbb{R}^{k\times m}$,由 $\operatorname{tr}(\boldsymbol{A}\boldsymbol{X}\boldsymbol{B})=\operatorname{tr}(\boldsymbol{B}\boldsymbol{A}\boldsymbol{X})$及前一结论,得

$$\frac{\partial \mathrm{tr}(\boldsymbol{AXB})}{\partial \boldsymbol{X}} = \boldsymbol{A}^{\mathrm{T}}\boldsymbol{B}^{\mathrm{T}}.$$

从上述结论可以看出,矩阵函数的微分与多元函数的微分在形式上有相似之处.实际上,根据下面的矩阵内积的表示,这是很自然的:

$$\boldsymbol{a}^{\mathrm{T}}\boldsymbol{x} = \langle \boldsymbol{a}, \boldsymbol{x} \rangle, \quad \mathrm{tr}(\boldsymbol{AX}) = \langle \boldsymbol{A}, \boldsymbol{X} \rangle = \langle \mathrm{vec}(\boldsymbol{A}), \mathrm{vec}(\boldsymbol{X}) \rangle.$$

设 $\boldsymbol{X} \in \mathbb{R}^{m\times n}$,$f(\boldsymbol{X})$是 $\boldsymbol{X}$ 的实值标量函数,$f(\boldsymbol{X})$关于矩阵变元 $\boldsymbol{X}$ 的梯度矩阵为

$$\nabla_{\boldsymbol{X}} f(\boldsymbol{X}) = \begin{pmatrix} \dfrac{\partial f(\boldsymbol{X})}{\partial x_{11}} & \cdots & \dfrac{\partial f(\boldsymbol{X})}{\partial x_{1n}} \\ \vdots & & \vdots \\ \dfrac{\partial f(\boldsymbol{X})}{\partial x_{m1}} & \cdots & \dfrac{\partial f(\boldsymbol{X})}{\partial x_{mn}} \end{pmatrix} = \frac{\partial f(\boldsymbol{X})}{\partial \boldsymbol{X}}.$$

$f(\boldsymbol{X})$关于矩阵变元 $\boldsymbol{X}$ 的梯度向量为

$$\nabla_{\mathrm{vec}(\boldsymbol{X})} f(\boldsymbol{X}) = \frac{\partial f(\boldsymbol{X})}{\partial \mathrm{vec}(\boldsymbol{X})} = \left(\frac{\partial f(\boldsymbol{X})}{\partial x_{11}}, \cdots, \frac{\partial f(\boldsymbol{X})}{\partial x_{m1}}, \cdots, \frac{\partial f(\boldsymbol{X})}{\partial x_{1n}}, \cdots, \frac{\partial f(\boldsymbol{X})}{\partial x_{mn}}\right).$$

容易验证

$$\nabla_{\mathrm{vec}(\boldsymbol{X})} f(\boldsymbol{X}) = \mathrm{vec}(\nabla_{\boldsymbol{X}} f(\boldsymbol{X})).$$

所以梯度向量$\nabla_{\mathrm{vec}(\boldsymbol{X})} f(\boldsymbol{X})$是梯度矩阵$\nabla_{\boldsymbol{X}} f(\boldsymbol{X})$的列向量化.同时,$f(\boldsymbol{X})$关于矩阵变元 $\boldsymbol{X}$ 的 Jacobi 矩阵定义为

$$\begin{pmatrix} \dfrac{\partial f(\boldsymbol{X})}{\partial x_{11}} & \cdots & \dfrac{\partial f(\boldsymbol{X})}{\partial x_{m1}} \\ \vdots & & \vdots \\ \dfrac{\partial f(\boldsymbol{X})}{\partial x_{1n}} & \cdots & \dfrac{\partial f(\boldsymbol{X})}{\partial x_{mn}} \end{pmatrix}.$$

所以 $f(\boldsymbol{X})$的梯度矩阵$\nabla_{\mathrm{vec}(\boldsymbol{X})} f(\boldsymbol{X})$等于 Jacobi 矩阵 $D_X^{\mathrm{T}} f(\boldsymbol{X})$:

$$\nabla_{\mathrm{vec}(\boldsymbol{X})} f(\boldsymbol{X}) = D_X^{\mathrm{T}} f(\boldsymbol{X}).$$

虽然我们可以计算标量矩阵函数的 Jacobi 矩阵或者梯度矩阵,但是这种计算仅限于比较简单的函数.对于更复杂的情况,就需要下面的转换定理.

定理 5.1.1　设 $\boldsymbol{X} = (x_{ij})_{m\times n}$,$\boldsymbol{Y} = (y_{ij})_{p\times q}$,且 $\boldsymbol{A} \in \mathbb{R}^{p\times m}$,$\boldsymbol{B} \in \mathbb{R}^{n\times q}$,$\boldsymbol{C} \in \mathbb{R}^{p\times n}$,$\boldsymbol{D} \in \mathbb{R}^{m\times q}$分别为矩阵 $\boldsymbol{X}$ 的矩阵函数.则如下两条等价:

(1) $\dfrac{\partial \boldsymbol{Y}}{\partial x_{ij}} = \boldsymbol{AE}_{ij}\boldsymbol{B} + \boldsymbol{CE}_{ij}^{\mathrm{T}}\boldsymbol{D}$ $(i = 1,2,\cdots,m; j = 1,2,\cdots,n)$;

(2) $\dfrac{\partial y_{ij}}{\partial \boldsymbol{X}} = \boldsymbol{A}^{\mathrm{T}}\boldsymbol{E}_{ij}\boldsymbol{B}^{\mathrm{T}} + \boldsymbol{DE}_{ij}^{\mathrm{T}}\boldsymbol{C}$ $(i = 1,2,\cdots,p; j = 1,2,\cdots,q)$.

证明　利用 $\boldsymbol{E}_{ij(p\times q)} = \boldsymbol{e}_i\boldsymbol{e}_j^{\mathrm{T}}$,得

$$\begin{aligned} \boldsymbol{e}_k^{\mathrm{T}}(\boldsymbol{AE}_{ij}\boldsymbol{B} + \boldsymbol{CE}_{ij}^{\mathrm{T}}\boldsymbol{D})\boldsymbol{e}_l &= \boldsymbol{e}_k^{\mathrm{T}}\boldsymbol{A}\boldsymbol{e}_i\boldsymbol{e}_j^{\mathrm{T}}\boldsymbol{B}\boldsymbol{e}_l + \boldsymbol{e}_k^{\mathrm{T}}\boldsymbol{C}\boldsymbol{e}_j\boldsymbol{e}_i^{\mathrm{T}}\boldsymbol{D}\boldsymbol{e}_l \\ &= \boldsymbol{e}_i^{\mathrm{T}}\boldsymbol{A}^{\mathrm{T}}\boldsymbol{e}_k\boldsymbol{e}_l^{\mathrm{T}}\boldsymbol{B}^{\mathrm{T}}\boldsymbol{e}_j + \boldsymbol{e}_i^{\mathrm{T}}\boldsymbol{D}\boldsymbol{e}_l\boldsymbol{e}_k^{\mathrm{T}}\boldsymbol{C}\boldsymbol{e}_j \\ &= \boldsymbol{e}_i^{\mathrm{T}}(\boldsymbol{A}^{\mathrm{T}}\boldsymbol{e}_k\boldsymbol{e}_l^{\mathrm{T}}\boldsymbol{B}^{\mathrm{T}} + \boldsymbol{D}\boldsymbol{e}_l\boldsymbol{e}_k^{\mathrm{T}}\boldsymbol{C})\boldsymbol{e}_j \\ &= \boldsymbol{e}_i^{\mathrm{T}}(\boldsymbol{A}^{\mathrm{T}}\boldsymbol{E}_{kl}\boldsymbol{B}^{\mathrm{T}} + \boldsymbol{DE}_{lk}\boldsymbol{C})\boldsymbol{e}_j. \end{aligned}$$

若(1)成立,则

$$\left(\frac{\partial \boldsymbol{Y}}{\partial x_{ij}}\right)_{kl} = \boldsymbol{e}_k^{\mathrm{T}}(\boldsymbol{A}\boldsymbol{E}_{ij(m\times n)}\boldsymbol{B} + \boldsymbol{C}\boldsymbol{E}_{ij(m\times n)}^{\mathrm{T}}\boldsymbol{D})\boldsymbol{e}_l = \boldsymbol{e}_i^{\mathrm{T}}(\boldsymbol{A}^{\mathrm{T}}E_{kl}^{\mathrm{T}}\boldsymbol{B}^{\mathrm{T}} + \boldsymbol{D}\boldsymbol{E}_{lk}\boldsymbol{C})\boldsymbol{e}_j.$$

同时,有

$$\left(\frac{\partial \boldsymbol{Y}}{\partial x_{ij}}\right)_{kl} = \frac{\partial y_{kl}}{\partial x_{ij}} = \left(\frac{\partial y_{kl}}{\partial \boldsymbol{X}}\right)_{ij}.$$

所以

$$\left(\frac{\partial y_{kl}}{\partial \boldsymbol{X}}\right)_{ij} = \boldsymbol{e}_i^{\mathrm{T}}(\boldsymbol{A}^{\mathrm{T}}\boldsymbol{E}_{kl}^{\mathrm{T}}\boldsymbol{B}^{\mathrm{T}} + \boldsymbol{D}\boldsymbol{E}_{lk}\boldsymbol{C})\boldsymbol{e}_j,$$

即

$$\frac{\partial y_{kl}}{\partial \boldsymbol{X}} = \boldsymbol{A}^{\mathrm{T}}\boldsymbol{E}_{kl}\boldsymbol{B}^{\mathrm{T}} + \boldsymbol{D}\boldsymbol{E}_{kl}^{\mathrm{T}}\boldsymbol{C}.$$

证得(2). □

上述转换定理的主要作用在于将矩阵单个变量元素的梯度转化成单个元素关于整个矩阵变量的梯度.借助该结论,可计算一些矩阵函数的梯度.

例 5.1.1 对 $\boldsymbol{A}\in\mathbb{R}^{n\times n},\boldsymbol{X}\in\mathbb{R}^{n\times n}$,有

$$\frac{\partial \operatorname{tr}(\boldsymbol{X}^{\mathrm{T}}\boldsymbol{A}\boldsymbol{X})}{\partial \boldsymbol{X}} = (\boldsymbol{A}^{\mathrm{T}} + \boldsymbol{A})\boldsymbol{X},\quad \frac{\partial \operatorname{tr}(\boldsymbol{X}\boldsymbol{A}\boldsymbol{X}^{\mathrm{T}})}{\partial \boldsymbol{X}} = \boldsymbol{X}(\boldsymbol{A}^{\mathrm{T}} + \boldsymbol{A}).$$

证明 只证第一个结论.首先,有

$$\frac{\partial \operatorname{tr}(\boldsymbol{X}^{\mathrm{T}}\boldsymbol{A}\boldsymbol{X})}{\partial \boldsymbol{X}} = \sum_{i=1}^{n}\frac{\partial (\boldsymbol{X}^{\mathrm{T}}\boldsymbol{A}\boldsymbol{X})_{ii}}{\partial \boldsymbol{X}}.$$

由于

$$\frac{\partial \boldsymbol{X}^{\mathrm{T}}\boldsymbol{A}\boldsymbol{X}}{\partial x_{ij}} = \boldsymbol{E}_{ij}^{\mathrm{T}}\boldsymbol{A}\boldsymbol{X} + \boldsymbol{X}^{\mathrm{T}}\boldsymbol{A}\boldsymbol{E}_{ij},$$

利用转换定理,得

$$\frac{\partial (\boldsymbol{X}^{\mathrm{T}}\boldsymbol{A}\boldsymbol{X})_{ii}}{\partial \boldsymbol{X}} = \boldsymbol{A}^{\mathrm{T}}\boldsymbol{X}\boldsymbol{E}_{ii} + \boldsymbol{A}\boldsymbol{X}\boldsymbol{E}_{ii}^{\mathrm{T}},$$

所以

$$\frac{\partial \operatorname{tr}(\boldsymbol{X}^{\mathrm{T}}\boldsymbol{A}\boldsymbol{X})}{\partial \boldsymbol{X}} = \sum_{i=1}^{n}(\boldsymbol{A}^{\mathrm{T}}\boldsymbol{X}\boldsymbol{E}_{ii} + \boldsymbol{A}\boldsymbol{X}\boldsymbol{E}_{ii}^{\mathrm{T}}) = (\boldsymbol{A}^{\mathrm{T}} + \boldsymbol{A})\boldsymbol{X}.$$ □

下面讨论矩阵映射的梯度.

引理 5.1.1 对关于 $x\in\mathbb{R}$ 的矩阵 $\boldsymbol{A}(x)$,设其关于 x 非奇异.则

$$\frac{\partial \boldsymbol{A}^{-1}(x)}{\partial x} = -\boldsymbol{A}^{-1}(x)\frac{\partial \boldsymbol{A}(x)}{\partial x}\boldsymbol{A}^{-1}(x).$$

证明 利用 $\boldsymbol{A}^{-1}(x)\boldsymbol{A}(x)=\boldsymbol{I}$,得

$$\frac{\partial \boldsymbol{A}^{-1}(x)}{\partial x}\boldsymbol{A}(x) + \boldsymbol{A}^{-1}(x)\frac{\partial \boldsymbol{A}(x)}{\partial x} = \boldsymbol{0}.$$

整理即得结论. □

利用上述结论，对于从 $\boldsymbol{X}$ 出发的一条光滑非奇异矩阵曲线 $\boldsymbol{X}(t)$，有

$$\frac{\mathrm{d}\boldsymbol{X}^{-1}(t)}{\mathrm{d}t}=-\boldsymbol{X}^{-1}\frac{\mathrm{d}\boldsymbol{X}}{\mathrm{d}t}\boldsymbol{X}^{-1}.$$

例 5.1.2 设 $\boldsymbol{A},\boldsymbol{X}\in\mathbb{R}^{n\times n}$，$\boldsymbol{X}^{\mathrm{T}}\boldsymbol{A}\boldsymbol{X}$ 非奇异. 则

$$\frac{\partial\operatorname{tr}(\boldsymbol{X}^{\mathrm{T}}\boldsymbol{A}\boldsymbol{X})^{-1}}{\partial\boldsymbol{X}}=-2\boldsymbol{A}\boldsymbol{X}(\boldsymbol{X}^{\mathrm{T}}\boldsymbol{A}\boldsymbol{X})^{-2}.$$

证明 利用上述引理，得

$$\begin{aligned}\frac{\partial(\boldsymbol{X}^{\mathrm{T}}\boldsymbol{A}\boldsymbol{X})^{-1}}{\partial x_{ij}}&=-(\boldsymbol{X}^{\mathrm{T}}\boldsymbol{A}\boldsymbol{X})^{-1}\frac{\partial\boldsymbol{X}^{\mathrm{T}}\boldsymbol{A}\boldsymbol{X}}{\partial x_{ij}}(\boldsymbol{X}^{\mathrm{T}}\boldsymbol{A}\boldsymbol{X})^{-1}\\&=-(\boldsymbol{X}^{\mathrm{T}}\boldsymbol{A}\boldsymbol{X})^{-1}(\boldsymbol{E}_{ij}^{\mathrm{T}}\boldsymbol{A}\boldsymbol{X}+\boldsymbol{X}^{\mathrm{T}}\boldsymbol{A}\boldsymbol{E}_{ij})(\boldsymbol{X}^{\mathrm{T}}\boldsymbol{A}\boldsymbol{X})^{-1}\\&=-(\boldsymbol{X}^{\mathrm{T}}\boldsymbol{A}\boldsymbol{X})^{-1}\boldsymbol{E}_{ij}^{\mathrm{T}}\boldsymbol{A}\boldsymbol{X}(\boldsymbol{X}^{\mathrm{T}}\boldsymbol{A}\boldsymbol{X})^{-1}-(\boldsymbol{X}^{\mathrm{T}}\boldsymbol{A}\boldsymbol{X})^{-1}\boldsymbol{X}^{\mathrm{T}}\boldsymbol{A}\boldsymbol{E}_{ij}(\boldsymbol{X}^{\mathrm{T}}\boldsymbol{A}\boldsymbol{X})^{-1}.\end{aligned}$$

利用转换定理，得

$$\begin{aligned}\frac{\partial(\boldsymbol{X}^{\mathrm{T}}\boldsymbol{A}\boldsymbol{X})_{ii}^{-1}}{\partial\boldsymbol{X}}=&-\boldsymbol{A}\boldsymbol{X}(\boldsymbol{X}^{\mathrm{T}}\boldsymbol{A}\boldsymbol{X})^{-1}\boldsymbol{E}_{ii}^{\mathrm{T}}(\boldsymbol{X}^{\mathrm{T}}\boldsymbol{A}\boldsymbol{X})^{-1}\\&-\boldsymbol{A}^{\mathrm{T}}\boldsymbol{X}(\boldsymbol{X}^{\mathrm{T}}\boldsymbol{A}\boldsymbol{X})^{-1}\boldsymbol{E}_{ii}^{\mathrm{T}}(\boldsymbol{X}^{\mathrm{T}}\boldsymbol{A}\boldsymbol{X})^{-1}.\end{aligned}$$

所以

$$\begin{aligned}\frac{\partial\operatorname{tr}(\boldsymbol{X}^{\mathrm{T}}\boldsymbol{A}\boldsymbol{X})^{-1}}{\partial\boldsymbol{X}}&=\sum_{i=1}^{n}\frac{\partial(\boldsymbol{X}^{\mathrm{T}}\boldsymbol{A}\boldsymbol{X})_{ii}^{-1}}{\partial\boldsymbol{X}}\\&=-\boldsymbol{A}^{\mathrm{T}}\boldsymbol{X}(\boldsymbol{X}^{\mathrm{T}}\boldsymbol{A}\boldsymbol{X})^{-1}\sum_{i}\boldsymbol{E}_{ii}^{\mathrm{T}}(\boldsymbol{X}^{\mathrm{T}}\boldsymbol{A}\boldsymbol{X})^{-1}\\&\quad-\boldsymbol{A}\boldsymbol{X}(\boldsymbol{X}^{\mathrm{T}}\boldsymbol{A}\boldsymbol{X})^{-1}\sum_{i}\boldsymbol{E}_{ii}^{\mathrm{T}}(\boldsymbol{X}^{\mathrm{T}}\boldsymbol{A}\boldsymbol{X})^{-1}\\&=-2\boldsymbol{A}^{\mathrm{T}}\boldsymbol{X}(\boldsymbol{X}^{\mathrm{T}}\boldsymbol{A}\boldsymbol{X})^{-2}.\end{aligned}$$

□

总结上面的结论，可以形成实值矩阵函数求解梯度的计算法则.

定理 5.1.2 设 $f(\boldsymbol{X}),g(\boldsymbol{X})$ 是矩阵 $\boldsymbol{X}\in\mathbb{R}^{m\times n}$ 的实值函数，C,c_1,c_2 为实常数.

(1) 常数的梯度：若 $f(\boldsymbol{X})=C$，则

$$\frac{\partial f(\boldsymbol{X})}{\partial\boldsymbol{X}}=0.$$

(2) 线性法则：

$$\frac{\partial(c_1f(\boldsymbol{X})+c_2g(\boldsymbol{X}))}{\partial\boldsymbol{X}}=c_1\frac{\partial f(\boldsymbol{X})}{\partial\boldsymbol{X}}+c_2\frac{\partial g(\boldsymbol{X})}{\partial\boldsymbol{X}}.$$

(3) 乘积法则：

$$\frac{\partial(f(\boldsymbol{X})g(\boldsymbol{X}))}{\partial\boldsymbol{X}}=g(\boldsymbol{X})\frac{\partial f(\boldsymbol{X})}{\partial\boldsymbol{X}}+f(\boldsymbol{X})\frac{\partial g(\boldsymbol{X})}{\partial\boldsymbol{X}}.$$

(4) 商法则：若 $g(\boldsymbol{X})\neq\boldsymbol{0}$，则

$$\frac{\partial(f(\boldsymbol{X})/g(\boldsymbol{X}))}{\partial\boldsymbol{X}}=g^{-2}(\boldsymbol{X})\left(g(\boldsymbol{X})\frac{\partial f(\boldsymbol{X})}{\partial\boldsymbol{X}}-f(\boldsymbol{X})\frac{\partial g(\boldsymbol{X})}{\partial\boldsymbol{X}}\right).$$

(5) 链式法则：若 $y=f(\boldsymbol{X})$ 和 $g(y)$ 分别是以矩阵 $\boldsymbol{X}$ 和 y 为变元的实值函

数,则

$$\frac{\partial g(f(\boldsymbol{X}))}{\partial \boldsymbol{X}}=\frac{\mathrm{d}(g(y))}{\mathrm{d}y}\frac{\partial f(\boldsymbol{X})}{\partial \boldsymbol{X}}.$$

例 5.1.3 设矩阵 $\boldsymbol{X}$ 非奇异.则

$$\frac{\partial \det(\boldsymbol{X})}{\partial \boldsymbol{X}}=\det(\boldsymbol{X})\boldsymbol{X}^{\mathrm{T}}.$$

证明 利用矩阵的 Laplace 展开,

$$\det(\boldsymbol{X})=\sum_{i,j=1}^{n}x_{ij}A_{ij}.$$

用 $\boldsymbol{M}_{ij}$ 表示矩阵 $\boldsymbol{A}$ 删去第 i 行、第 j 列后得到的剩余矩阵的行列式,则矩阵元素 (i,j) 的代数余子式 A_{ij} 满足

$$A_{ij}=(-1)^{i+j}\boldsymbol{M}_{ij}.$$

由于 A_{ij} 与 x_{ij} 无关,所以

$$\frac{\partial \det(\boldsymbol{X})}{\partial \boldsymbol{X}}=\left(\frac{\partial \det(\boldsymbol{X})}{\partial x_{ij}}\right)=(A_{ij})=\det(\boldsymbol{X})\boldsymbol{X}^{-\mathrm{T}}.$$ □

根据上述结论,对于对称正定矩阵 $\boldsymbol{X}$,可以得到

$$\frac{\partial \ln\det(\boldsymbol{X})}{\partial \boldsymbol{X}}=\frac{1}{\det(\boldsymbol{X})}\nabla_{\boldsymbol{X}}\det(\boldsymbol{X})=\boldsymbol{X}^{-1}.$$

类似得到

$$\frac{\partial \ln\det(\boldsymbol{AXB})}{\partial \boldsymbol{X}}=\boldsymbol{A}^{\mathrm{T}}(\boldsymbol{B}^{\mathrm{T}}\boldsymbol{X}^{\mathrm{T}}\boldsymbol{A}^{\mathrm{T}})^{-1}\boldsymbol{B}^{\mathrm{T}}.$$

对于非光滑矩阵函数,也可以计算它们的次微分.

例 5.1.4 对 $\boldsymbol{X}\in\mathbb{R}^{n\times n}$,计算 $\partial\|\boldsymbol{X}\|_2$.

解 对任意的 $\boldsymbol{X}\in\mathbb{R}^{n\times n}$,

$$\|\boldsymbol{X}\|_2=\sigma_{\max}(\boldsymbol{X})=\max\{\boldsymbol{u}^{\mathrm{T}}\boldsymbol{X}\boldsymbol{v}\mid \boldsymbol{u},\boldsymbol{v}\in\mathbb{R}^n,\|\boldsymbol{u}\|=\|\boldsymbol{v}\|=1\}.$$

利用 $\mathrm{grad}_{\boldsymbol{X}}(\boldsymbol{u}^{\mathrm{T}}\boldsymbol{X}\boldsymbol{v})=\boldsymbol{u}\boldsymbol{v}^{\mathrm{T}}$,得

$$\begin{aligned}\partial\|\boldsymbol{X}\|_2&=\mathrm{cov}\{\mathrm{grad}_{\boldsymbol{X}}\boldsymbol{u}^{\mathrm{T}}\boldsymbol{X}\boldsymbol{v}\mid \boldsymbol{u},\boldsymbol{v}\in\mathbb{R}^n,\|\boldsymbol{u}\|=\|\boldsymbol{v}\|=1,\boldsymbol{u}^{\mathrm{T}}\boldsymbol{X}\boldsymbol{v}=\sigma_1(\boldsymbol{X})\}\\&=\mathrm{cov}\{\boldsymbol{u}\boldsymbol{v}^{\mathrm{T}}\mid \boldsymbol{u},\boldsymbol{v}\in\mathbb{R}^n,\|\boldsymbol{u}\|=\|\boldsymbol{v}\|=1,\boldsymbol{u}^{\mathrm{T}}\boldsymbol{X}\boldsymbol{v}=\sigma_1(\boldsymbol{X})\}.\end{aligned}$$ □

设 $\boldsymbol{U\Sigma V}^{\mathrm{T}}$ 为矩阵 $\boldsymbol{X}\in\mathbb{R}^{m\times n}$ 的奇异值分解,其中 $\boldsymbol{\Sigma}=\mathrm{diag}(\sigma_1,\sigma_2,\cdots,\sigma_m)$.则 $\sum_{i=1}^{m}\sigma_i$ 称为矩阵 $\boldsymbol{X}$ 的核范数,记为 $\|\boldsymbol{X}\|_*$.

定理 5.1.3 设矩阵 $\boldsymbol{X}\in\mathbb{R}^{n\times n}$,则 $\|\boldsymbol{X}\|_*$ 关于 $\boldsymbol{X}$ 是凸函数.

证明 对于 $Z\in\partial\|\boldsymbol{X}\|_*$,$Z'\in\partial\|\boldsymbol{X}'\|_*$,有

$$\|Z\|_2\leqslant 1,\quad \langle Z,\boldsymbol{X}\rangle=\|\boldsymbol{X}\|_*.$$

由于同阶实矩阵 $\boldsymbol{X},\boldsymbol{Y}$ 满足

$$\langle\boldsymbol{X},\boldsymbol{Y}\rangle\leqslant\|\boldsymbol{X}\|_*\|\boldsymbol{Y}\|_2,$$

所以

$$|\langle \boldsymbol{Z},\boldsymbol{X}'\rangle|\leqslant\|Z\|_2\|\boldsymbol{X}'\|_*\leqslant\|\boldsymbol{X}'\|_*.$$

类似地,有

$$|\langle \boldsymbol{Z}', \boldsymbol{X}\rangle| \leqslant \|\boldsymbol{Z}'\|_2 \|\boldsymbol{X}\|_* \leqslant \|\boldsymbol{X}\|_*.$$

因此

$$\begin{aligned}\langle \boldsymbol{Z}-\boldsymbol{Z}', \boldsymbol{X}-\boldsymbol{X}'\rangle &= \langle \boldsymbol{Z}, \boldsymbol{X}\rangle + \langle \boldsymbol{Z}', \boldsymbol{X}'\rangle - \langle \boldsymbol{Z}', \boldsymbol{X}\rangle - \langle \boldsymbol{Z}, \boldsymbol{X}'\rangle \\ &= \|\boldsymbol{X}\|_* + \|\boldsymbol{X}'\|_* - \langle \boldsymbol{Z}', \boldsymbol{X}\rangle - \langle \boldsymbol{Z}, \boldsymbol{X}'\rangle \\ &\geqslant 0.\end{aligned}$$

根据微分的单调性,可以判断 $\|\boldsymbol{X}\|_*$ 关于 $\boldsymbol{X}$ 是凸函数. □

例 5.1.5　对矩阵 $\boldsymbol{A}, \boldsymbol{X} \in \mathbb{R}^{n\times n}$,设 $\boldsymbol{X}^{\mathrm{T}}\boldsymbol{A}\boldsymbol{X}$ 非奇异.则有

$$\frac{\partial \ln \det(\boldsymbol{X}^{\mathrm{T}}\boldsymbol{A}\boldsymbol{X})}{\partial \boldsymbol{X}} = (\boldsymbol{A}^{\mathrm{T}}+\boldsymbol{A})\boldsymbol{X}(\boldsymbol{X}^{\mathrm{T}}\boldsymbol{A}\boldsymbol{X})^{-1}.$$

证明　记 $\boldsymbol{Y}=\boldsymbol{X}^{\mathrm{T}}\boldsymbol{A}\boldsymbol{X}$.则

$$\begin{aligned}\frac{\partial \ln \det(\boldsymbol{X}^{\mathrm{T}}\boldsymbol{A}\boldsymbol{X})}{\partial \boldsymbol{X}} &= \frac{1}{\det(\boldsymbol{Y})}\frac{\partial \det(\boldsymbol{Y})}{\partial \boldsymbol{X}} \\ &= \frac{1}{\det(\boldsymbol{Y})}\sum_{i,j}\left(\frac{\partial \det(\boldsymbol{Y})}{\partial \boldsymbol{Y}}\right)_{ij}\frac{\partial y_{ij}}{\partial \boldsymbol{X}} \\ &= \frac{1}{\det(\boldsymbol{Y})}\sum_{i,j}\det(\boldsymbol{Y})(\boldsymbol{Y}^{-\mathrm{T}})_{ij}\frac{\partial y_{ij}}{\partial \boldsymbol{X}} \\ &= \sum_{i,j}(\boldsymbol{X}^{\mathrm{T}}\boldsymbol{A}\boldsymbol{X})_{ij}^{-\mathrm{T}}\frac{\partial (\boldsymbol{X}^{\mathrm{T}}\boldsymbol{A}\boldsymbol{X})_{ij}}{\partial \boldsymbol{X}}.\end{aligned}$$

由于

$$\frac{\partial (\boldsymbol{X}^{\mathrm{T}}\boldsymbol{A}\boldsymbol{X})}{\partial x_{ij}} = \boldsymbol{E}_{ij}^{\mathrm{T}}\boldsymbol{A}\boldsymbol{X} + \boldsymbol{X}^{\mathrm{T}}\boldsymbol{A}\boldsymbol{E}_{ij},$$

由转换定理,有

$$\frac{\partial (\boldsymbol{X}^{\mathrm{T}}\boldsymbol{A}\boldsymbol{X})_{ij}}{\partial \boldsymbol{X}} = \boldsymbol{A}^{\mathrm{T}}\boldsymbol{X}\boldsymbol{E}_{ij} + \boldsymbol{A}\boldsymbol{X}\boldsymbol{E}_{ij}^{\mathrm{T}}.$$

所以

$$\begin{aligned}\frac{\partial \ln \det(\boldsymbol{X}^{\mathrm{T}}\boldsymbol{A}\boldsymbol{X})}{\partial \boldsymbol{X}} &= \sum_{i,j}(\boldsymbol{X}^{\mathrm{T}}\boldsymbol{A}\boldsymbol{X})_{ij}^{-\mathrm{T}}(\boldsymbol{A}^{\mathrm{T}}\boldsymbol{X}\boldsymbol{E}_{ij} + \boldsymbol{A}\boldsymbol{X}\boldsymbol{E}_{ij}^{\mathrm{T}}) \\ &= \boldsymbol{A}^{\mathrm{T}}\boldsymbol{X}\sum_{i,j}(\boldsymbol{X}^{\mathrm{T}}\boldsymbol{A}\boldsymbol{X})_{ij}^{-\mathrm{T}}\boldsymbol{E}_{ij} + \boldsymbol{A}\boldsymbol{X}\sum_{i,j}(\boldsymbol{X}^{\mathrm{T}}\boldsymbol{A}\boldsymbol{X})_{ij}^{-\mathrm{T}}\boldsymbol{E}_{ij}^{\mathrm{T}} \\ &= \boldsymbol{A}^{\mathrm{T}}\boldsymbol{X}(\boldsymbol{X}^{\mathrm{T}}\boldsymbol{A}\boldsymbol{X})^{-1} + \boldsymbol{A}\boldsymbol{X}(\boldsymbol{X}^{\mathrm{T}}\boldsymbol{A}\boldsymbol{X})^{-1} \\ &= (\boldsymbol{A}^{\mathrm{T}}+\boldsymbol{A})\boldsymbol{X}(\boldsymbol{X}^{\mathrm{T}}\boldsymbol{A}\boldsymbol{X})^{-1}.\end{aligned}$$

□

下一章将利用罚函数

$$-\ln \det(\boldsymbol{X}) = -\ln\prod_{i=1}^{n}\lambda_i(\boldsymbol{X}) = -\sum_{i=1}^{n}\ln\lambda_i(\boldsymbol{X}),$$

使矩阵变量 $\boldsymbol{X}$ 始终位于正定锥的内部.借助矩阵的标准形,可证明该函数具有以下性质.

定理 5.1.4　函数 $\ln \det(\boldsymbol{X})$在对称正定锥 S_n^{++} 上是严格凹函数.

证明 对任意的矩阵 $\boldsymbol{A},\boldsymbol{B}\in S_n^{++}$，下证对于任意的 $\alpha\in(0,1)$，有

$$\ln\det(\alpha\boldsymbol{A}+(1-\alpha)\boldsymbol{B})\geqslant\alpha\ln\det(\boldsymbol{A})+(1-\alpha)\ln\det(\boldsymbol{B}).$$

事实上，由于 $\boldsymbol{A}$ 为正定对称矩阵，$\boldsymbol{A}$ 可分解成 $\boldsymbol{A}^{\frac{1}{2}}\boldsymbol{A}^{\frac{1}{2}}$. 记矩阵 $\boldsymbol{A}^{-\frac{1}{2}}\boldsymbol{B}\boldsymbol{A}^{-\frac{1}{2}}$ 的特征根为 λ_i. 利用对数函数的凹性，有

$$\begin{aligned}
&\ln\det(\boldsymbol{A}^{\frac{1}{2}}(\alpha\boldsymbol{I}+(1-\alpha)\boldsymbol{A}^{-\frac{1}{2}}\boldsymbol{B}\boldsymbol{A}^{-\frac{1}{2}})\boldsymbol{A}^{\frac{1}{2}})\\
&\quad=\ln(\det(\boldsymbol{A})\det(\alpha\boldsymbol{I}+(1-\alpha)\boldsymbol{A}^{-\frac{1}{2}}\boldsymbol{B}\boldsymbol{A}^{-\frac{1}{2}}))\\
&\quad=\ln\det(\boldsymbol{A})+\ln\prod_{i=1}^{n}(\alpha+(1-\alpha)\lambda_i)\\
&\quad=\ln\det(\boldsymbol{A})+\sum_{i=1}^{n}\ln(\alpha\cdot1+(1-\alpha)\lambda_i)\\
&\quad\geqslant\ln\det(\boldsymbol{A})+(1-\alpha)\ln\prod_{i=1}^{n}\lambda_i\\
&\quad=\ln\det(\boldsymbol{A})+(1-\alpha)\ln\det(\boldsymbol{A}^{-1}\boldsymbol{B})\\
&\quad=\ln\det(\boldsymbol{A})-(1-\alpha)\ln\det(\boldsymbol{A})+(1-\alpha)\ln\det(\boldsymbol{B})\\
&\quad=\alpha\ln\det(\boldsymbol{A})+(1-\alpha)\ln\det(\boldsymbol{B}).
\end{aligned}$$

函数的严格凹性可由对数函数的严格凹性得到. □

上述结论的一个等价表示是

$$\det(\alpha\boldsymbol{A}+(1-\alpha)\boldsymbol{B})\geqslant(\det(\boldsymbol{A}))^{\alpha}(\det(\boldsymbol{B}))^{1-\alpha}.$$

上式又称 Ky Fan 不等式.

5.2 矩阵的微分、指数与对数

多变量函数 $f(x_1,x_2,\cdots,x_m)$ 在点 $(x_1,x_2,\cdots,x_m)$ 可微分的充分条件是：偏导数 $\dfrac{\partial f}{\partial x_1},\cdots,\dfrac{\partial f}{\partial x_m}$ 均存在，并且连续. 类似地，可以得到矩阵函数的 $f(\boldsymbol{X})$ 可微分的充分条件. 设 $f(\boldsymbol{X})$ 是矩阵 $\boldsymbol{X}$ 的实值函数，$\boldsymbol{X}=(x_1,x_2,\cdots,x_n)\in\mathbb{R}^{m\times n}$，记 $\boldsymbol{x}_j=(x_{1j},\cdots,x_{mj})^{\mathrm{T}}$. 故 $f(\boldsymbol{X})$ 关于矩阵 $\boldsymbol{X}$ 的全微分为

$$\begin{aligned}
\mathrm{d}f(\boldsymbol{X})&=\frac{\partial f(\boldsymbol{X})}{\partial x_1}\mathrm{d}x_1+\cdots+\frac{\partial f(\boldsymbol{X})}{\partial x_n}\mathrm{d}x_n\\
&=\left(\frac{\partial f(\boldsymbol{X})}{\partial x_{11}},\cdots,\frac{\partial f(\boldsymbol{X})}{\partial x_{m1}}\right)(\mathrm{d}x_{11},\cdots,\mathrm{d}x_{m1})^{\mathrm{T}}\\
&\quad+\cdots+\left(\frac{\partial f(\boldsymbol{X})}{\partial x_{1n}},\cdots,\frac{\partial f(\boldsymbol{X})}{\partial x_{mn}}\right)(\mathrm{d}x_{1n},\cdots,\mathrm{d}x_{mn})^{\mathrm{T}}\\
&=\left(\frac{\partial f(\boldsymbol{X})}{\partial x_{11}},\cdots,\frac{\partial f(\boldsymbol{X})}{\partial x_{m1}},\cdots,\frac{\partial f(\boldsymbol{X})}{\partial x_{1n}},\cdots,\frac{\partial f(\boldsymbol{X})}{\partial x_{mn}}\right)
\end{aligned}$$

$$\cdot (\mathrm{d}x_{11},\cdots,\mathrm{d}x_{m1},\cdots,\mathrm{d}x_{1n},\cdots,\mathrm{d}x_{mn})^{\mathrm{T}}$$

$$= \frac{\partial f(\boldsymbol{X})}{\partial \mathrm{vec}^{\mathrm{T}}(\boldsymbol{X})}\mathrm{d}(\mathrm{vec}(\boldsymbol{X})) = D_{\mathrm{vec}(\boldsymbol{X})} f(\boldsymbol{X})\mathrm{d}(\mathrm{vec}(\boldsymbol{X})).$$

通过上面的定义,容易得到

$$\mathrm{d}(\boldsymbol{AX}) = \boldsymbol{A}\mathrm{d}\boldsymbol{X},\quad \mathrm{d}(\boldsymbol{XA}) = \mathrm{d}\boldsymbol{XA}^{\mathrm{T}}.$$

进而有

$$\mathrm{d}(\boldsymbol{AXB}) = \boldsymbol{A}(\mathrm{d}\boldsymbol{X})\boldsymbol{B}.$$

对于更复杂的矩阵微分公式,例如迹函数的微分矩阵、行列式函数的微分矩阵,可以查阅文献[4]223～225 页.

指数函数可将乘法运算转化成加法运算,

$$y_1 y_2 = \mathrm{e}^{x_1}\mathrm{e}^{x_2} = \mathrm{e}^{x_1+x_2},$$

其中 $y_1=\mathrm{e}^{x_1}$, $y_2=\mathrm{e}^{x_2}$. 所以,对于矩阵乘法,若引进指数函数,就可将复杂的矩阵乘法运算转化为简单的加法运算.

根据指数函数的欧拉公式来自正弦函数和余弦函数的 Taylor 展开式这一事实,即

$$\left.\begin{aligned}\sin\theta &= \theta - \frac{\theta^3}{3!} + \frac{\theta^5}{5!} + \cdots\\ \cos\theta &= 1 - \frac{\theta^2}{2!} + \frac{\theta^4}{4!} + \cdots\end{aligned}\right\}$$

$$\Rightarrow\quad \cos\theta + \mathrm{i}\sin\theta = 1 + \mathrm{i}\theta + \frac{(\mathrm{i}\theta)^2}{2!} + \frac{(\mathrm{i}\theta)^3}{3!} + \cdots = \mathrm{e}^{\mathrm{i}\theta},$$

可建立矩阵函数的指数函数和对数函数.

根据指数函数的 Taylor 展开式

$$\mathrm{e}^x = \sum_{k=0}^{\infty}\frac{1}{k!}x^k,$$

对 n 阶方阵 $\boldsymbol{X}$,定义指数函数

$$\mathrm{e}^{\boldsymbol{X}} = \sum_{k=0}^{\infty}\frac{1}{k!}\boldsymbol{X}^k.$$

显然 $\mathrm{e}^{\boldsymbol{X}}$ 也是一个矩阵. 该级数总是收敛的,因此,该定义是有效的.

矩阵指数有如下性质.

性质 5.2.1　设 $\boldsymbol{X}\in\mathbb{R}^{n\times n}$. 则下述结论成立:

(1) $\mathrm{e}^{0}=\boldsymbol{I}$;

(2) $\mathrm{e}^{a\boldsymbol{X}}\mathrm{e}^{b\boldsymbol{X}}=\mathrm{e}^{(a+b)\boldsymbol{X}}$ ($a,b\in\mathbb{R}$),如果 n 阶矩阵 $\boldsymbol{X}$, $\boldsymbol{Y}$ 可交换,那么 $\mathrm{e}^{\boldsymbol{X}}\mathrm{e}^{\boldsymbol{Y}}=\mathrm{e}^{\boldsymbol{X}+\boldsymbol{Y}}$;

(3) 对 n 阶非奇异矩阵 $\boldsymbol{Q}$, $\mathrm{e}^{\boldsymbol{Q}^{-1}\boldsymbol{X}\boldsymbol{Q}}=\boldsymbol{Q}^{-1}\mathrm{e}^{\boldsymbol{X}}\boldsymbol{Q}$;

(4) $\mathrm{e}^{\boldsymbol{X}^{\mathrm{T}}}=(\mathrm{e}^{\boldsymbol{X}})^{\mathrm{T}}$, $\mathrm{e}^{\boldsymbol{X}^{*}}=(\mathrm{e}^{\boldsymbol{X}})^{*}$;

(5) $\det(\mathrm{e}^{\boldsymbol{X}})=\mathrm{e}^{\mathrm{tr}(\boldsymbol{X})}$;

(6) 对于任意两个 n 阶方阵 $\boldsymbol{X},\boldsymbol{Y}$，$\|\mathrm{e}^{\boldsymbol{X}+\boldsymbol{Y}}-\mathrm{e}^{\boldsymbol{X}}\|\leqslant\|\boldsymbol{Y}\|\,\|\mathrm{e}^{\boldsymbol{X}}\|\,\|\mathrm{e}^{\boldsymbol{Y}}\|$（$\|\cdot\|$ 表示矩阵的任一范数）.

证明 根据矩阵指数函数的定义和指数函数的性质，易得(1)～(4).

下证(5). 设 $Q^{\mathrm{T}}XQ=\boldsymbol{J}=\mathrm{diag}(\boldsymbol{J}_1,\cdots,\boldsymbol{J}_s)$ 为矩阵 $\boldsymbol{X}$ 的 Jordan 标准形，其中 Q 为正交阵. 由于对任一 Jordan 块

$$\boldsymbol{J}_i=\begin{pmatrix}\lambda_i & 1 & \cdots & 0\\ 0 & \lambda_i & \ddots & \vdots\\ \vdots & \ddots & \ddots & 1\\ 0 & \cdots & 0 & \lambda_i\end{pmatrix},$$

有

$$\boldsymbol{J}_i^k=\begin{pmatrix}\lambda_i^k & * & \cdots & *\\ 0 & \lambda_i^k & \ddots & \vdots\\ \vdots & \ddots & \ddots & *\\ 0 & \cdots & 0 & \lambda_i^k\end{pmatrix},$$

由行列式的性质，知

$$\det(\mathrm{e}^{\boldsymbol{X}})=\det\left(\sum_{k=0}^{\infty}\frac{1}{k!}\boldsymbol{J}^k\right)=\det(\mathrm{diag}(\mathrm{e}^{\lambda_1},\mathrm{e}^{\lambda_2},\cdots,\mathrm{e}^{\lambda_n}))=\mathrm{e}^{\mathrm{tr}(\boldsymbol{X})}. \qquad \Box$$

根据性质 5.2.1(2)，对任意 n 阶方阵 $\boldsymbol{A}$，$\det(\mathrm{e}^{\boldsymbol{A}})\neq0$. 事实上，由

$$\boldsymbol{I}=\mathrm{e}^{\boldsymbol{0}}=\mathrm{e}^{\boldsymbol{A}-\boldsymbol{A}}=\mathrm{e}^{\boldsymbol{A}}\mathrm{e}^{-\boldsymbol{A}},$$

知

$$1=\det(\mathrm{e}^{\boldsymbol{A}})\det(\mathrm{e}^{-\boldsymbol{A}}).$$

从而 $\det(\mathrm{e}^{\boldsymbol{A}})\neq0$.

又若 $\boldsymbol{A}$ 为一反对称矩阵，则 $\boldsymbol{A}+\boldsymbol{A}^{\mathrm{T}}=\boldsymbol{0}$. 从而 $\boldsymbol{I}=\mathrm{e}^{\boldsymbol{A}+\boldsymbol{A}^{\mathrm{T}}}=\mathrm{e}^{\boldsymbol{A}}\mathrm{e}^{\boldsymbol{A}^{\mathrm{T}}}=\mathrm{e}^{\boldsymbol{A}}(\mathrm{e}^{\boldsymbol{A}})^{\mathrm{T}}$. 所以 $\mathrm{e}^{\boldsymbol{A}}$ 为正交阵.

同时，如果 $\boldsymbol{X}$ 对称（Hermite），那么 $\mathrm{e}^{\boldsymbol{X}}$ 也对称（Hermite）. 而如果 $\boldsymbol{X}$ 反对称（反Hermite），那么 $\mathrm{e}^{\boldsymbol{X}}$ 正交（酉阵）. 事实上，如果 $\boldsymbol{X}^{\mathrm{T}}=-\boldsymbol{X}$，那么

$$(\mathrm{e}^{\boldsymbol{X}})^{\mathrm{T}}\mathrm{e}^{\boldsymbol{X}}=\mathrm{e}^{\boldsymbol{X}^{\mathrm{T}}}\mathrm{e}^{\boldsymbol{X}}=\mathrm{e}^{-\boldsymbol{X}}\mathrm{e}^{\boldsymbol{X}}=\mathrm{e}^{\boldsymbol{0}}=\boldsymbol{I}.$$

对于矩阵指数，目前尚无有效的计算方法. 但如果矩阵 $\boldsymbol{X}$ 是对角的，即 $\boldsymbol{X}=\mathrm{diag}(x_1,x_2,\cdots,x_n)$，则

$$\mathrm{e}^{\boldsymbol{X}}=\mathrm{diag}(\mathrm{e}^{x_1},\mathrm{e}^{x_2},\cdots,\mathrm{e}^{x_n}).$$

由此可知，若 $\boldsymbol{X}$ 可对角化，$\boldsymbol{X}=\boldsymbol{U}^{-1}\boldsymbol{\Sigma}\boldsymbol{U}$，则

$$\mathrm{e}^{\boldsymbol{X}}=\boldsymbol{U}^{-1}\mathrm{e}^{\boldsymbol{\Sigma}}\boldsymbol{U}.$$

类似地，根据对数函数的 Taylor 展开式

$$\ln x=\sum_{k=0}^{\infty}\frac{(-1)^k}{k+1}(x-1)^{k+1},$$

可定义 n 阶方阵 $\boldsymbol{X}$ 的对数函数

$$\ln \boldsymbol{X} = \sum_{k=0}^{\infty} \frac{(-1)^k}{k+1}(\boldsymbol{X} - \boldsymbol{I})^{k+1}.$$

为保证右侧的级数收敛，要求矩阵 $\boldsymbol{X} - \boldsymbol{I}$ 中的每一元素的绝对值都严格小于 $1/n$. 也就是说，要求 $\boldsymbol{A}$ 与单位矩阵邻近.

由于 e^x 与 $\ln x$ 互为反函数，

$$\ln e^x = x, \quad e^{\ln x} = x,$$

故矩阵指数和对数函数也有相应的结论.

定理 5.2.1　对 n 阶方阵 $\boldsymbol{A}$，有

$$\ln e^{\boldsymbol{A}} = \boldsymbol{A}, \quad e^{\ln \boldsymbol{A}} = \boldsymbol{A}.$$

证明　由于

$$e^{\boldsymbol{A}} - \boldsymbol{I} = \boldsymbol{A} + \frac{\boldsymbol{A}^2}{2!} + \frac{\boldsymbol{A}^3}{3!} + \cdots,$$

所以

$$\begin{aligned} \ln e^{\boldsymbol{A}} &= \left(\boldsymbol{A} + \frac{\boldsymbol{A}^2}{2!} + \frac{\boldsymbol{A}^3}{3!} + \cdots\right) - \frac{1}{2}\left(\boldsymbol{A} + \frac{\boldsymbol{A}^2}{2!} + \frac{\boldsymbol{A}^3}{3!} + \cdots\right)^2 \\ &\quad + \frac{1}{3}\left(\boldsymbol{A} + \frac{\boldsymbol{A}^2}{2!} + \frac{\boldsymbol{A}^3}{3!} + \cdots\right)^3 + \cdots \\ &= \boldsymbol{A} + \left(\frac{\boldsymbol{A}^2}{2!} - \frac{\boldsymbol{A}^2}{2}\right) + \left(\frac{\boldsymbol{A}^3}{3!} - \frac{\boldsymbol{A}^3}{2} + \frac{\boldsymbol{A}^3}{3}\right) + \cdots \\ &= \boldsymbol{A}. \end{aligned}$$

再证第二式.

$$\begin{aligned} e^{\ln \boldsymbol{A}} &= \boldsymbol{I} + \left((\boldsymbol{A} - \boldsymbol{I}) - \frac{(\boldsymbol{A} - \boldsymbol{I})^2}{2} + \frac{(\boldsymbol{A} - \boldsymbol{I})^3}{3} - \cdots\right) \\ &\quad + \frac{1}{2!}\left((\boldsymbol{A} - \boldsymbol{I}) - \frac{(\boldsymbol{A} - \boldsymbol{I})^2}{2} + \frac{(\boldsymbol{A} - \boldsymbol{I})^3}{3} - \cdots\right)^2 \\ &\quad + \frac{1}{3!}\left((\boldsymbol{A} - \boldsymbol{I}) - \frac{(\boldsymbol{A} - \boldsymbol{I})^2}{2} + \frac{(\boldsymbol{A} - \boldsymbol{I})^3}{3} - \cdots\right)^3 + \cdots \\ &= \boldsymbol{A} - \frac{(\boldsymbol{A} - \boldsymbol{I})^2}{2} + \frac{(\boldsymbol{A} - \boldsymbol{I})^2}{2} + \left(\frac{(\boldsymbol{A} - \boldsymbol{I})^3}{3} - \frac{(\boldsymbol{A} - \boldsymbol{I})^3}{2} + \frac{(\boldsymbol{A} - \boldsymbol{I})^3}{6}\right) + \cdots \\ &= \boldsymbol{X}. \end{aligned}$$

□

性质 5.2.2　设 $\boldsymbol{X} \in \mathbb{R}^{n \times n}$. 则下述结论成立：

(1) $\ln \boldsymbol{I} = \boldsymbol{0}$.

(2) 对 n 阶非奇异矩阵 $\boldsymbol{Q}$，$\ln(\boldsymbol{Q}^{-1}\boldsymbol{X}\boldsymbol{Q}) = \boldsymbol{Q}^{-1}(\ln \boldsymbol{X})\boldsymbol{Q}$.

(3) 如果 n 阶矩阵 $\boldsymbol{X}, \boldsymbol{Y}$ 可交换，则 $\ln \boldsymbol{X}\boldsymbol{Y} = \ln \boldsymbol{X} + \ln \boldsymbol{Y}$. 特别地，对任意正实数 α，$\ln \alpha \boldsymbol{X} = (\ln \alpha)\boldsymbol{I} + \ln \boldsymbol{X}$.

(4) $\mathrm{tr}(\ln \boldsymbol{X}) = \ln \det(\boldsymbol{X})$. 特别地，若 $\lambda_1, \lambda_2, \cdots, \lambda_r$ 为 n 阶对称半正定矩阵 $\boldsymbol{X}$ 的所有非零特征根，则 $\mathrm{tr}(\ln \boldsymbol{X}) = \sum_{i=1}^{r} \ln \lambda_i$.

(5) 对任意特征值非负的 m 阶矩阵 $\boldsymbol{X}$ 和 n 阶矩阵 $\boldsymbol{Y}$，设其非零特征根的个数分别为 r,s，则

$$\operatorname{tr}(\ln(\boldsymbol{X}\otimes\boldsymbol{Y}))=s\operatorname{tr}(\ln\boldsymbol{X})+r\operatorname{tr}(\ln\boldsymbol{Y}).$$

证明 根据矩阵指数函数的定义和指数函数的性质，易得(1)～(3).

(4) 利用 $\lambda_1,\lambda_2,\cdots,\lambda_n$ 为矩阵 $\boldsymbol{X}$ 的特征根，并设其 Jordan 标准形为 $\boldsymbol{Q}^{\mathrm{T}}\boldsymbol{X}\boldsymbol{Q}=\boldsymbol{J}=\operatorname{diag}(\boldsymbol{J}_1,\cdots,\boldsymbol{J}_s)$. 则

$$\begin{aligned}\operatorname{tr}(\ln\boldsymbol{X})&=\operatorname{tr}\left(\sum_{k=0}^{\infty}(-1)^k\frac{(\boldsymbol{X}-\boldsymbol{I})^{k+1}}{k+1}\right)\\&=\operatorname{tr}(\operatorname{diag}(\ln\lambda_1,\ln\lambda_2,\cdots,\ln\lambda_n))\\&=\ln\det(\boldsymbol{X}).\end{aligned}$$

(5) 设 $\lambda_1,\lambda_2,\cdots,\lambda_r$ 为矩阵 $\boldsymbol{X}$ 的非零特征根，$\mu_1,\mu_2,\cdots,\mu_s$ 为矩阵 $\boldsymbol{Y}$ 的所有非零特征根，则由矩阵 Kronecker 积的性质，$\lambda_i\mu_j(i=1,2,\cdots,r;j=1,2,\cdots,s)$ 为矩阵 $\boldsymbol{X}\otimes\boldsymbol{Y}$ 的所有特征根，利用结论(4)，有

$$\begin{aligned}\operatorname{tr}(\ln(\boldsymbol{X}\otimes\boldsymbol{Y}))&=\sum_{i=1}^{r}\sum_{j=1}^{s}\ln\lambda_i\mu_j=s\sum_{i=1}^{r}\ln\lambda_i+r\sum_{j=1}^{s}\ln\mu_j\\&=s\operatorname{tr}(\ln\boldsymbol{X})+r\operatorname{tr}(\ln\boldsymbol{Y}).\end{aligned}$$

设 $\boldsymbol{X}$ 半正定，非零特征值为 $\lambda_1,\lambda_2,\cdots,\lambda_r$. 根据性质 5.2.2(2)，容易计算

$$\operatorname{tr}(\boldsymbol{X}\ln\boldsymbol{X})=\sum_{i=1}^{n}\lambda_i\ln\lambda_i.$$

而对半正定矩阵 $\boldsymbol{X},\boldsymbol{Y}$，容易验证

$$\operatorname{tr}(\boldsymbol{X}\otimes\boldsymbol{Y}\ln(\boldsymbol{X}\otimes\boldsymbol{Y}))=\operatorname{tr}(\boldsymbol{X})\operatorname{tr}(\boldsymbol{Y}\ln\boldsymbol{Y})+\operatorname{tr}(\boldsymbol{Y})\operatorname{tr}(\boldsymbol{X}\ln\boldsymbol{X}).$$

第6章 矩阵的Hadamard积与Kronecker积

矩阵的 Hadamard 积和 Kronecker 积是矩阵运算中的两类特殊乘积.矩阵的 Hadamard 积被广泛地应用于积分方程核的积、盲源信号分离、概率论中特征函数以及图像处理等方面的研究.矩阵的 Kronecker 积不仅在矩阵理论的研究中有着广泛的应用,例如,Kronecker 积运算可以把解矩阵方程问题转化为解线性方程组的问题,而且在诸如信号处理与系统理论中的随机静态分析与随机向量过程分析等工程领域中也是一种基本的数学工具.

6.1 矩阵的 Hadamard 积

矩阵 $\boldsymbol{A},\boldsymbol{B}\in\mathbb{R}^{m\times n}$ 的 Hadamard 积定义为

$$\boldsymbol{A}\circ\boldsymbol{B}=(a_{ij}b_{ij})_{m\times n}$$

矩阵的 Hadamard 积也称 Schur 积.它有以下性质.

性质 6.1.1 (1) 对同型矩阵 $\boldsymbol{A},\boldsymbol{B},\boldsymbol{C}$,$(\boldsymbol{A}+\boldsymbol{B})\circ\boldsymbol{C}=\boldsymbol{A}\circ\boldsymbol{C}+\boldsymbol{B}\circ\boldsymbol{C}$;

(2) 对同维列向量 $\boldsymbol{a},\boldsymbol{b}$,$(\boldsymbol{a}\boldsymbol{a}^{\mathrm{T}})\circ(\boldsymbol{b}\boldsymbol{b}^{\mathrm{T}})=(\boldsymbol{a}\circ\boldsymbol{b})(\boldsymbol{a}\circ\boldsymbol{b})^{\mathrm{T}}$;

(3) 对同型矩阵 $\boldsymbol{A},\boldsymbol{B}$,$(\boldsymbol{A}\circ\boldsymbol{B})^{\mathrm{T}}=\boldsymbol{A}^{\mathrm{T}}\circ\boldsymbol{B}^{\mathrm{T}}$;

(4) 对同型矩阵 $\boldsymbol{A},\boldsymbol{B}$,若 $\boldsymbol{A},\boldsymbol{B}$ 为对称矩阵,则 $\boldsymbol{A}\circ\boldsymbol{B}$ 也为对称阵.

下面的结论说明,两对称半正定矩阵的 Hadamard 积仍为一个对称半正定矩阵,称之为 Schur 定理.

定理 6.1.1 两对称(半)正定矩阵的 Hadamard 积仍对称(半)正定.

证明 对称半正定矩阵 $\boldsymbol{A},\boldsymbol{B}$ 可写成

$$\boldsymbol{A}=\sum_{i=1}^{r_{\boldsymbol{A}}}\boldsymbol{u}_i\boldsymbol{u}_i^{\mathrm{T}},\quad \boldsymbol{B}=\sum_{i=1}^{r_{\boldsymbol{B}}}\boldsymbol{v}_i\boldsymbol{v}_i^{\mathrm{T}}.$$

利用矩阵 Hadamard 积的性质,知

$$A \circ B = (\sum_{i=1}^{r_A} u_i u_i^{\mathrm{T}}) \circ (\sum_{i=1}^{r_B} v_j v_j^{\mathrm{T}}) = \sum_{i=1}^{r_A} \sum_{i=1}^{r_B} (u_i \circ v_j)(u_i \circ v_j)^{\mathrm{T}}.$$

从而由矩阵 A,B 半正定推知 $A \circ B$ 半正定.

在矩阵 A,B 正定的条件下,证明矩阵 Hadamard 积的正定性.

容易验证:对任意的 $x \in \mathbb{R}^n$,有

$$(A \circ B)x = \mathrm{diag}(A\mathrm{diag}(x)B).$$

从而有

$$\begin{aligned} x^{\mathrm{T}}(A \circ B)x &= x^{\mathrm{T}}\mathrm{diag}(A\mathrm{diag}(x)B) = \mathrm{tr}(\mathrm{diag}(x)A\mathrm{diag}(x)B) \\ &= \langle \mathrm{diag}(x)A\mathrm{diag}(x), B \rangle > 0. \end{aligned}$$

□

类似地,我们有下面的性质.

定理 6.1.2 设 A,B 是对称矩阵.

(1) 若 A,B 均为半负定矩阵,则 $A \circ B$ 为半正定矩阵;

(2) 若 A,B 均为负定矩阵,则 $A \circ B$ 为正定矩阵;

(3) 若 A,B 中一个为半负定矩阵,另一个为半正定矩阵,则 $A \circ B$ 为半负定矩阵;

(4) 若 A,B 中一个为负定矩阵,另一个为正定矩阵,则 $A \circ B$ 为负定矩阵.

根据上述证明过程,有如下结论.

推论 6.1.1 若矩阵 $A,B \in \mathbb{R}^{m \times n}$ 是同阶的,则

$$\mathrm{rank}(A \circ B) \leqslant \mathrm{rank}(A) \cdot \mathrm{rank}(B).$$

证明 设秩 $\mathrm{rank}(A) = r_1, \mathrm{rank}(B) = r_2$,则

$$A = \alpha_{11}\beta_{11} + \alpha_{12}\beta_{12} + \cdots + \alpha_{1r_1}\beta_{1r_1},$$
$$B = \alpha_{21}\beta_{21} + \alpha_{22}\beta_{22} + \cdots + \alpha_{2r_2}\beta_{2r_2},$$

其中 $\alpha_{11},\cdots,\alpha_{1r_1}$ 和 $\alpha_{21},\cdots,\alpha_{2r_2}$ 是两组线性无关的列向量组,$\beta_{11},\cdots \beta_{1r_1}$ 和 $\beta_{21},\cdots \beta_{2r_2}$ 是两组线性无关的行向量组.因此,有

$$A \circ B = \sum_{i=1}^{r_1} \sum_{j=1}^{r_2} (\alpha_{1i} \circ \alpha_{2j})(\beta_{1i} \circ \beta_{2j}).$$

因为 $\alpha_{1i} \circ \alpha_{2j}$ 为列向量,$\beta_{1i} \circ \beta_{2j}$ 为行向量,故

$$(\alpha_{1i} \circ \alpha_{2j})(\beta_{1i} \circ \beta_{2j}) \leqslant 1.$$

进一步,有

$$\begin{aligned} \mathrm{rank}(A \circ B) &= \mathrm{rank}(\sum_{i=1}^{r_1} \sum_{j=1}^{r_2} (\alpha_{1i} \circ \alpha_{2j})(\beta_{1i} \circ \beta_{2j})) \\ &\leqslant \sum_{i=1}^{r_1} \sum_{j=1}^{r_2} \mathrm{rank}((\alpha_{1i} \circ \alpha_{2j})(\beta_{1i} \circ \beta_{2j})) \\ &\leqslant \sum_{i=1}^{r_1} \sum_{j=1}^{r_2} 1 = r_1 r_2 = \mathrm{rank}(A) \cdot \mathrm{rank}(B). \end{aligned}$$

□

下面是关于非负矩阵 A,B 的 Hadamard 积的最大特征值上界的估计,Horn 等给出了谱半径 $\rho(A \circ B)$ 一个经典结果.

定理 6.1.3　设两个同阶矩阵 $\boldsymbol{A}=(a_{ij}),\boldsymbol{B}=(b_{ij})\in\mathbb{R}^{n\times n}$ 是两个非负矩阵,则

$$\rho(\boldsymbol{A}\circ\boldsymbol{B})\leqslant\rho(\boldsymbol{A})\rho(\boldsymbol{B}).$$

由 Gerschgorin 圆盘定理,我们可以得到 Hadamard 乘积矩阵谱半径 $\rho(\boldsymbol{A}\circ\boldsymbol{B})$ 的更精确的估计.

定理 6.1.4　设两个同阶矩阵 $\boldsymbol{A}=(a_{ij}),\boldsymbol{B}=(b_{ij})\in\mathbb{R}^{m\times n}$ 是两个非负矩阵,则

$$\rho(\boldsymbol{A}\circ\boldsymbol{B})\leqslant\max_{1\leqslant i\leqslant n}\{2a_{ii}b_{ii}+\rho(\boldsymbol{A})\rho(\boldsymbol{B})-a_{ii}\rho(\boldsymbol{B})-b_{ii}\rho(\boldsymbol{A})\}.$$

证明　设 $\rho(\boldsymbol{A}),\rho(\boldsymbol{B})$ 分别是非负矩阵 $\boldsymbol{A},\boldsymbol{B}$ 的谱半径,$\boldsymbol{x},\boldsymbol{y}$ 分别是谱半径对应的特征向量.由非负矩阵的性质,知 $\rho(\boldsymbol{A}),\rho(\boldsymbol{B})$ 是非负矩阵的最大特征值.特别地,当 $\boldsymbol{A},\boldsymbol{B}$ 不可约时,$\rho(\boldsymbol{A}),\rho(\boldsymbol{B})$ 对应的正特征向量为 $\boldsymbol{x},\boldsymbol{y}$.下面我们分两种情况证明结论成立.

(1) $\boldsymbol{A},\boldsymbol{B}$ 是不可约非负矩阵.对 $\rho(\boldsymbol{A}),\rho(\boldsymbol{B})$ 的正特征向量 $\boldsymbol{x},\boldsymbol{y}$,有

$$(\rho(\boldsymbol{A})-a_{ii})x_i=\sum_{j=1}^{n}a_{ij}x_j,$$

$$(\rho(\boldsymbol{B})-b_{ii})x_i=\sum_{j=1}^{n}b_{ij}y_j.$$

令对角矩阵 $\boldsymbol{P}=\mathrm{diag}(x_1y_1,\cdots,x_ny_n)$,由矩阵相似性的性质,$\boldsymbol{A}\circ\boldsymbol{B}$ 与 $P^{-1}(\boldsymbol{A}\circ\boldsymbol{B})\boldsymbol{P}$ 有相同的特征值.利用 Gerschgorin 圆盘定理,得

$$|\rho(\boldsymbol{A}\circ\boldsymbol{B})-a_{ii}b_{ii}|\leqslant\sum_{j=1}^{n}\frac{a_{ij}b_{ij}y_jx_j}{x_iy_i}.$$

由非负矩阵的 Perron-Frobenius 定理,得 $\rho(\boldsymbol{A}\circ\boldsymbol{B})\geqslant a_{ii}b_{ii}$.所以

$$\begin{aligned}\rho(\boldsymbol{A}\circ\boldsymbol{B})-a_{ii}b_{ii}&\leqslant\sum_{j=1}^{n}\frac{a_{ij}b_{ij}y_jx_j}{x_iy_i}\\&\leqslant\sum_{j=1}^{n}\frac{a_{ij}x_j}{x_i}\sum_{j=1}^{n}\frac{b_{ij}y_j}{y_i}\\&=(\rho(\boldsymbol{A})-a_{ii})(\rho(\boldsymbol{B})-b_{ii}).\end{aligned}$$

进一步,有

$$\rho(\boldsymbol{A}\circ\boldsymbol{B})\leqslant\max_{1\leqslant i\leqslant n}\{2a_{ii}b_{ii}+\rho(\boldsymbol{A})\rho(\boldsymbol{B})-a_{ii}\rho(\boldsymbol{B})-b_{ii}\rho(\boldsymbol{A})\},$$

结论成立.

(2) $\boldsymbol{A},\boldsymbol{B}$ 是可约非负矩阵.令 $\boldsymbol{S}$ 为每个矩阵元素都为 1 的矩阵.对任意正数 $\varepsilon>0$,$\boldsymbol{A}+\varepsilon\boldsymbol{S},\boldsymbol{B}+\varepsilon\boldsymbol{S}$ 是非负不可约的.用 $\boldsymbol{A}+\varepsilon\boldsymbol{S},\boldsymbol{B}+\varepsilon\boldsymbol{S}$ 分别代替 $\boldsymbol{A},\boldsymbol{B}$,重复(1)的证明过程,然后令 $\varepsilon\to0$,得结论成立.　□

6.2　矩阵的 Kronecker 积

矩阵 $\boldsymbol{A}\in\mathbb{R}^{m\times n},\boldsymbol{B}\in\mathbb{R}^{s\times t}$ 的 Kronecker 积(又称张量积)定义为

$$A\otimes B=\begin{pmatrix}a_{11}B & \cdots & a_{1n}B\\ \vdots & & \vdots\\ a_{m1}B & \cdots & a_{mn}B\end{pmatrix}.$$

为讨论其性质，需要将矩阵按列的先后次序进行上下叠放，这称为矩阵的拉直，又称向量算子. 具体过程如下：对矩阵 $A=(a_{ij})_{m\times n}$，

$$\mathrm{vec}(A)=(a_{11},\cdots,a_{n1};a_{12},\cdots,a_{n2};\cdots;a_{1n},\cdots,a_{mn}).$$

对上述两种运算，有如下结论.

性质 6.2.1 对可乘矩阵 A,B,C,D，下述结论成立：

$$(A\otimes B)^{\mathrm T}=A^{\mathrm T}\otimes B^{\mathrm T},$$
$$(A\otimes B)(C\otimes D)=(AC)\otimes(BD),$$
$$\mathrm{vec}(ABC)=(C^{\mathrm T}\otimes A)\mathrm{vec}(B),$$
$$\mathrm{vec}(AB+BC)=(I\otimes A+C^{\mathrm T}\otimes I)\mathrm{vec}(B).$$

证明 第一个式子可直接验证. 对第二个式子，设 $A\in\mathbb{R}^{m\times n}$，并用 $(A\otimes B)_{ij}$ 表示块阵 $a_{ij}B$，$(C\otimes D)_{ij}$ 表示块阵 $c_{ij}D$. 则

$$((A\otimes B)(C\otimes D))_{ij}=\sum_{k=1}^{n}(a_{ik}B)c_{kj}D=\sum_{k=1}^{n}a_{ik}c_{kj}BD$$
$$=(AC)_{ij}BD.$$

所以

$$(A\otimes B)(C\otimes D)=(AC)\otimes(BD).$$

对第四个式子，利用第二个式子，得

$$\mathrm{vec}(AB+BC)=\mathrm{vec}(ABI_k)+\mathrm{vec}(I_nBC)$$
$$=(I_k\otimes A+C^{\mathrm T}\otimes I)\mathrm{vec}(B).$$ □

利用上述结论，对 $A\in\mathbb{R}^{m\times m}$，$B\in\mathbb{R}^{m\times m}$ 和 $x\in\mathbb{R}^m$，$y\in\mathbb{R}^n$，有

$$(x\otimes y)^{\mathrm T}(A\otimes B)(x\otimes y)=x^{\mathrm T}Axy^{\mathrm T}By,$$

且

$$\mathrm{vec}(xy^{\mathrm T})=y\otimes x.$$

进一步，两矩阵的特征根与其 Kronecker 积的特征根之间有如下关系.

性质 6.2.2 设 m 阶方阵 A 和 n 阶方阵 B 的特征根分别为 λ_i 和 μ_j，对应的特征向量分别为 x_i 和 y_j $(i=1,2,\cdots,m;j=1,2,\cdots,n)$.

(1) $A\otimes B$ 的特征根和对应的特征向量分别为 $\lambda_i\mu_j$，$x_i\otimes y_j$ $(i,j=1,2,\cdots,m;j=1,2,\cdots,n)$.

(2) $A\otimes I_n+I_m\otimes B$ 的特征根为 $\lambda_i+\mu_j$，对应的特征向量为 $x_i\otimes y_j$ $(i=1,2,\cdots,m;j=1,2,\cdots,n)$.

证明 (1) 利用性质 6.2.1，有

$$(A\otimes B)(x_i\otimes y_j)=(Ax_i)\otimes(By_j)$$
$$=(\lambda_ix_i)\otimes(\mu_jy_j)=\lambda_i\mu_jx_i\otimes y_j.$$

再利用$(\boldsymbol{x}_i\otimes\boldsymbol{y}_j)^{\mathrm{T}}(\boldsymbol{x}_k\otimes\boldsymbol{y}_l)=(\boldsymbol{x}_i^{\mathrm{T}}\boldsymbol{x}_k)\otimes(\boldsymbol{y}_j^{\mathrm{T}}\boldsymbol{y}_l)$,推知特征向量的正交性.根据组合数,推知 $\boldsymbol{A}\otimes\boldsymbol{B}$ 的特征根全部为$\lambda_i\mu_j(i=1,2,\cdots,m;j=1,2,\cdots,n)$.

(2) 易知

$$
\begin{aligned}
&(\boldsymbol{A}\otimes\boldsymbol{I}_n+\boldsymbol{I}_m\otimes\boldsymbol{B})(\boldsymbol{x}_i\otimes\boldsymbol{y}_j)\\
&\quad=(\boldsymbol{A}\otimes\boldsymbol{I}_n)(\boldsymbol{x}_i\otimes\boldsymbol{y}_j)+(\boldsymbol{I}_m\otimes\boldsymbol{B})(\boldsymbol{x}_i\otimes\boldsymbol{y}_j)\\
&\quad=\boldsymbol{A}\boldsymbol{x}_i\otimes\boldsymbol{y}_j+\boldsymbol{x}_i\otimes\boldsymbol{B}\boldsymbol{y}_j=\lambda_i\boldsymbol{x}\otimes\boldsymbol{y}_j+\lambda_j\boldsymbol{x}\otimes\boldsymbol{y}_j\\
&\quad=(\lambda_i+\lambda_j)\boldsymbol{x}_i\otimes\boldsymbol{y}_j.
\end{aligned}
$$

□

推论 6.2.1　对 m 阶方阵$\boldsymbol{A}$和n 阶方阵$\boldsymbol{B}$,有

(1) $\mathrm{tr}(\boldsymbol{A}\otimes\boldsymbol{B})=\mathrm{tr}(\boldsymbol{B}\otimes\boldsymbol{A})=\mathrm{tr}(\boldsymbol{A})\mathrm{tr}(\boldsymbol{B})$;

(2) $\mathrm{rank}(\boldsymbol{A}\otimes\boldsymbol{B})=\mathrm{rank}(\boldsymbol{A})\cdot\mathrm{rank}(\boldsymbol{B})$.

性质 6.2.3　对矩阵 $\boldsymbol{A}\in\mathbb{R}^{m\times m},\boldsymbol{B}\in\mathbb{R}^{n\times n}$,下述结论成立:

(1) 两(半)正定矩阵的 Kronecker 积仍(半)正定;

(2) 若 $\boldsymbol{A},\boldsymbol{B}$ 非奇异,则 $\boldsymbol{A}\otimes\boldsymbol{B}$ 非奇异,且$(\boldsymbol{A}\otimes\boldsymbol{B})^{-1}=\boldsymbol{A}^{-1}\otimes\boldsymbol{B}^{-1}$;

(3) $|\boldsymbol{A}\otimes\boldsymbol{B}|=|\boldsymbol{B}\otimes\boldsymbol{A}|=|\boldsymbol{A}|^n|\boldsymbol{B}|^m$;

(4) $\|\boldsymbol{A}\otimes\boldsymbol{B}\|_{\mathrm{F}}^2=\|\boldsymbol{A}\|_{\mathrm{F}}^2\|\boldsymbol{B}\|_{\mathrm{F}}^2$.

证明　(1)由性质 6.2.2 立得.

(2) 由性质 6.2.1 中的第二式可得.

(3) 对方阵 $\boldsymbol{A}$,存在非奇异阵 $\boldsymbol{P}$,使得 $\boldsymbol{A}=\boldsymbol{P}\boldsymbol{J}\boldsymbol{P}^{-1}$,其中

$$
\boldsymbol{J}=\begin{pmatrix}\boldsymbol{J}_1&&&\\&\boldsymbol{J}_2&&\\&&\ddots&\\&&&\boldsymbol{J}_s\end{pmatrix}.
$$

显然,$|\boldsymbol{A}|=|\boldsymbol{J}|$.

利用性质 6.2.1,有

$$
\begin{aligned}
\boldsymbol{A}\otimes\boldsymbol{B}&=(\boldsymbol{I}_m\boldsymbol{A})\otimes(\boldsymbol{B}\boldsymbol{I}_n)=(\boldsymbol{I}_m\otimes\boldsymbol{B})(\boldsymbol{A}\otimes\boldsymbol{I}_n)\\
&=(\boldsymbol{I}_m\otimes\boldsymbol{B})((\boldsymbol{P}\boldsymbol{J}\boldsymbol{P}^{-1})\otimes\boldsymbol{I}_n)\\
&=(\boldsymbol{I}_m\otimes\boldsymbol{B})(\boldsymbol{P}\otimes\boldsymbol{I})(\boldsymbol{J}\otimes\boldsymbol{I})(\boldsymbol{P}\otimes\boldsymbol{I}_n)^{-1}.
\end{aligned}
$$

所以

$$
\begin{aligned}
|\boldsymbol{A}\otimes\boldsymbol{B}|&=|(\boldsymbol{I}_m\otimes\boldsymbol{B})(\boldsymbol{P}\otimes\boldsymbol{I})(\boldsymbol{J}\otimes\boldsymbol{I})(\boldsymbol{P}\otimes\boldsymbol{I}_n)^{-1}|\\
&=|\boldsymbol{B}|^m|\boldsymbol{J}|^n=|\boldsymbol{A}|^n|\boldsymbol{B}|^m.
\end{aligned}
$$

□

由上述讨论可知,矩阵的 Kronecker 积和矩阵的 Hadamard 积在(半)正定性及其与矩阵内积的联合乘积方面具有共性.

第 7 章

特殊矩阵

7.1 非负矩阵

若矩阵的所有元素都是非负的，则称该矩阵为非负矩阵，记为 $\boldsymbol{A}\geqslant\boldsymbol{0}$. 若所有的矩阵元素都是正的，则称这样的矩阵为正矩阵，记为 $\boldsymbol{A}>\boldsymbol{0}$.

对 n 阶矩阵 $\boldsymbol{A}=(a_{ij})_{n\times n}$，$\boldsymbol{B}=(b_{ij})_{n\times n}$，约定

$$\boldsymbol{A}\geqslant\boldsymbol{B}\quad\Leftrightarrow\quad a_{ij}\geqslant b_{ij}(i=1,2,\cdots,n;j=1,2,\cdots,n).$$

下面讨论非负矩阵的几个性质.

性质 7.1.1 (1) 矩阵 $\boldsymbol{A}\geqslant\boldsymbol{0}$ 当且仅当对于任意的 $\boldsymbol{x}\geqslant\boldsymbol{0}$，$\boldsymbol{A}\boldsymbol{x}\geqslant\boldsymbol{0}$.

(2) 若 $\boldsymbol{A}\geqslant\boldsymbol{B}$，则对任意的正整数 k，$\boldsymbol{A}^k\geqslant\boldsymbol{B}^k$.

(3) 非负对称矩阵的最大特征根必有非负特征向量，而非负矩阵的最大奇异值必有非负奇异值向量.

证明 (1) 根据矩阵与向量乘积的定义，显然成立.

(2) 以下用数学归纳法证明该结论. 当 $k=1$ 时，结论显然成立. 下面设结论对 k 成立，即 $\boldsymbol{A}^k\geqslant\boldsymbol{B}^k$. 则

$$\begin{aligned}\boldsymbol{A}^{k+1}-\boldsymbol{B}^{k+1}&=\boldsymbol{A}^{k+1}-\boldsymbol{A}^k\boldsymbol{B}+\boldsymbol{A}^k\boldsymbol{B}-\boldsymbol{B}^{k+1}\\&=\boldsymbol{A}^k(\boldsymbol{A}-\boldsymbol{B})+(\boldsymbol{A}^k-\boldsymbol{B}^k)\boldsymbol{B}.\end{aligned}$$

由归纳假设得 $\boldsymbol{A}^{k+1}\geqslant\boldsymbol{B}^{k+1}$.

(3) 首先，由对称矩阵的特征值知识，有

$$\lambda_{\max}=\max_{\|\boldsymbol{x}\|=1}\boldsymbol{x}^{\mathrm{T}}\boldsymbol{A}\boldsymbol{x},$$

极值点 $\boldsymbol{x}$ 为特征根 $\lambda_{\max}$ 的特征向量，所以非负对称矩阵必有非负特征根. 其次，对于任意的 $\boldsymbol{x}\in\mathbb{R}^n$，由于

$$\boldsymbol{x}^{\mathrm{T}}\boldsymbol{A}\boldsymbol{x}\leqslant|\boldsymbol{x}|^{\mathrm{T}}\boldsymbol{A}|\boldsymbol{x}|,$$

其中$|\boldsymbol{x}|=(|x_1|,|x_2|,\cdots,|x_n|)$，所以$|\boldsymbol{x}|$为非负矩阵$\boldsymbol{A}$的最大特征值的特征向量.

对非负矩阵$\boldsymbol{A}\in\mathbb{R}^{m\times n}$，首先，有

$$\sigma_1=\max_{\|\boldsymbol{x}\|=\|\boldsymbol{y}\|=1}\boldsymbol{x}^{\mathrm{T}}\boldsymbol{A}\boldsymbol{y},$$

而相应的$\boldsymbol{x},\boldsymbol{y}$为奇异值向量.其次，有

$$\boldsymbol{x}^{\mathrm{T}}\boldsymbol{A}\boldsymbol{y}\leqslant|\boldsymbol{x}|^{\mathrm{T}}\boldsymbol{A}|\boldsymbol{y}|,$$

所以$|\boldsymbol{x}|,|\boldsymbol{y}|$为非负矩阵$\boldsymbol{A}$的最大奇异值向量. □

一个n阶方阵是既约的(reducible)，若存在下标集$J\subset\{1,2,\cdots,n\}$，使得

$$a_{ij}=0,\quad\forall i\in J,\ j\notin J.$$

否则称其为非既约的.

易证，对既约矩阵，存在排列阵$\boldsymbol{P}$，使得$\boldsymbol{P}\boldsymbol{A}\boldsymbol{P}^{\mathrm{T}}$是块上三角阵，即

$$\boldsymbol{P}\boldsymbol{A}\boldsymbol{P}^{\mathrm{T}}=\begin{pmatrix}\boldsymbol{A}_{11}&\boldsymbol{A}_{12}\\\boldsymbol{0}&\boldsymbol{A}_{22}\end{pmatrix},$$

其中$\boldsymbol{A}_{11},\boldsymbol{A}_{22}$为方阵.

非负不可约矩阵的一个最大特点是：每一行的和为正值，且满足

$$\boldsymbol{A}\boldsymbol{x}=\boldsymbol{0},\boldsymbol{x}\geqslant\boldsymbol{0}\quad\Rightarrow\quad\boldsymbol{x}=\boldsymbol{0}.$$

下面给出非负不可约矩阵的几个性质.

定理 7.1.1 设非负矩阵$\boldsymbol{A}$不可约，非负向量$\boldsymbol{x}$有k个非零元素，则向量$\boldsymbol{y}=(\boldsymbol{I}+\boldsymbol{A})\boldsymbol{x}$中非零元个数大于$k$.

证明 根据题设，存在置换矩阵$\boldsymbol{P}$，使得$\boldsymbol{P}\boldsymbol{x}$的前$k$个分量非零，即$\boldsymbol{P}\boldsymbol{x}=\begin{pmatrix}\boldsymbol{x}^{(1)}\\\boldsymbol{0}\end{pmatrix}$.由于矩阵$\boldsymbol{A}$非负，故向量$\boldsymbol{y}=(\boldsymbol{I}+\boldsymbol{A})\boldsymbol{x}$中非零元个数至少为$k$.下证该个数大于$k$，否则由$x_i=0\Rightarrow(\boldsymbol{x}+\boldsymbol{A}\boldsymbol{x})_i=0$，推出$\boldsymbol{P}\boldsymbol{y}=\begin{pmatrix}\boldsymbol{y}^{(1)}\\\boldsymbol{0}\end{pmatrix}$，其中，$\boldsymbol{y}^{(1)}>\boldsymbol{0}$.而

$$\begin{aligned}\boldsymbol{P}\boldsymbol{y}&=\boldsymbol{P}\boldsymbol{x}+\boldsymbol{P}\boldsymbol{A}\boldsymbol{x}=\boldsymbol{P}\boldsymbol{x}+\boldsymbol{P}\boldsymbol{A}\boldsymbol{P}^{\mathrm{T}}\boldsymbol{P}\boldsymbol{x}\\&=\begin{pmatrix}\boldsymbol{x}^{(1)}\\\boldsymbol{0}\end{pmatrix}+\begin{pmatrix}\boldsymbol{A}_{11}&\boldsymbol{A}_{12}\\\boldsymbol{A}_{21}&\boldsymbol{A}_{22}\end{pmatrix}\begin{pmatrix}\boldsymbol{x}^{(1)}\\\boldsymbol{0}\end{pmatrix}=\begin{pmatrix}\boldsymbol{x}^{(1)}\\\boldsymbol{0}\end{pmatrix}+\begin{pmatrix}\boldsymbol{A}_{11}\boldsymbol{x}^{(1)}\\\boldsymbol{A}_{21}\boldsymbol{x}^{(1)}\end{pmatrix},\end{aligned}$$

因此，$\boldsymbol{A}_{21}\boldsymbol{x}^{(1)}=\boldsymbol{0}$，即$\boldsymbol{A}_{21}=\boldsymbol{0}$.这与矩阵$\boldsymbol{A}$不可约矛盾.

推论 7.1.1 对任意的非负不可约矩阵$\boldsymbol{A}$和非负非零向量$\boldsymbol{x}$，有$(\boldsymbol{I}+\boldsymbol{A})^{n-1}\boldsymbol{x}>\boldsymbol{0}$.进一步，$n$阶非负矩阵不可约的充分必要条件是$(\boldsymbol{I}+\boldsymbol{A})^{n-1}>\boldsymbol{0}$.

证明 第一个结论由定理 7.1.1 直接得证.对第二个结论，取$\boldsymbol{x}=\boldsymbol{e}_i$即得必要性.反过来，用反证法.设$n$阶方阵$\boldsymbol{A}$可约，则存在置换阵$\boldsymbol{P}$，使得

$$\boldsymbol{P}\boldsymbol{A}\boldsymbol{P}^{\mathrm{T}}=\begin{pmatrix}\boldsymbol{A}_{11}&\boldsymbol{A}_{12}\\\boldsymbol{0}&\boldsymbol{A}_{22}\end{pmatrix}.$$

进而有

$$P(I+A)^{n-1}P^{\mathrm{T}}=(P(I+A)P^{\mathrm{T}})^{n-1}=\begin{pmatrix} I+A_{11} & A_{12} \\ 0 & I+A_{22} \end{pmatrix}^{n-1}.$$

这与$(I+A)^{n-1}>0$矛盾. □

下面讨论非负不可约矩阵的特征根和特征向量.

定理 7.1.2 非负矩阵必有非负特征向量和非负特征根.

证明 考虑定义在$\{x\geqslant 0, \|x\|_2=1\}$上的映射$\phi(x)=\dfrac{Ax}{\|Ax\|_2}$. 由 Brouwer 不动点定理,存在单位非负向量x,使得$\dfrac{Ax}{\|Ax\|_2}=x$,也就是$Ax=\lambda x$. 这说明非负矩阵必存在非负特征根和对应的非负特征向量. □

定理 7.1.3 若非负不可约矩阵的非负特征值有非负特征向量,则该特征向量为正向量.

证明 设x为非负不可约矩阵A的非负特征根λ的特征向量,即$Ax=\lambda x$. 若x含有零分量,则存在置换阵P,使得$Px=\begin{pmatrix} x^{(1)} \\ 0 \end{pmatrix}$. 记$PAP^{\mathrm{T}}=\begin{pmatrix} A_{11} & A_{12} \\ A_{21} & A_{22} \end{pmatrix}$. 则

$$PAP^{\mathrm{T}}Px=\begin{pmatrix} A_{11} & A_{12} \\ A_{21} & A_{22} \end{pmatrix}\begin{pmatrix} x^{(1)} \\ 0 \end{pmatrix}=\begin{pmatrix} A_{11}x^{(1)} \\ A_{21}x^{(1)} \end{pmatrix}.$$

利用特征根的定义,有

$$PAP^{\mathrm{T}}Px=PAx=\lambda Px.$$

从而由$x^{(1)}\neq 0$知$A_{21}=0$. 这与A不可约矛盾,假设不成立,结论得证.

为讨论非负不可约矩阵的谱性质,我们给出如下定义.

定义 7.1.1 设n阶矩阵A非负不可约,则对任意的非零非负向量$x\in\mathbb{R}^n$,函数

$$r_A(x)=\min_{x_i>0}\frac{(Ax)_i}{x_i}$$

称为矩阵A的 Collatz-Wielandt 函数,简称 C-W 函数.

类似地,可以定义$R_A(x)=\max\limits_{x_i>0}\dfrac{(Ax)_i}{x_i}$.

下面讨论 C-W 函数的性质.

性质 7.1.2 非负不可约矩阵A的 C-W 函数$r_A(x)$满足:

(1) 函数$r_A(x)$为齐次有界函数;

(2) 对非负非零向量x和非负数ρ,若$Ax\geqslant\rho x$,则$r_A(x)\geqslant\rho$;

(3) 对非负非零向量x,$y=(I+A)^{n-1}x$满足$r_A(y)\geqslant r_A(x)$.

证明 (1) 首先,函数$r_A(x)$的齐次性易验证. 其次,该函数的非负性易于验证. 为讨论该函数的上界,根据函数的齐次性,不妨设$\|x\|_\infty=1$. 则

$$r_A(x)\leqslant\max(Ax)_i\leqslant\max_{1\leqslant i\leqslant n}\sum_{j=1}^{n}a_{ij}.$$

该上界可以达到.

(2) 由题设,$(\boldsymbol{Ax})_i \geqslant \rho \boldsymbol{x}_i$,所以对任意的 $\boldsymbol{x}_i \neq \boldsymbol{0}$,$(\boldsymbol{Ax})_i / x_i \geqslant \rho$. 由 C-W 函数的定义得证.

(3) 由于 $\boldsymbol{Ax} - r_{\boldsymbol{A}}(\boldsymbol{x})\boldsymbol{x} \geqslant \boldsymbol{0}$,所以

$$(\boldsymbol{I} + \boldsymbol{A})^{n-1}\boldsymbol{Ax} - (\boldsymbol{I} + \boldsymbol{A})^{n-1} r_{\boldsymbol{A}}(\boldsymbol{x})\boldsymbol{x} = \boldsymbol{A}(\boldsymbol{I} + \boldsymbol{A})^{n-1}\boldsymbol{x} - r_{\boldsymbol{A}}(\boldsymbol{x})(\boldsymbol{I} + \boldsymbol{A})^{n-1}\boldsymbol{x} \geqslant \boldsymbol{0}.$$

由(2)得 $r_{\boldsymbol{A}}(\boldsymbol{y}) \geqslant r_{\boldsymbol{A}}(\boldsymbol{x})$. □

性质 7.1.2′　非负不可约矩阵 $\boldsymbol{A}$ 的 $R_{\boldsymbol{A}}(\boldsymbol{x})$ 满足:

(1) 函数 $R_{\boldsymbol{A}}(\boldsymbol{x})$ 为齐次函数;

(2) 对非负非零向量 $\boldsymbol{x}$ 和非负数 ρ,若 $\boldsymbol{Ax} \leqslant \rho \boldsymbol{x}$,则 $r_{\boldsymbol{A}}(\boldsymbol{x}) \leqslant \rho$;

(3) 对非负非零向量 $\boldsymbol{x}$,$\boldsymbol{y} = (\boldsymbol{I} + \boldsymbol{A})^{n-1}\boldsymbol{x}$ 满足 $r_{\boldsymbol{A}}(\boldsymbol{y}) \leqslant r_{\boldsymbol{A}}(\boldsymbol{x})$.

由于 C-W 函数为齐次函数,所以我们可将 $\boldsymbol{x}$ 限制在集合 $\Sigma_n = \{\boldsymbol{x} \in \mathbb{R}^n \mid \boldsymbol{x} \geqslant \boldsymbol{0}, \|\boldsymbol{x}\|_1 = 1\}$ 上. 需要指出的是,C-W 函数在集合 Σ_n 上并不连续. 如

$$\boldsymbol{A} = \begin{pmatrix} 2 & 2 & 1 \\ 2 & 2 & 1 \\ 0 & 2 & 1 \end{pmatrix}, \quad \boldsymbol{x}(\varepsilon) = \frac{1}{1+\varepsilon}\begin{pmatrix} 1 \\ 0 \\ \varepsilon \end{pmatrix},$$

$$\boldsymbol{Ax}(\varepsilon) = \frac{1}{1+\varepsilon}\begin{pmatrix} 2+\varepsilon \\ 2+\varepsilon \\ \varepsilon \end{pmatrix}, \quad r_{\boldsymbol{A}}(\boldsymbol{x}(\varepsilon)) = \min\{2+\varepsilon, \varepsilon/\varepsilon\} = 1,$$

但 $r_{\boldsymbol{A}}(\boldsymbol{x}(0)) = 2$. 尽管如此,C-W 函数在 Σ_n 上可以达到极值.

定理 7.1.4　设 $\boldsymbol{A}$ 为非负不可约矩阵,则存在正向量 $\boldsymbol{x}^* \in \Sigma_n$,使得 $r_{\boldsymbol{A}}(\boldsymbol{x}^*) = \max\limits_{x \in \Sigma_n} r_{\boldsymbol{A}}(\boldsymbol{x})$.

证明　定义集合 $G = \{\boldsymbol{y} \mid \boldsymbol{y} = (\boldsymbol{I} + \boldsymbol{A})^{n-1}\boldsymbol{x}, \boldsymbol{x} \in \Sigma_n\}$. 显然,该集合是有界闭集,而由推论 7.1.1,G 不含零元素. 这样,$r_{\boldsymbol{A}}(\boldsymbol{y})$ 在集合 G 上连续,且由 G 的有界性知 $r_{\boldsymbol{A}}(\boldsymbol{y})$ 在 G 上可取到最大值. 由性质 7.1.2(3),对任意的非零非负向量 $\boldsymbol{x}$,$r_{\boldsymbol{A}}(\boldsymbol{y}) \geqslant r_{\boldsymbol{A}}(\boldsymbol{x})$. □

定理 7.1.3′　设 $\boldsymbol{A}$ 为非负不可约矩阵,则存在正向量 $\boldsymbol{x}^* \in \Sigma_n$ 使得 $R_{\boldsymbol{A}}(\boldsymbol{x}^*) = \min\limits_{x \in \Sigma_n} r_{\boldsymbol{A}}(\boldsymbol{x})$.

基于此,可建立非负既约矩阵的 Perron-Frobenius 定理.

定理 7.1.5　非负不可约矩阵 $\boldsymbol{A}$ 的谱半径为矩阵 $\boldsymbol{A}$ 的一个特征根,且该特征根有一个正的特征向量.

证明　设 $\boldsymbol{A}$ 为非负不可约矩阵,则根据定理 7.1.4 及其证明过程,存在正向量 $\boldsymbol{x}^* \in \Sigma_n$,使得 $r = r_{\boldsymbol{A}}(\boldsymbol{x}^*) = \max\{r_{\boldsymbol{A}}(\boldsymbol{x}) \mid \boldsymbol{x} \in \Sigma_n\}$. 由 $\boldsymbol{A}$ 的不可约性和非负性,易验证 $r_{\boldsymbol{A}}(\boldsymbol{x}^*) > 0$. 下证 r 为矩阵 $\boldsymbol{A}$ 的特征根,而 $\boldsymbol{x}^*$ 为相应的特征向量.

首先,根据定义,有

$$Ax^* - rx^* \geqslant \mathbf{0}.$$

若等号不成立，则 $y = Ax^* - rx^* \neq \mathbf{0}$. 根据推论 7.1.1，$(I + A)^{n-1}y > \mathbf{0}$，即

$$(I + A)^{n-1}Ax^* > (I + A)^{n-1}rx^*.$$

记 $\bar{y} = (I + A)^{n-1}x^*$，则有

$$A\bar{y} > r\bar{y}.$$

这说明，存在正数 $\tau > 0$，使得

$$A\bar{y} \geqslant (r + \tau)\bar{y},$$

这与 r 为 C-W 函数的最大值矛盾. 所以 $Ax^* = rx^*$.

下证 $r = \rho(A)$. 设 ρ 为矩阵 A 的模最大的特征值，x 为相应的单位特征向量. 则由 $Ax = \rho x$ 得 $A|x| \geqslant |\rho|\ |x|$. 由性质 7.1.2(2)，得 $\rho \leqslant r$. □

根据上述证明过程，有

$$\rho(A) = \max_{x \in \Sigma_n} r_A(x).$$

由同样的证明过程，可得

$$\rho(A) = \min_{x \in \Sigma_n} R_A(x).$$

这说明，对任意的非零非负向量 x，有

$$\min_i \frac{(Ax)_i}{x_i} \leqslant \rho(A) \leqslant \max_i \frac{(Ax)_i}{x_i}.$$

进一步，有如下结论.

定理 7.1.6 非负不可约矩阵的谱半径的特征子空间的维数为 1.

证明 在谱半径的特征子空间 $\{x \mid Ax = \rho x\}$ 中任取一个特征向量 x，则

$$Ax = \rho x.$$

由与定理 7.2.4 同样的证明过程，得

$$|Ax| = \rho|x|, \quad |x| > 0.$$

这说明谱半径的特征子空间 $\{x \mid Ax = \rho x\}$ 中的向量不含零元素. 从而，若该子空间的维数大于 1，则由于两个互不相关的特征向量的线性组合仍为其特征向量，可得一个含有零元素的非零特征向量，矛盾. □

进一步可以证明，非负不可约矩阵的谱半径为该矩阵的单特征根.

下面在不可约非负矩阵的基础上讨论既约矩阵，也就是一般的非负矩阵的性质.

定理 7.1.7 非负既约矩阵的谱半径为其特征根，且矩阵有一非负特征向量.

证明 设矩阵 A 为非负矩阵，B 为同阶正矩阵. 则对任意的 $\varepsilon > 0$，$A(\varepsilon) = A + \varepsilon B$ 为非负不可约矩阵. 根据定理 7.1.5，矩阵 $A(\varepsilon)$ 的谱半径 $\rho(A(\varepsilon))$ 为其特征根，且有正的特征向量 $x(\varepsilon)$. 由于矩阵的特征值、谱半径和特征向量为矩阵元素的连续函数，故在 $\varepsilon \to 0^+$ 时，有

$$A(\varepsilon) \to A, \quad \rho(A(\varepsilon)) \to \rho(A), \quad x(\varepsilon) \to x \geqslant \mathbf{0},$$

满足

$$\boldsymbol{Ax} = \rho(\boldsymbol{A})\boldsymbol{x}.$$ □

定理 7.1.8　若同阶非负矩阵 $\boldsymbol{A},\boldsymbol{B}$ 满足 $\boldsymbol{A}\geqslant\boldsymbol{B}\geqslant\boldsymbol{0}$，则 $\rho(\boldsymbol{A})\geqslant\rho(\boldsymbol{B})$.

证明　设 $\boldsymbol{y}\in\mathbb{R}^n$ 为非负矩阵 $\boldsymbol{B}$ 对应于 $\rho(\boldsymbol{B})$ 的特征向量，$\rho(\boldsymbol{B})=(\boldsymbol{By})_i/y_i$，

$$\rho(\boldsymbol{A}) = \max_{x\in\Sigma_n}\min_i\frac{(\boldsymbol{Ax})_i}{x_i}\geqslant\min_i\frac{(\boldsymbol{Ay})_i}{y_i}\geqslant\frac{(\boldsymbol{By})_i}{y_i} = \rho(\boldsymbol{B}).$$ □

推论 7.1.2　任意非负矩阵的谱半径不小于其主子阵的谱半径.

定理 7.1.9　对非负矩阵 $\boldsymbol{A}$，若存在非零非负向量 $\boldsymbol{x}$ 和正数 a，满足 $\boldsymbol{Ax}\geqslant a\boldsymbol{x}$，则 $\rho(\boldsymbol{A})\geqslant a$.

证明　令 $\boldsymbol{A}(\varepsilon)=\boldsymbol{A}+\varepsilon\boldsymbol{ee}^{\mathrm{T}}$，其中 $\varepsilon>0$. 则 $\boldsymbol{A}(\varepsilon)$ 为非负不可约矩阵，且

$$\boldsymbol{A}(\varepsilon)\boldsymbol{x}\geqslant\boldsymbol{Ax}\geqslant a\boldsymbol{x}.$$

由性质 7.1.2(2) 和定理 7.1.4 和 7.1.5，知 $\rho(\boldsymbol{A}(\varepsilon))\geqslant a$. 令 $\varepsilon\to0$，即得结论. □

至此，我们利用 C-W 函数证明了非负不可约矩阵的谱半径为其单特征根，而且特征根的几何重数为 1. 事实上，一个更完整的结论是

$$\min_{x>0}\max_i\frac{(\boldsymbol{Ax})_i}{x_i} = \rho(\boldsymbol{A}) = \max_{x>0}\min_i\frac{(\boldsymbol{Ax})_i}{x_i}.$$

在数值代数中，给定一个矩阵，求出其特征值或特征向量的问题称为矩阵的特征值问题. 矩阵的逆特征值问题，就是在一定的限制条件下，求出某矩阵，使其具有给定的特征值或特征向量. 矩阵的逆特征值问题的应用背景非常广泛. 它不仅来自对数学物理逆问题的离散化，而且来自固体力学、粒子物理及自动控制等领域.

对非负矩阵的逆特征值问题的研究主要有：

(ⅰ) 逆特征值问题：确定一个复数是某个 n 阶非负矩阵特征值的充要条件.

(ⅱ) 逆谱问题：确定一个 n 元复(实)数组是某个 n 阶非负矩阵(对称非负矩阵)的谱的充要条件.

下面，我们以一个例子说明第一个问题.

例 7.1.1　求一个非负矩阵，使它的一个特征值是 $\alpha+\mathrm{i}\beta$，其中 α,β 是任意的实数.

设矩阵

$$\boldsymbol{A}(\alpha,\beta) = \begin{bmatrix} |\alpha| & |\beta| & 0 & 0 \\ 0 & |\alpha| & |\beta| & 0 \\ 0 & 0 & |\alpha| & |\beta| \\ |\beta| & 0 & 0 & |\alpha| \end{bmatrix}.$$

不难计算 $\boldsymbol{A}(\alpha,\beta)$ 的特征值是 $|\alpha|\pm|\beta|$，$|\alpha|\pm\mathrm{i}|\beta|$.

设矩阵 $\boldsymbol{B}(\alpha,\beta)$ 是下面的 8 阶非负矩阵：

$$\boldsymbol{B}(\alpha,\beta) = \begin{pmatrix} \boldsymbol{0} & \boldsymbol{A}(\alpha,\beta) \\ \boldsymbol{A}(\alpha,\beta) & \boldsymbol{0} \end{pmatrix}.$$

直接计算，得 $\boldsymbol{B}(\alpha,\beta)$ 的特征值为 $\pm|\alpha|\pm|\beta|$，$\pm|\alpha|\pm\mathrm{i}|\beta|$. 显然负数 $\alpha+\mathrm{i}\beta$ 是非负矩阵 $\boldsymbol{B}(\alpha,\beta)$ 的一个特征值.

非负矩阵的逆谱问题到目前为止还有很多问题需要解决,这里所给出的结果只是 n 元数组 $\sigma=(\lambda_1,\lambda_2,\cdots,\lambda_n)$ 是某个非负矩阵或对称非负矩阵的谱的充分必要条件.

如果 n 元数组 $\sigma=(\lambda_1,\lambda_2,\cdots,\lambda_n)$ 是某个 n 阶非负矩阵 $\boldsymbol{A}$ 的谱,显然,下面各式成立:

$$(\lambda_1,\lambda_2,\cdots,\lambda_n)=(\bar{\lambda}_1,\bar{\lambda}_2,\cdots,\bar{\lambda}_n)=\bar{\sigma}(\boldsymbol{A}), \tag{7.1.1}$$

$$\rho(\boldsymbol{A})=\max\{|\lambda_i|,\lambda_i\in\sigma(\boldsymbol{A})\}, \tag{7.1.2}$$

且对于任意的正整数 k,有

$$s_k=\sum_{i=1}^{n}\lambda_i^k\geqslant 0. \tag{7.1.3}$$

但是对 $n\geqslant 3$,即使上述三个条件都成立,它们也不是充分条件.例如,五元数组

$$(3,3,-2,-2,-2)$$

满足上述三个条件,但它不是某个非负矩阵的谱.因为如果5阶非负矩阵 $\boldsymbol{A}$ 有谱 $\sigma(\boldsymbol{A})=\{3,3,-2,-2,-2\}$,则矩阵 $\boldsymbol{A}$ 是可约矩阵,它有一个主子矩阵,其谱为 $\sigma=(3,3,-2,-2,-2)$,但在这种情况下,该非负矩阵的迹为负数,矛盾.

首先给出有关定义和符号.

定义 7.1.2 如果 $\lambda_1,\lambda_2,\cdots,\lambda_n$ 是 n 阶矩阵 $\boldsymbol{A}$ 的全体特征值且 $\rho(\boldsymbol{A})=\lambda_1$,则称 $\boldsymbol{A}$ 实现了 n 元数组 $(\lambda_1,\lambda_2,\cdots,\lambda_n)$,其中 $\lambda_2,\cdots,\lambda_n$ 无序.

用 N^n 表示所有由某个 n 阶非负矩阵实现的 n 元复数组所组成的集合;用 S^n $(\bar{S}^n)$ 表示所有由某个 n 阶对称非负(正)矩阵实现的 n 元复数组所组成的集合.

除了上面所给出的三个必要条件外,我们还需要如下的必要条件,它是由 Loewy 和 London 给出的.

定理 7.1.10 设 $(\lambda_1,\lambda_2,\cdots,\lambda_n)\in N^n$,则对于任意的正整数 k 和 m,有

$$s_k^m\leqslant n^{m-1}s_{km}, \tag{7.1.4}$$

其中 $s_k=\sum_{i=1}^{n}\lambda_i^k$.

证明 设 n 阶非负矩阵 $\boldsymbol{A}=(a_{ij})$ 实现 $(\lambda_1,\lambda_2,\cdots,\lambda_n)$;并设 $\boldsymbol{B}=\boldsymbol{A}^k=(b_{ij})$,对角矩阵 $\boldsymbol{D}=\mathrm{diag}(b_{11},b_{22},\cdots,b_{nn})$,则由 $\boldsymbol{B}$ 的非负性得知,对于任意正整数 m,有 $\boldsymbol{B}^m\geqslant\boldsymbol{D}^m$.根据 Hölder 不等式,有

$$\mathrm{tr}(\boldsymbol{B}^m)\geqslant\mathrm{tr}(\boldsymbol{D}^m)=\sum_{i=1}^{n}b_{ii}^m\geqslant\frac{1}{n^{m-1}}\Big(\sum_{i=1}^{n}b_{ii}\Big)^m.$$

但是

$$\mathrm{tr}(\boldsymbol{B}^m)=\mathrm{tr}(\boldsymbol{A}^{km})=s_{km},\quad \mathrm{tr}(\boldsymbol{B})=\sum_{i=1}^{n}b_{ii}=\mathrm{tr}(\boldsymbol{A}^k)=s_k,$$

故有 $s_k^m\leqslant n^{m-1}s_{km}$. □

事实上,由 $s_1\geqslant 0$ 和条件(1.7.4)可以推出条件(1.7.3).下面的例子说明,对

$n\geqslant 4$，即使 n 元复数组$(\lambda_1,\lambda_2,\cdots,\lambda_n)$ 满足条件(1.7.1)～(1.7.4)，也有

$$(\lambda_1,\lambda_2,\cdots,\lambda_n)\notin N^n.$$

例 1.7.2　n 元数组$(\sqrt{2},\sqrt{2},\mathrm{i},-\mathrm{i},0,\cdots,0)$满足条件(1.7.1)～(1.7.4)，但是

$$(\sqrt{2},\sqrt{2},\mathrm{i},-\mathrm{i},0,\cdots,0)\notin N^n.$$

直接验证，n 元数组$(\sqrt{2},\sqrt{2},\mathrm{i},-\mathrm{i},0,\cdots,0)$满足条件(1.7.1)～(1.7.3)，下证也满足条件(1.7.4)。

当 $m=1$ 时，条件(1.7.4)等号成立，显然满足. 设 $m\geqslant 2$，如果 k 是正奇数，则因为 $n\geqslant 4$，所以有

$$s_k^m=(2^{1+\frac{k}{2}})^m\leqslant 2^{2m-2+\frac{km}{2}}\leqslant 4^{m-1}(2^{1+\frac{km}{2}}-2)\leqslant n^{m-1}s_{km}.$$

如果 $k\equiv 2(\mathrm{mod}4)$，则

$$s_k^m=(2^{1+\frac{k}{2}}-2)^m<(2^{1+\frac{k}{2}})^m\leqslant 2^{2m-2+\frac{km}{2}}\leqslant 4^{m-1}(2^{1+\frac{km}{2}}-2)\leqslant n^{m-1}s_{km},$$

从而条件(1.7.4)成立.

最后，如果 $k\equiv 0(\mathrm{mod}4)$，则

$$s_k^m=(2^{1+\frac{k}{2}}+2)^m<(2^{\frac{k+3}{2}})^m\leqslant 2^{\frac{m(k+4)}{2}-1}\leqslant 4^{m-1}(2^{1+\frac{km}{2}})\leqslant n^{m-1}s_{km}.$$

因此所给出的 n 元数组满足条件(1.7.4)，但它不是某个非负矩阵的谱. 否则，如果有一个非负矩阵 $\boldsymbol{A}$ 实现数组$(\sqrt{2},\sqrt{2},\mathrm{i},-\mathrm{i},0,\cdots,0)$，则由 Perron-Frobenius 定理知 $\boldsymbol{A}$ 是可约矩阵，从而 $\boldsymbol{A}$ 有一个主子矩阵，其非零特征值为$(\sqrt{2},\mathrm{i},-\mathrm{i},)$. 但是，这些特征值不满足条件(1.7.4)，因此$(\sqrt{2},\sqrt{2},\mathrm{i},-\mathrm{i},0,\cdots,0)\notin N^n$.

现在讨论 $n\leqslant 3$ 时的情况. 当 $n=2$ 时，如果(λ_1,λ_2)满足条件(1.7.1)和(1.7.2)，则非负矩阵

$$\boldsymbol{A}=\frac{1}{2}\begin{pmatrix}\lambda_1+\lambda_2 & \lambda_1-\lambda_2\\ \lambda_1-\lambda_2 & \lambda_1+\lambda_2\end{pmatrix}$$

实现(λ_1,λ_2).

当 $n=3$ 时，用下面的定理进行刻画：

定理 7.1.11　设$(\lambda_1,\lambda_2,\lambda_3)$满足条件(1.7.1)和(1.7.2)，$s_1\geqslant 0$ 和 $s_1^2\leqslant 3s_2$，则$(\lambda_1,\lambda_2,\lambda_3)\in N^3$.

证明　我们分三种情况来证明.

(1) 当 $\lambda_2\geqslant 0$ 时，λ_3是实数，则非负矩阵

$$\boldsymbol{A}=(\lambda_2)\oplus\frac{1}{2}\begin{pmatrix}\lambda_1+\lambda_3 & \lambda_1-\lambda_3\\ \lambda_1-\lambda_3 & \lambda_1+\lambda_3\end{pmatrix}$$

实现$(\lambda_1,\lambda_2,\lambda_3)$.

(2) 当 λ_2,λ_3 都是负数时，则非负矩阵

$$\boldsymbol{A}=\frac{1}{2}\begin{pmatrix}\lambda_1+\lambda_2+\lambda_3 & \lambda_1-\lambda_2+\lambda_3 & 1\\ \lambda_1-\lambda_2+\lambda_3 & \lambda_1+\lambda_2+\lambda_3 & 1\\ -2\lambda_1\lambda_3 & -2\lambda_1\lambda_3 & 0\end{pmatrix}$$

实现$(\lambda_1,\lambda_2,\lambda_3)$.

(3) 当λ_2,λ_3互为共轭复数时,例如它们是$(\lambda_1,|\lambda_2|e^{i\theta},|\lambda_2|e^{-i\theta})$,则非负循环矩阵

$$A=\frac{|\lambda_2|}{3}\begin{pmatrix}\rho+2\cos\theta & \rho-2\cos\left(\frac{\pi}{3}+\theta\right) & \rho-2\cos\left(\frac{\pi}{3}-\theta\right)\\ \rho-2\cos\left(\frac{\pi}{3}-\theta\right) & \rho+2\cos\theta & \rho-2\cos\left(\frac{\pi}{3}+\theta\right)\\ \rho-2\cos\left(\frac{\pi}{3}+\theta\right) & \rho-2\cos\left(\frac{\pi}{3}-\theta\right) & \rho+2\cos\theta\end{pmatrix}$$

实现$(\lambda_1,|\lambda_2|e^{i\theta},|\lambda_2|e^{-i\theta})$,其中$\rho=\lambda_1/|\lambda_2|\geqslant 1$.

由定理所给出的条件知道$\rho+2\cos\theta\geqslant 0$和$(\rho+2\cos\theta)^2\leqslant 3(\rho+2\cos\theta)$.由此可得$\left(\rho-2\cos\left(\frac{\pi}{3}+\theta\right)\right)\left(\rho-2\cos\left(\frac{\pi}{3}-\theta\right)\right)\geqslant 0$.因为对于$0<\theta<\pi$及$\rho\geqslant 1$,有$\rho-2\cos\left(\frac{\pi}{3}+\theta\right)\geqslant 0$,故$\rho-2\cos\left(\frac{\pi}{3}-\theta\right)\geqslant 0$,从而有$A\geqslant \mathbf{0}$,即$(\lambda_1,\lambda_2,\lambda_3)\in N^3$. □

定理 7.1.12 设三元数组$\sigma=(\rho,re^{i\theta},re^{-i\theta})(0\leqslant r\leqslant\rho)$是非负矩阵的谱的充分必要条件是$re^{i\theta}$包含于定点为$(\rho,\rho e^{i\theta},\rho e^{-i\theta})$的三角形内部(包括边界).

上面给出了$n=2,3$时,n元数组是某个非负矩阵的谱的充分必要条件.下面简单给出当$s_1=0$且$n=4,5$时非负矩阵的逆特征值问题.

定理 7.1.13 设四元数组$\sigma=(\lambda_1,\lambda_2,\lambda_3,\lambda_4)$满足条件$s_1=0,s_2\geqslant 0,s_3\geqslant 0$和$s_2^2\leqslant 4s_4$,则$(\lambda_1,\lambda_2,\lambda_3,\lambda_4)\in N^4$.

定理 7.1.14 设满足条件(1.7.1)和(1.7.2)以及$s_1=0$的五元数组$\sigma=(\lambda_1,\lambda_2,\lambda_3,\lambda_4,\lambda_5)$是一非负矩阵的谱的充分必要条件是:

(1) $s_k\geqslant 0(k=1,2,3,4,5)$;

(2) $s_2^2\leqslant 4s_4$;

(3) $12s_5-5s_2s_3+5s_3\sqrt{4s_4-s_2{}^2}\geqslant 0$.

7.2 对称半正定矩阵

容易知道n阶实对称矩阵组成的线性空间S_n与反对称矩阵组成的空间在上述内积意义下是正交的,即对于n阶对称矩阵A和反对称矩阵B,有

$$\langle A,B\rangle=\sum_{i<j}a_{ij}b_{ij}+\sum_{i>j}a_{ij}(-b_{ji})=0.$$

容易验证,对称矩阵满足如下性质.

性质 7.2.1 设A为n阶对称矩阵.则

$$\lambda_{\max}(A)=\max_{\|x\|=1}x^{\mathrm{T}}Ax\geqslant\max\{a_{ii}\mid i=1,2,\cdots,n\}.$$

显然，对称半正定矩阵构成一个闭凸尖锥，记为 S_n^+. 该锥的内点集就是由对称正定矩阵构成的集合，记为 S_n^{++}. 下面的结论说明锥 S_n^+ 在顶点张开的最大角度为 $\pi/2$.

引理 7.2.1 对 $\boldsymbol{A},\boldsymbol{B}\in S_n^+$，$\langle \boldsymbol{A},\boldsymbol{B}\rangle\geqslant 0$，且 $\langle \boldsymbol{A},\boldsymbol{B}\rangle=0$ 的充分必要条件是 $\boldsymbol{AB}=\boldsymbol{0}$.

证明 设 $\mathrm{rank}(\boldsymbol{A})=r$，则存在正交矩阵 $\boldsymbol{P}$，使得

$$\boldsymbol{A}=\boldsymbol{P\Lambda P}^{\mathrm{T}},$$

其中 $\boldsymbol{\Lambda}=\mathrm{diag}(\lambda_1,\lambda_2,\cdots,\lambda_r,0,\cdots,0)$. 从而

$$\langle \boldsymbol{A},\boldsymbol{B}\rangle=\mathrm{tr}(\boldsymbol{P\Lambda P}^{\mathrm{T}}\boldsymbol{B})=\mathrm{tr}(\boldsymbol{\Lambda P}^{\mathrm{T}}\boldsymbol{BP})=\langle \boldsymbol{\Lambda},\boldsymbol{P}^{\mathrm{T}}\boldsymbol{BP}\rangle\geqslant 0,$$

其中最后的不等式利用了 $\boldsymbol{P}^{\mathrm{T}}\boldsymbol{BP}$ 是对称正定矩阵，从而其对角元为正的.

对后一个结论，显然 $\boldsymbol{AB}=\boldsymbol{0}\Rightarrow\langle \boldsymbol{A},\boldsymbol{B}\rangle=0$. 反过来，若 $\langle \boldsymbol{A},\boldsymbol{B}\rangle=0$，则由上面的式子得到

$$\boldsymbol{P}_{\cdot i}^{\mathrm{T}}\boldsymbol{BP}_{\cdot i}=\boldsymbol{0},\quad i=1,2,\cdots,r.$$

由 $\boldsymbol{B}$ 半正定，得到

$$\boldsymbol{BP}_{\cdot i}=\boldsymbol{0},\quad i=1,2,\cdots,r.$$

从而有

$$\boldsymbol{AB}=\boldsymbol{P\Lambda P}^{\mathrm{T}}\boldsymbol{B}=\boldsymbol{P}\mathrm{diag}(\lambda_1,\lambda_2,\cdots,\lambda_r,0)\boldsymbol{P}^{\mathrm{T}}\boldsymbol{B}=\sum_{i=1}^{r}\lambda_i\boldsymbol{P}_{\cdot i}\boldsymbol{P}_{\cdot i}{}^{\mathrm{T}}\boldsymbol{B}=\boldsymbol{0}.\quad\square$$

下面的结论告诉我们：矩阵的特征值可以界定半正定矩阵的内积.

引理 7.2.2 设 $\boldsymbol{A},\boldsymbol{B}\in S_n^+$，则

$$\begin{aligned}\lambda_{\min}(\boldsymbol{A})\lambda_{\max}(\boldsymbol{B})&\leqslant\lambda_{\min}(\boldsymbol{A})\mathrm{tr}(\boldsymbol{B})\leqslant\langle \boldsymbol{A},\boldsymbol{B}\rangle\\&\leqslant\lambda_{\max}(\boldsymbol{A})\mathrm{tr}(\boldsymbol{B})\leqslant n\lambda_{\max}(\boldsymbol{A})\lambda_{\max}(\boldsymbol{B}).\end{aligned}$$

证明 只证明左边的两个不等式.

由于 $\boldsymbol{A}$ 为对称半正定矩阵，故存在正交阵 $\boldsymbol{P}$，使得 $\boldsymbol{A}=\boldsymbol{P\Lambda P}^{\mathrm{T}}$，其中 $\boldsymbol{\Lambda}$ 为对角阵. 所以

$$\begin{aligned}\langle \boldsymbol{A},\boldsymbol{B}\rangle&=\mathrm{tr}(\boldsymbol{AB})=\mathrm{tr}(\boldsymbol{P\Lambda P}^{\mathrm{T}}\boldsymbol{B})=\mathrm{tr}(\boldsymbol{\Lambda P}^{\mathrm{T}}\boldsymbol{BP})\\&\geqslant\lambda_{\min}(\boldsymbol{A})\mathrm{tr}(\boldsymbol{P}^{\mathrm{T}}\boldsymbol{BP})=\lambda_{\min}(\boldsymbol{A})\mathrm{tr}(\boldsymbol{B})\\&\geqslant\lambda_{\min}(\boldsymbol{A})\lambda_{\max}(\boldsymbol{B}).\end{aligned}\quad\square$$

锥 S 的对偶锥定义为 $S^*=\{\boldsymbol{y}\mid\langle \boldsymbol{x},\boldsymbol{y}\rangle\geqslant 0,\forall\,\boldsymbol{x}\in C\}$. 则半正定对称矩阵所构成的锥 S_n^+ 是自对偶的，也就是 $S_n^{+*}=S_n^+$. 事实上，根据引理 7.2.1，有 $S_n^+\subseteq S_n^{+*}$. 反过来，对任意的 $\boldsymbol{x}\in\mathbb{R}^n$，由于矩阵 $\boldsymbol{xx}^{\mathrm{T}}$ 对称、半正定，所以对任意的 $\boldsymbol{A}\in S_n^{+*}$，有

$$0\leqslant\langle \boldsymbol{A},\boldsymbol{xx}^{\mathrm{T}}\rangle=\boldsymbol{x}^{\mathrm{T}}\boldsymbol{Ax}.$$

这说明 $\boldsymbol{A}\in S_n^+$，也就是 $S_n^{+*}\subseteq S_n^+$.

上述结论表明：对称矩阵 $\boldsymbol{A}$ 半正定当且仅当对于任意的对称半正定矩阵 $\boldsymbol{B}$，均有 $\langle \boldsymbol{A},\boldsymbol{B}\rangle\geqslant 0$. 该结论又称 Fejer 迹定理.

对于半正定矩阵，袁亚湘给出了如下结论.

定理 7.2.1 对 n 阶对称矩阵 $\boldsymbol{A},\boldsymbol{B}$,下述两个结论等价:

(1) 对任意的 $\boldsymbol{x}\in\mathbb{R}^n$,$\max\{\boldsymbol{x}^{\mathrm{T}}\boldsymbol{A}\boldsymbol{x},\boldsymbol{x}^{\mathrm{T}}\boldsymbol{B}\boldsymbol{x}\}\geqslant 0(>0)$;

(2) 存在常数 $\mu_1,\mu_2\geqslant 0$,满足 $\mu_1+\mu_2=1$,使得 $\mu_1\boldsymbol{A}_1+\mu_2\boldsymbol{A}_2\geqslant\boldsymbol{0}(>\boldsymbol{0})$.

证明 考虑优化问题

$$\begin{aligned}&\min t,\\ &\text{s.t. } t-\boldsymbol{x}^{\mathrm{T}}\boldsymbol{A}\boldsymbol{x}\geqslant 0,\\ &\quad\ \ t-\boldsymbol{x}^{\mathrm{T}}\boldsymbol{B}\boldsymbol{x}\geqslant 0,\\ &\quad\ \ \boldsymbol{x}^{\mathrm{T}}\boldsymbol{x}\geqslant 1.\end{aligned}$$

显然,(1)成立的充分必要条件是上述优化问题的最优值 $t^*\geqslant 0$,而(1)不成立的充要条件是 $t^*=-\infty$.

考虑上述优化问题的 Lagrange 函数

$$\max_{\boldsymbol{\mu}\geqslant\boldsymbol{0}}\min_{t,\boldsymbol{x}}L(t,\mu_1,\mu_2,\mu_3)=t-\mu_1(t-\boldsymbol{x}^{\mathrm{T}}\boldsymbol{A}\boldsymbol{x})-\mu_2(t-\boldsymbol{x}^{\mathrm{T}}\boldsymbol{B}\boldsymbol{x})-\mu_3\boldsymbol{x}^{\mathrm{T}}\boldsymbol{x}.$$

对内层约束优化问题,利用最优性条件

$$1-\mu_1-\mu_2=0,\quad \mu_1\boldsymbol{A}+\mu_2\boldsymbol{B}-\mu_3\boldsymbol{I}\geqslant\boldsymbol{0},$$

可将对偶规划问题写成

$$\begin{aligned}&\max_{\boldsymbol{\mu}\geqslant\boldsymbol{0}} 0,\\ &\text{s.t. } 1-\mu_1-\mu_2=0,\\ &\quad\ \ \mu_1\boldsymbol{A}+\mu_2\boldsymbol{B}-\mu_3\boldsymbol{I}\geqslant\boldsymbol{0}.\end{aligned}$$

由弱对偶定理,原问题有解的充分必要条件是对偶问题相容,即存在常数 $\mu_1,\mu_2\geqslant 0$,满足 $\mu_1+\mu_2=1$,使得 $\mu_1\boldsymbol{A}_1+\mu_2\boldsymbol{A}_2\geqslant\boldsymbol{0}$. □

7.3 Heisenberg 矩阵、Hamilton 矩阵、Gram 矩阵、Toeplitz 矩阵与 Hankel 矩阵

下面几类具有特殊结构的矩阵广泛地应用在代数领域、可靠性理论、随机过程、数字滤波、插值理论及系统理论中,并且能够根据其结构设计快速的求解算法.

7.3.1 Heisenberg 矩阵

若矩阵 $\boldsymbol{A}=(a_{ij})_{n\times n}$满足

$$a_{ij}=0,\quad |i-j|>1,$$

则称 $\boldsymbol{A}$ 为 Heisenberg 矩阵. Heisenberg 矩阵具有如下形式:

$$A = \begin{pmatrix} a_{11} & a_{12} & 0 & \cdots & 0 & 0 \\ a_{21} & a_{22} & a_{23} & \cdots & 0 & 0 \\ 0 & a_{32} & a_{33} & \ddots & 0 & 0 \\ \vdots & \vdots & \vdots & \ddots & \vdots & \vdots \\ 0 & 0 & 0 & \ddots & a_{(n-2)(n-1)} & 0 \\ 0 & 0 & 0 & \cdots & a_{(n-1)(n-1)} & a_{(n-1)n} \\ 0 & 0 & 0 & \cdots & a_{n(n-1)} & a_{nn} \end{pmatrix}.$$

若矩阵 $\boldsymbol{A}=(a_{ij})_{n\times n}$满足

$$a_{ij} = 0, \quad i > j+1,$$

则称矩阵 $\boldsymbol{A}$ 为上 Heisenberg 矩阵. 上 Heisenberg 矩阵具有如下形式:

$$A = \begin{pmatrix} a_{11} & a_{12} & \cdots & a_{1(n-2)} & a_{1(n-1)} & a_{1n} \\ a_{21} & a_{22} & \cdots & a_{2(n-2)} & a_{2(n-1)} & a_{2n} \\ 0 & a_{32} & \cdots & a_{3(n-2)} & a_{3(n-1)} & a_{3n} \\ \vdots & \vdots & & \vdots & \vdots & \vdots \\ 0 & 0 & \cdots & 0 & a_{n(n-1)} & a_{nn} \end{pmatrix}.$$

类似可定义下 Heisenberg 矩阵.

7.3.2 Hamilton 矩阵

定义 7.3.1 设 $\boldsymbol{A}\in\mathbb{R}^{n\times n}$, 矩阵 $\boldsymbol{B},\boldsymbol{C}$ 为 n 阶实对称阵. 则形如

$$M = \begin{pmatrix} \boldsymbol{A} & \boldsymbol{B} \\ \boldsymbol{C} & -\boldsymbol{A}^{\mathrm{T}} \end{pmatrix}$$

的 $2n$ 阶矩阵称为 Hamilton 矩阵.

显然, Hamilton 矩阵的转置还是 Hamilton 矩阵, 而且, 若

$$\boldsymbol{K} = \begin{pmatrix} \boldsymbol{0} & \boldsymbol{I}_n \\ -\boldsymbol{I}_n & \boldsymbol{0} \end{pmatrix},$$

则所有满足 $\boldsymbol{KM}$ 对称的 $2n$ 阶矩阵 $\boldsymbol{M}$ 均为 Hamilton 矩阵. 所以 Hamilton 矩阵可表示为

$$H = \{\boldsymbol{M}\in\mathbb{R}^{2n\times 2n} \mid \boldsymbol{KM} = \boldsymbol{M}^{\mathrm{T}}\boldsymbol{K}^{\mathrm{T}}\}.$$

由于 $\boldsymbol{K}^{-1}=\boldsymbol{K}^{\mathrm{T}}=-\boldsymbol{K}$, 所以上式也可写成

$$H = \{\boldsymbol{M}\in\mathbb{R}^{2n\times 2n} \mid \boldsymbol{KMK}^{-1} = -\boldsymbol{M}^{\mathrm{T}}\}.$$

这就是说, Hamilton 矩阵 $\boldsymbol{M}$ 与 $-\boldsymbol{M}^{\mathrm{T}}$ 相似. 由此, 若 λ 为 Hamilton 矩阵 $\boldsymbol{M}$ 的特征根, 则 $-\lambda,\bar{\lambda},-\bar{\lambda}$ 均为其特征根. 进而, Hamilton 矩阵的迹为零.

显然, $2n$ 阶 Hamilton 矩阵关于加法和数乘封闭, 因而它们构成一个线性空间, 维数为 $2n^2+n$.

7.3.3 Gram 矩阵

对向量组 $\boldsymbol{x}_1,\boldsymbol{x}_2,\cdots,\boldsymbol{x}_n\in\mathbb{R}^n$,对称矩阵

$$\boldsymbol{G}=\begin{pmatrix}\langle\boldsymbol{x}_1,\boldsymbol{x}_1\rangle & \langle\boldsymbol{x}_1,\boldsymbol{x}_2\rangle & \cdots & \langle\boldsymbol{x}_1,\boldsymbol{x}_n\rangle\\ \langle\boldsymbol{x}_2,\boldsymbol{x}_1\rangle & \langle\boldsymbol{x}_2,\boldsymbol{x}_2\rangle & \cdots & \langle\boldsymbol{x}_2,\boldsymbol{x}_n\rangle\\ \vdots & \vdots & & \vdots\\ \langle\boldsymbol{x}_n,\boldsymbol{x}_1\rangle & \langle\boldsymbol{x}_n,\boldsymbol{x}_2\rangle & \cdots & \langle\boldsymbol{x}_n,\boldsymbol{x}_n\rangle\end{pmatrix}$$

称为向量组 $\boldsymbol{x}_1,\boldsymbol{x}_2,\cdots,\boldsymbol{x}_n\in\mathbb{R}^n$ 下的 Gram 矩阵.

如果令 $\boldsymbol{B}=(\boldsymbol{x}_1,\boldsymbol{x}_2,\cdots,\boldsymbol{x}_n)$,则 Gram 矩阵 $\boldsymbol{A}=\boldsymbol{B}^{\mathrm{T}}\boldsymbol{B}$. 因此,下面的结论是显然的.

定理 7.3.1 向量组 $\boldsymbol{x}_1,\boldsymbol{x}_2,\cdots,\boldsymbol{x}_n\in\mathbb{R}^n$ 下的 Gram 矩阵 $\boldsymbol{G}$ 是半正定的,且

$$\operatorname{rank}(\boldsymbol{G})=\operatorname{rank}(\boldsymbol{x}_1,\boldsymbol{x}_2,\cdots,\boldsymbol{x}_n).$$

证明 对任意非零向量 $\boldsymbol{y}=(y_1,y_2,\cdots,y_n)$,令 $\boldsymbol{w}=\sum_{i=1}^{n}y_i\boldsymbol{x}_i$. 则

$$\boldsymbol{y}^{\mathrm{T}}\boldsymbol{G}\boldsymbol{y}=\langle\boldsymbol{w},\boldsymbol{w}\rangle\geqslant 0.$$

所以 Gram 矩阵是半正定的. 进一步,$\boldsymbol{w}\neq\boldsymbol{0}$,也就是 Gram 矩阵正定的充分必要条件是向量组 $\boldsymbol{x}_1,\boldsymbol{x}_2,\cdots,\boldsymbol{x}_n$ 线性无关. 据此,若向量组 $\boldsymbol{x}_1,\boldsymbol{x}_2,\cdots,\boldsymbol{x}_n$ 的秩为 r,不妨设前 r 个向量线性无关,则向量组 $\boldsymbol{x}_1,\boldsymbol{x}_2,\cdots,\boldsymbol{x}_r$ 形成的 Gram 矩阵是正定的,从而向量组 $\boldsymbol{x}_1,\boldsymbol{x}_2,\cdots,\boldsymbol{x}_n$ 形成的 Gram 矩阵的秩至少为 r.

同样可证向量组 $\boldsymbol{x}_1,\boldsymbol{x}_2,\cdots,\boldsymbol{x}_n$ 中的任意 $r+1$ 个向量构成的 Gram 矩阵是奇异的. □

7.3.4 Toeplitz 矩阵

若矩阵 $\boldsymbol{A}=(a_{ij})_{n\times n}$ 满足

$$a_{ij}=a_{i-j},\quad i,j=0,1,\cdots,n,$$

则称矩阵 $\boldsymbol{A}$ 为 Toeplitz 矩阵. Toeplitz 矩阵具有如下形式:

$$\boldsymbol{A}=\begin{pmatrix}a_0 & a_{-1} & a_{-2} & \cdots & a_{-n}\\ a_1 & a_0 & a_{-1} & \cdots & a_{-n+1}\\ a_2 & a_1 & a_0 & \cdots & a_{-n+2}\\ \vdots & \vdots & \vdots & & \vdots\\ a_n & a_{n-1} & a_{n-2} & \cdots & a_0\end{pmatrix}.$$

显然,一个 $(n+1)\times(n+1)$ Toeplitz 矩阵由其第一行元素 $a_0,a_{-1},\cdots,a_{-n}$ 和第一列元素 $a_0,a_1,\cdots,a_n$ 确定.

若矩阵 $\boldsymbol{A}=(a_{ij})_{n\times n}$ 满足

$$a_{ij} = a_{|i-j|}, \quad i,j = 0,1,\cdots,n,$$

则称矩阵 $\boldsymbol{A}$ 为对称 Toeplitz 矩阵. 显然,对称 Toeplitz 矩阵的元素满足 $a_{-i} = a_i$ $(i=1,2,\cdots,n)$.

Toeplitz 矩阵具有以下重要性质:

(1) Toeplitz 矩阵的线性组合仍为 Toeplitz 矩阵;

(2) Toeplitz 矩阵的转置仍为 Toeplitz 矩阵;

(3) Toeplitz 矩阵的元素相对于交叉对角线对称.

7.3.5 Hankel 矩阵

若矩阵 $\boldsymbol{A}=(a_{ij})_{n\times n}$满足

$$a_{ij} = a_{i+j-2}. \quad i,j = 1,2,\cdots,n,$$

则称矩阵 $\boldsymbol{A}$ 为 Hankel 矩阵. Hankel 矩阵具有如下形式:

$$\boldsymbol{A} = \begin{pmatrix} a_0 & a_1 & a_2 & \cdots & a_n \\ a_1 & a_2 & a_3 & \cdots & a_{n+1} \\ a_2 & a_3 & a_4 & \cdots & a_{n+2} \\ \vdots & \vdots & \vdots & & \vdots \\ a_n & a_{n+1} & a_{n+2} & \cdots & a_{2n} \end{pmatrix}.$$

Hankel 矩阵与 Toeplitz 矩阵之间有如下关系:

(1) Hankel 矩阵 $\boldsymbol{A}$ 右乘互换矩阵$\boldsymbol{J}$ 得到的矩阵$\boldsymbol{AJ}=\boldsymbol{B}$ 为 Toeplitz 矩阵:

$$\begin{pmatrix} a_0 & a_1 & \cdots & a_n \\ a_1 & a_2 & \cdots & a_{n+1} \\ \vdots & \vdots & & \vdots \\ a_n & a_{n+1} & \cdots & a_{2n} \end{pmatrix} \begin{pmatrix} 0 & \cdots & 0 & 1 \\ 0 & \cdots & 1 & 0 \\ \vdots & & \vdots & \vdots \\ 1 & \cdots & 0 & 0 \end{pmatrix} = \begin{pmatrix} a_n & a_{n-1} & \cdots & a_0 \\ a_{n+1} & a_n & \cdots & a_1 \\ \vdots & \vdots & & \vdots \\ a_{2n} & a_{2n-1} & \cdots & a_n \end{pmatrix};$$

(2) Toeplitz 矩阵 $\boldsymbol{C}$ 右乘互换矩阵$\boldsymbol{J}$ 得到的矩阵$\boldsymbol{CJ}=\boldsymbol{D}$ 为 Hankel 矩阵:

$$\begin{pmatrix} a_n & a_{n-1} & \cdots & a_0 \\ a_{n+1} & a_n & \cdots & a_1 \\ \vdots & \vdots & & \vdots \\ a_{2n} & a_{2n-1} & \cdots & a_n \end{pmatrix} \begin{pmatrix} 0 & \cdots & 0 & 1 \\ 0 & \cdots & 1 & 0 \\ \vdots & & \vdots & \vdots \\ 1 & \cdots & 0 & 0 \end{pmatrix} = \begin{pmatrix} a_0 & a_1 & \cdots & a_n \\ a_1 & a_2 & \cdots & a_{n+1} \\ \vdots & \vdots & & \vdots \\ a_n & a_{n+1} & \cdots & a_{2n} \end{pmatrix}.$$

7.4 *Z*-矩阵、*M*-矩阵、*B*-矩阵与 *P*-矩阵

定义 7.4.1 若 n 阶矩阵$\boldsymbol{A}$ 的非对角元都不是正的,即 $a_{ij}\leqslant 0(i\neq j)$,则称其为 Z-矩阵.

取 $c=\max\{|a_{ii}|\}>0$，则 $\boldsymbol{B}=c\boldsymbol{I}-\boldsymbol{A}$ 为非负矩阵，而 Z-矩阵可写成$\boldsymbol{A}=c\boldsymbol{I}-\boldsymbol{B}$.

由于非负矩阵的谱半径为其特征根且有非负特征向量，故有如下结论.

性质 7.4.1 对于 Z-矩阵$\boldsymbol{A}$，其最小特征根 $\tau(\boldsymbol{A})$满足

$$\tau\geqslant\min_{1\leqslant i\leqslant n}\sum_{j=1}^{n}a_{ij}.$$

证明 根据非负矩阵的性质，可设 $\boldsymbol{x}$ 为非负矩阵$\boldsymbol{B}$ 的谱半径$\rho(\boldsymbol{B})$对应的特征向量.则

$$\sum_{j=1}^{n}a_{ij}x_j=\rho x_i,\quad i=1,2,\cdots,n.$$

设 $\boldsymbol{x}$ 中分量x_{i_0}最大，两边同除以 x_{i_0}，并利用 $\boldsymbol{B}\geqslant\boldsymbol{0}$，得

$$\rho=\sum_{j=1}^{n}b_{i_0j}\frac{x_j}{x_{i_0}}=b_{i_0i_0}+\sum_{j\neq i_0}b_{i_0j}\frac{x_j}{x_{i_0}}\leqslant\sum_{j=1}^{n}b_{i_0j}.$$

所以

$$\rho\leqslant\max_{i}\sum_{j=1}^{n}b_{ij}.$$

进而

$$\tau(\boldsymbol{A})=c-\rho(\boldsymbol{B})\geqslant\min_{i}\sum_{j=1}^{n}(c-b_{ij})=\min_{i}\sum_{j=1}^{n}a_{ij}.$$ □

性质 7.4.2 对 Z-矩阵$\boldsymbol{A}$，若存在向量 $\boldsymbol{x}>\boldsymbol{0}$，使得 $\boldsymbol{A}\boldsymbol{x}\geqslant\alpha\boldsymbol{x}$，则 $\tau(\boldsymbol{A})\geqslant\alpha$.若 $\boldsymbol{A}$ 非退化，则上述条件可以减弱为 $\boldsymbol{x}\geqslant\boldsymbol{0}$.

定义 7.4.2 若 n 阶Z-矩阵$\boldsymbol{A}=c\boldsymbol{I}-\boldsymbol{B}$ 满足$c\geqslant\rho(\boldsymbol{B})$，则称 $\boldsymbol{A}$ 为M-矩阵.进一步，若 $c>\rho(\boldsymbol{B})$，则称其为非奇异的 M-矩阵.

根据定理 7.1.2，非负矩阵的任意主子阵的谱半径不大于母阵的谱半径，从而有以下结论.

定理 7.4.1 M-矩阵的所有主子阵都是M-矩阵，因而 M-矩阵的对角元都是正的.

定理 7.4.2 若 Z-矩阵$\boldsymbol{A}$ 行对角占优，则其为 M-矩阵.

证明 设$(\lambda,\boldsymbol{x})$为特征对.不妨设 x_{i_0}为 $\boldsymbol{x}$ 的模最大的分量，则

$$(a_{i_0i_0}-\lambda)x_{i_0}=-\sum_{j\neq i_0}a_{ij}x_j.$$

取绝对值，得

$$a_{i_0i_0}-\lambda\leqslant|a_{i_0i_0}-\lambda|\leqslant\sum_{j\neq i_0}|a_{ij}|.$$

所以

$$\lambda\geqslant a_{i_0i_0}-\sum_{j\neq i_0}|a_{ij}|\geqslant 0.$$

由此知矩阵 $\boldsymbol{A}$ 的所有实特征根非负，故 $\boldsymbol{A}$ 为M-矩阵. □

引理 7.4.1　若矩阵 $\boldsymbol{A}$ 的所有主子阵行列式非负，则对任意的非负对角阵 $\boldsymbol{D}$，有

$$\det(\boldsymbol{A}+\boldsymbol{D}) \geqslant \det(\boldsymbol{A}).$$

证明　根据行列式的定义

$$\det(\boldsymbol{A}) = \sum_{i,j}(-1)^{i+j}a_{ij}\det(A_{ij}),$$

有

$$\frac{\partial \det(\boldsymbol{A})}{\partial a_{ij}} = (-1)^{i+j}\det(A_{ij}).$$

进一步，有

$$\frac{\partial \det(\boldsymbol{A})}{\partial a_{ii}} = \det(A_{ii}) \geqslant 0.$$

这说明 $\det(\boldsymbol{A})$关于对角元单调不减. □

M-矩阵有很多等价条件.

定理 7.4.3　一个 n 阶 Z-矩阵 $\boldsymbol{A}$ 是 M-矩阵等价于

(1) 矩阵 $\boldsymbol{A}$ 的所有实特征根都非负；(同 $P(P_0)$-矩阵)

(1)′ 矩阵 $\boldsymbol{A}$ 的所有特征根的实部非负；

(2) 矩阵 $\boldsymbol{A}$ 的所有(顺序)主子式非负；(同 $P(P_0)$-矩阵)

(3) 对任意的非零向量 $\boldsymbol{x} \in \mathbb{R}^n$，存在 i_0，使得 $x_{i_0}(\boldsymbol{Ax})_{i_0} \geqslant 0$；(同 $P(P_0)$-矩阵)

(4) 对任意的非零向量 $\boldsymbol{x} \in \mathbb{R}^n$，存在正的对角阵 $\boldsymbol{D}$，使得 $\boldsymbol{x}^{\mathrm{T}}\boldsymbol{ADx} \geqslant 0$；

(5) 存在正向量 $\boldsymbol{x}$，使得 $\boldsymbol{Ax} \geqslant \boldsymbol{0}$；

(6) $\boldsymbol{A}$ 的对角元为正且存在正的对角阵 $\boldsymbol{D}$，使得 $\boldsymbol{AD}$ 行对角占优；

(7) $\boldsymbol{A}$ 的对角元为正且存在正的对角阵 $\boldsymbol{D}$，使得 $\boldsymbol{D}^{-1}\boldsymbol{AD}$ 行对角占优；

(8) 矩阵 $\boldsymbol{A}$ 非奇异且 $\boldsymbol{A}^{-1}$ 为非负矩阵；

(9) $\boldsymbol{Ax} \geqslant \boldsymbol{0}$ 意味着 $\boldsymbol{x} \geqslant \boldsymbol{0}$.

证明　(1) 必要性. M-矩阵 $\boldsymbol{A} = c\boldsymbol{I} - \boldsymbol{B}$ 的特征根可表示为 $c-\lambda$，其中 λ 为 $\boldsymbol{B}$ 的特征根. 由 $c > \rho(\boldsymbol{B})$知 $\boldsymbol{A}$ 的所有实特征根为正.

充分性. Z-矩阵 $\boldsymbol{A} = c\boldsymbol{I} - \boldsymbol{B}$，其中 $\boldsymbol{B} \geqslant \boldsymbol{0}$，$\rho(\boldsymbol{B})$为 $\boldsymbol{B}$ 的最大特征根，由 $c > \rho(\boldsymbol{B})$ 知 $\boldsymbol{A}$ 为 M-矩阵.

(1)′ 根据谱半径为非负矩阵的特征根可得结论.

(2) 根据定义，M-矩阵的所有主子阵为 M-矩阵，根据(1)，其所有实特征根非负，故行列式非负.

反之，设 Z-矩阵 $\boldsymbol{A}$ 的所有主子式非负. 若 $\boldsymbol{A}$ 不是 M-矩阵，则存在非零向量 $\boldsymbol{x}$，使得

$$x_i(\boldsymbol{Ax})_i < 0.$$

存在非负矩阵 $\boldsymbol{D}$，使得

$$\boldsymbol{A}\boldsymbol{x} + \boldsymbol{D}\boldsymbol{x} = \boldsymbol{0}.$$

即$(\boldsymbol{A}+\boldsymbol{D})\boldsymbol{x}=\boldsymbol{0}$. 根据引理 7.4.1,由 $\det(\boldsymbol{A}+\boldsymbol{D})\geqslant\det(\boldsymbol{A})>0$ 知 $\boldsymbol{A}+\boldsymbol{D}$ 非奇异,矛盾.

(3) 必要性. 对 M-矩阵$\boldsymbol{A}=c\boldsymbol{I}-\boldsymbol{B}$,设存在单位向量 $\boldsymbol{x}\in\mathbb{R}^n$,使 $x_i(\boldsymbol{A}\boldsymbol{x})_i<0$,也就是 $cx_i^2<x_i(\boldsymbol{B}\boldsymbol{x})_i(i=1,2,\cdots,n)$. 由于 $\boldsymbol{B}$ 非负,不妨设 $\boldsymbol{x}$ 非负,则

$$c < \min_i \frac{(\boldsymbol{B}\boldsymbol{x})_i}{x_i} \leqslant \rho(\boldsymbol{B}),$$

这与题设矛盾. 故假设不成立.

(4) 充分性. 设满足题设条件的 $\boldsymbol{A}$ 不是M-矩阵,则 $c<\rho(\boldsymbol{B})$,从而存在非负单位向量 $\boldsymbol{x}$,使得 $\boldsymbol{B}\boldsymbol{x}=\rho(\boldsymbol{B})\boldsymbol{x}$. 而

$$x_i(\boldsymbol{B}\boldsymbol{x})_i = \rho x_i^2 > cx_i^2,$$

这与题设矛盾. 故假设不成立.

(5) 首先,对非负矩阵 $\boldsymbol{B}$,存在非负向量 $\boldsymbol{x}$,使得 $\boldsymbol{B}\boldsymbol{x}=\rho(\boldsymbol{B})\boldsymbol{x}$. 若矩阵 $\boldsymbol{A}$ 为非奇异的M-矩阵,则 $c-\rho(\boldsymbol{B})>0$. 从而

$$\min \frac{(\boldsymbol{A}\boldsymbol{x})_i}{x_i} = c - \max_i \frac{(\boldsymbol{B}\boldsymbol{x})_i}{x_i} = c - \rho(\boldsymbol{B}) > 0.$$

即存在 $\boldsymbol{x}\geqslant\boldsymbol{0}$,满足 $\boldsymbol{A}\boldsymbol{x}>\boldsymbol{0}$.

反之,若存在正向量 $\boldsymbol{x}\in\mathbb{R}^n$ 满足 $\boldsymbol{A}\boldsymbol{x}>\boldsymbol{0}$,则

$$0 < \min_i \frac{(\boldsymbol{A}\boldsymbol{x})_i}{x_i} = c - \max_i \frac{(\boldsymbol{B}\boldsymbol{x})_i}{x_i} \leqslant c - \rho(\boldsymbol{B}).$$

(6) 若 $\boldsymbol{A}$ 为M-矩阵,则存在向量 $\boldsymbol{x}>\boldsymbol{0}$,使得 $\boldsymbol{A}\boldsymbol{x}\geqslant\boldsymbol{0}$. 令 $\boldsymbol{X}=\mathrm{diag}(\boldsymbol{x})$,则 $\boldsymbol{A}\boldsymbol{x}=\boldsymbol{A}\boldsymbol{X}\boldsymbol{e}>0$,这说明矩阵 $\boldsymbol{A}\boldsymbol{X}$ 行对角占优.

反过来,若矩阵 $\boldsymbol{A}\boldsymbol{D}$ 行对角占优,则 $\boldsymbol{A}\boldsymbol{D}\boldsymbol{e}\geqslant\boldsymbol{0}$. 这说明正向量 $\boldsymbol{x}=\boldsymbol{D}\boldsymbol{e}$ 满足$\boldsymbol{A}\boldsymbol{x}\geqslant\boldsymbol{0}$. 从而 $\boldsymbol{A}$ 为M-矩阵.

(7) 由于 $\boldsymbol{D}^{-1}\boldsymbol{A}\boldsymbol{D}$ 与$\boldsymbol{A}$ 相似,所以它们有共同的特征根. 若 $\boldsymbol{D}^{-1}\boldsymbol{A}\boldsymbol{D}$ 行对角占优,根据前面的定理,$\boldsymbol{D}^{-1}\boldsymbol{A}\boldsymbol{D}$ 为M-矩阵,从而最小实特征根非负,进而 $\boldsymbol{A}$ 的最小实特征根非负,所以 $\boldsymbol{A}$ 为M-矩阵.

反过来,若 $\boldsymbol{A}$ 为M-矩阵,则存在矩阵 $\boldsymbol{B}$ 的正特征对$(\rho(\boldsymbol{B}),\boldsymbol{x})$,使得

$$\boldsymbol{A}\boldsymbol{x} = (c - \rho(\boldsymbol{B}))\boldsymbol{x} = \lambda\boldsymbol{x}.$$

令 $\boldsymbol{D}=\mathrm{diag}(\boldsymbol{x})$,则 $\boldsymbol{D}^{-1}\boldsymbol{A}\boldsymbol{D}\boldsymbol{e}=\lambda\boldsymbol{e}>\boldsymbol{0}$. 由于 $\boldsymbol{D}^{-1}\boldsymbol{A}\boldsymbol{D}$ 为Z-矩阵,所以 $\boldsymbol{D}^{-1}\boldsymbol{A}\boldsymbol{D}$ 行对角占优.

(8) 设 $\boldsymbol{A}=c\boldsymbol{I}-\boldsymbol{B}$ 为M-矩阵,不失一般性,设 $c=1$,则 $\rho(\boldsymbol{B})<1$,从而矩阵级数和 $\boldsymbol{I}+\boldsymbol{B}+\boldsymbol{B}^2+\boldsymbol{B}^3+\cdots$收敛于非负矩阵$(\boldsymbol{I}-\boldsymbol{B})^{-1}=\boldsymbol{A}^{-1}$.

反之,若 $\boldsymbol{A}^{-1}\geqslant\boldsymbol{0}$,则 $\boldsymbol{A}^{-1}\boldsymbol{e}=\boldsymbol{y}\geqslant\boldsymbol{0}$,从而 $\boldsymbol{A}\boldsymbol{y}=\boldsymbol{e}>\boldsymbol{0}$. 这说明 $\boldsymbol{A}$ 为M-矩阵.

(9) 必要性由(8)立得.

充分性. 设 $\boldsymbol{A}=c\boldsymbol{I}-\boldsymbol{B}$. 对非负矩阵 $\boldsymbol{B}$, 存在非负向量 $\boldsymbol{x}$, 使得 $\boldsymbol{Bx}=\rho(\boldsymbol{B})\boldsymbol{x}$. 若 $c<\rho(\boldsymbol{B})$, 则 $\boldsymbol{A}(-\boldsymbol{x})=(c\boldsymbol{I}-\boldsymbol{B})(-\boldsymbol{x})=(c-\rho)(-\boldsymbol{x})\geqslant\boldsymbol{0}$. 根据题设 $-\boldsymbol{x}\geqslant\boldsymbol{0}$, 得到矛盾. □

由(9)知, 若 $\boldsymbol{A}$ 为 M-矩阵, 则存在 i, 使得

$$a_{ii}>\sum_{j\neq i}|a_{ij}|.$$

定义 7.4.3　若 n 阶矩阵 $\boldsymbol{A}$ 满足

$$\max_i x_i(\boldsymbol{Ax})_i>0\quad\left(\max_i x_i(\boldsymbol{Ax})_i\geqslant 0\right),\quad\forall\,\boldsymbol{x}\in\mathbb{R}^n\backslash\{\boldsymbol{0}\},$$

则称其为 $P(P_0)$-矩阵.

$P(P_0)$-矩阵有如下等价定义.

定理 7.4.4　矩阵 $\boldsymbol{A}$ 为 $P(P_0)$-矩阵等价于其所有主子式都为正值(非负).

证明　若 P-矩阵 $\boldsymbol{A}$ 存在非正的主子阵 $\boldsymbol{A}_{JJ}$, 则该主子阵含有负的特征根, 不妨设为 λ_J, 对应的特征向量为 $\bar{\boldsymbol{x}}_J$. 则满足如下条件的 $\boldsymbol{x}\in\mathbb{R}^n$,

$$x_i=\begin{cases}\bar{x}_i, & i\in\boldsymbol{J},\\ 0, & i\notin\boldsymbol{J},\end{cases}$$

为矩阵 $\boldsymbol{A}$ 的特征向量. 从而对 $\boldsymbol{x}$, 有

$$\max_i x_i(\boldsymbol{Ax})_i=\max_{i\in J}x_i(\boldsymbol{A}_{JJ}\boldsymbol{x}_J)_i\leqslant 0,$$

矛盾.

反过来, 设所有主子式都是正的, 但 n 阶矩阵 $\boldsymbol{A}$ 不是 P-矩阵, 则存在向量 $\boldsymbol{x}\in\mathbb{R}^n$, 使得

$$x_i(\boldsymbol{Ax})_i\leqslant 0,\quad\forall\,i.$$

从而存在非负对角阵 $\boldsymbol{D}_J$, 有

$$\boldsymbol{A}_{JJ}\boldsymbol{x}_J=-D_J\boldsymbol{x}_J,$$

即

$$(\boldsymbol{A}_{JJ}+D_J)\boldsymbol{x}_J=\boldsymbol{0}.$$

利用引理 7.4.1, 有 $\det(\boldsymbol{A}_{JJ}+\boldsymbol{D}_J)\geqslant\det(\boldsymbol{A}_{JJ})>0$, 所以 $\boldsymbol{A}_{JJ}+\boldsymbol{D}_J$ 非奇异, 这与 $\boldsymbol{x}_J\neq\boldsymbol{0}$ 矛盾. □

利用定义及矩阵的特征值理论, 容易验证 $P(P_0)$-矩阵满足以下性质.

定理 7.4.5　(1) $P(P_0)$-矩阵的主子阵也是 $P(P_0)$-矩阵, 因而 $P(P_0)$-矩阵的对角元都是正(非负)的.

(2) $P(P_0)$-矩阵的实特征根都是正(非负)的, 因而 $P(P_0)$-矩阵的行列式是正(非负)的. 进一步, 实对称 $P(P_0)$-矩阵是正定(半正定)的.

(3) 一个矩阵为 $P(P_0)$-矩阵的充分必要条件是该矩阵的所有主子阵的实特征根都非负.

(4) 所有的 M-矩阵都是 P-矩阵.

证明 设 $\boldsymbol{Ax}=\lambda\boldsymbol{x}$,则$(\boldsymbol{Ax})_i=\lambda x_i$,从而 $x_i(\boldsymbol{Ax})_i=\lambda\geqslant 0$. 根据行列式的计算公式知 P-矩阵的所有主子式非负. 反之,若主子阵的特征根都非负,则主子式非负,从而 $\boldsymbol{A}$ 为 P-矩阵. □

M-矩阵和 P-矩阵的区别在于一个是 Z-矩阵而另一个未必是.

定义 7.4.4 若 n 阶矩阵 $\boldsymbol{A}$ 满足

$$\sum_{j=1}^{n} a_{ij}>0,\quad \frac{1}{n}\left(\sum_{j=1}^{n} a_{ij}\right)>\max_{j\neq i} a_{ij},\quad i=1,2,\cdots,n,$$

则称其为 B-矩阵,若将上述严格不等号减弱为不等号,则称其为 B_0-矩阵.

定理 7.4.6 矩阵 $\boldsymbol{A}$ 为 $B(B_0)$-矩阵的充分必要条件是

$$\sum_{j=1}^{n} a_{ij}>nr_i^{+},\quad 即\quad a_{ii}-r_i^{+}>\sum_{j\neq i}(r_i^{+}-a_{ij}),\quad i=1,2,\cdots,n,$$

其中 $r_i^{+}=\max\limits_{i\neq j}\{0,a_{ij}\}$,即 $\boldsymbol{A}^{+}=(a_{ij}-r_i^{+})$ 为 $B(B_0)$-矩阵.

证明 对任意的 i,若$\max\limits_{j\neq i} a_{ij}\geqslant 0$,则 $r_i^{+}=\max\limits_{i\neq j}\{0,a_{ij}\}=\max\limits_{i\neq j} a_{ij}$. 从而

$$\sum_{j=1}^{n} a_{ij}>0,\quad \frac{1}{n}\left(\sum_{j=1}^{n} a_{ij}\right)>\max_{j\neq i} a_{ij}\quad\Leftrightarrow\quad \sum_{j=1}^{n} a_{ij}>nr_i^{+}.$$

若$\max\limits_{j\neq i} a_{ij}<0$,则 $r_i^{+}=\max\limits_{i\neq j}\{0,a_{ij}\}=0$. 从而

$$\sum_{j=1}^{n} a_{ij}>0,\quad \frac{1}{n}\left(\sum_{j=1}^{n} a_{ij}\right)>\max_{j\neq i} a_{ij}\quad\Leftrightarrow\quad \sum_{j=1}^{n} a_{ij}>0.$$ □

容易验证:

定理 7.4.7 $B(B_0)$-矩阵满足

(1) $a_{ii}>\sum\limits_{a_{ij}<0}|a_{ij}|\,(i=1,2,\cdots,n)$,因而 $B(B_0)$-矩阵的所有对角元都是正(非负)的;

(2) $a_{ii}>|a_{ij}|\,(j\neq i)$;

(3) $B(B_0)$-矩阵的所有主子阵都是 $B(B_0)$-矩阵.

下面的结论给出了 Z-矩阵、P-矩阵、B-矩阵和 M-矩阵之间的关系.

定理 7.4.8 $B(B_0)$-矩阵的实特征根都是正(非负)的,因而行列式都是正(非负)的,所有的 $B(B_0)$-矩阵都是非奇异的 $P(P_0)$-矩阵.

证明 显然,$\boldsymbol{A}=\boldsymbol{A}^{+}+\boldsymbol{C}$,其中

$$\boldsymbol{A}^{+}=\begin{pmatrix} a_{11}-r_1 & a_{12}-r_1 & \cdots & a_{1n}-r_1\\ a_{21}-r_2 & a_{22}-r_2 & \cdots & a_{2n}-r_2\\ \vdots & \vdots & & \vdots\\ a_{n1}-r_n & a_{n2}-r_n & \cdots & a_{nn}-r_n \end{pmatrix},\quad \boldsymbol{C}=\begin{pmatrix} r_1 & r_1 & \cdots & r_1\\ r_2 & r_2 & \cdots & r_2\\ \vdots & \vdots & & \vdots\\ r_n & r_n & \cdots & r_n \end{pmatrix}.$$

根据题设，矩阵 A^+ 为对角占优的 Z-矩阵及 B-矩阵，所以矩阵非奇异，特征值为正的，进而行列式为正的.

对 A^+，令 $c=\max\limits_i\{a_{ii}-r_i\}$. 则 $A^+=cI-B^+$，其中

$$b_{ij}^+=\begin{cases}a_{ii}-r_i-c, & i=j,\\ r_i-a_{ii}, & i\neq j,\end{cases}$$

则 B^+ 为非负矩阵，且

$$\begin{aligned}\rho(B)&\leqslant\max_i\sum_{j=1}^n|b_{ij}|\\&=\max_i\{(c-a_{ii}+r_i)+\sum_{i\neq j}(r_i-a_{ii})\}\\&\leqslant\max_i\{(c-a_{ii}+r_i)+(a_{ii}-r_i)\}=c.\end{aligned}$$

所以 A^+ 为 M-矩阵，其逆矩阵非负. 利用 $C=xy^{\mathrm T}$，其中 $x,y\in\mathbb{R}_{++}^n$（n 维正向量集），得

$$\begin{aligned}\det(A)&=\det(A^++C)=\det(A^++xy^{\mathrm T})\\&=\det(A)(1+y^{\mathrm T}(A^+)^{-1}x)\\&\geqslant\det(A^+)>0.\end{aligned}$$

对于任意的 $\lambda\geqslant0$，$A+\lambda I$ 仍为 B-矩阵. 而在 $\lambda>0$ 充分大时，$A+\lambda I$ 的特征根为正的，可知 B-矩阵 A 的特征根为正的. 由于 B-矩阵的所有主子阵都为 B-矩阵，所以 B-矩阵的主子式均为正的，这说明 B-矩阵为 P-矩阵. □

由上述证明过程可得下面的结论.

定理 7.4.9　对 Z-矩阵，B-矩阵$\Leftrightarrow$矩阵的行和为正的$\Leftrightarrow$对角元为正的且行对角占优.

7.5　H-矩阵

19 世纪末，人们在研究行列式的性质和值的计算时，就注意到“对角占优”这一性质. 严格对角占优矩阵与不可约对角占优矩阵的概念，早为人们所熟知，20 世纪 60 年代以来，人们又陆续提出了非零元素链对角占优矩阵、半强对角占优矩阵、弱对角占优及广义对角占优矩阵（H-矩阵）等一系列概念. 非奇异 H-矩阵在生物学、经济学、物理方法及计算数学等许多领域中都有重要的应用，许多实际问题都可归结到 H-矩阵的判断上. 在实际应用中，判定一个矩阵是否为 H-矩阵却是十分困难的. 因此研究并给出简捷实用的判据，便有非常重要的意义. 本节将介绍这些

内容.

设 $A=(a_{ij})\in\mathbb{R}^{n\times n}$,记

$$\Lambda_i(A)=\sum_{i\neq j}|a_{ij}|,\quad \forall i,j\in N,$$

$$N_1=\{i\in N:0<|a_{ii}|\leqslant\Lambda_i(A)\},\quad N_2=\{i\in N:|a_{ii}|>\Lambda_i(A)\}.$$

引理 7.5.1 设 $A=(a_{ij})$为 H-矩阵,则至少有一 $i_0=1,2,\cdots,n$,使得

$$|a_{i_0i_0}|>\Lambda_{i_0}(A)=\sum_{j\neq i_0}|a_{i_0j}|.$$

证明 由定义知,存在正对角矩阵 $X=\mathrm{diag}(x_1,x_2,\cdots,x_n)$,使得 $B=AX=(b_{ij})_{n\times n}$为严格对角占优矩阵.假定对任意的 $i\in N$,都有$|a_{ii}|\leqslant\Lambda_i(A)$.因为正纯量阵右乘 A 不会改变A 的对角占优性,故 $x_1,x_2,\cdots,x_n$ 不全相等,不妨假定

$$x_1\geqslant x_2\geqslant\cdots\geqslant x_n,\quad \max_i x_i=x_1>x_n=\min_i x_i.$$

因 $B=(b_{ij})_{n\times n}$为严格对角占优矩阵,故对每一 $i\in N$,应有

$$|b_{ii}|>\Lambda_i(B)=\sum_{j\neq i}|b_{ij}|,$$

B 的最后一行满足

$$|b_{nn}|=x_n|a_{nn}|,\quad |b_{nj}|=x_j|a_{nj}|,\quad j=1,2,\cdots,n-1.$$

显然,至少有一 j_0 满足 $x_{j_0}>x_n$ 且$|a_{nj_0}|\neq0(1\leqslant j_0\leqslant n-1)$,否则有

$$|b_{nn}|=x_n|a_{nn}|\leqslant x_n\sum_{j\neq n}|a_{nj}|=\Lambda_i(B),$$

这与 B 为严格对角占优矩阵矛盾.又有

$$|b_{nn}|=x_n|a_{nn}|\leqslant x_n\sum_{j\neq n}|a_{nj}|<\sum_{j\neq n}|a_{nj}|x_j=\Lambda_i(B),$$

这也与 B 为严格对角占优矩阵矛盾. □

定理 7.5.1 设 $A=(a_{ij})\in\mathbb{R}^{n\times n}$.若

$$|a_{ii}|>\sum_{\substack{t\in N_1\\t\neq i}}|a_{it}|+\sum_{t\in N_2}\frac{\Lambda_t(A)}{|a_{tt}|}|a_{it}|,\quad \forall i\in N_1,\tag{7.5.1}$$

则 A 为非奇异H-矩阵.

证明 由非奇异 H-矩阵的定义知,只需找出正对角阵 X,使 AX 为严格对角占优矩阵.当不等式(7.5.1)满足时,有

$$R_i=\frac{1}{\sum_{t\in N_2}|a_{it}|}\left(|a_{ii}|-\sum_{\substack{t\in N_1\\t\neq i}}|a_{it}|-\sum_{t\in N_2}\frac{|a_{it}|\Lambda_t(A)}{|a_{tt}|}\right)>0,\quad \forall i\in N_1.\tag{7.5.2}$$

当 $\sum_{t\in N_2}|a_{it}|=0$ 时,记 $R_i=+\infty$.由 $R_i>0(\forall i\in N_1)$知,一定有充分小的正数 $\varepsilon(\neq+\infty)$,使得

$$0<\varepsilon<\min_{i\in N_1}R_i\leqslant+\infty.\tag{7.5.3}$$

于是,取 $X=\mathrm{diag}(x_1,x_2,\cdots,x_n)$,其中

$$x_i=\begin{cases}1, & i\in N_1,\\ \varepsilon+\dfrac{\Lambda_i(\boldsymbol{A})}{|a_{ii}|}, & i\in N_2.\end{cases}$$

$\varepsilon\neq+\infty$,故 $x_i\neq+\infty$.显然,$\boldsymbol{X}$ 为正对角阵,$\boldsymbol{B}=(b_{ij})=\boldsymbol{AX}$,则 $b_{ij}=a_{ij}x_j(i,j\in N)$.

下面只需证:当 $\sum\limits_{t\in N_2}|a_{it}|=0$,即 $a_{it}=0(\forall t\in N_2)$ 时,由式(7.5.1),得

$$\begin{aligned}\Lambda_i(\boldsymbol{B})&=\sum_{\substack{t\in N_1\\ t\neq i}}x_t|a_{it}|+\sum_{t\in N_2}x_t|a_{it}|\\&=\sum_{\substack{t\in N_1\\ t\neq i}}|a_{it}|<|a_{ii}|=|b_{ii}|;\end{aligned}$$

当 $\sum\limits_{t\in N_2}|a_{it}|\neq 0$ 时,由式(7.5.2)和式(7.5.3),得

$$\begin{aligned}\Lambda_i(\boldsymbol{B})&=\sum_{\substack{t\in N_1\\ t\neq i}}x_t|a_{it}|+\sum_{t\in N_2}x_t|a_{it}|\\&=\sum_{\substack{t\in N_1\\ t\neq i}}|a_{it}|+\sum_{t\in N_2}\left(\varepsilon+\frac{\Lambda_t(\boldsymbol{A})}{|a_{tt}|}\right)|a_{it}|\\&=\sum_{\substack{t\in N_1\\ t\neq i}}|a_{it}|+\sum_{t\in N_2}|a_{it}|\frac{\Lambda_t(\boldsymbol{A})}{|a_{tt}|}+\varepsilon\sum_{t\in N_2}|a_{it}|\\&<|a_{ii}|=|b_{ii}|.\end{aligned}$$

对 $\forall j\in N_2$,因为 $|a_{jj}|>\Lambda_j(\boldsymbol{A})$,所以

$$|a_{jj}|-\sum_{\substack{t\in N_2\\ t\neq j}}|a_{jt}|>0. \tag{7.5.4}$$

又由 $\Lambda_j(\boldsymbol{A})/|a_{jj}|<1(j\in N_2)$,知

$$\sum_{t\in N_1}|a_{jt}|+\sum_{t\in N_2}|a_{jt}|\frac{\Lambda_t(\boldsymbol{A})}{|a_{tt}|}-\Lambda_j(\boldsymbol{A})<0. \tag{7.5.5}$$

因而,由 $\varepsilon>0$,知

$$\varepsilon>\frac{1}{|a_{jj}|-\sum\limits_{\substack{t\in N_2\\ t\neq j}}|a_{jt}|}\left(\sum_{t\in N_1}|a_{jt}|+\sum_{\substack{t\in N_2\\ t\neq j}}\frac{|a_{jt}|\Lambda_t(\boldsymbol{A})}{|a_{tt}|}-\Lambda_j(\boldsymbol{A})\right). \tag{7.5.6}$$

于是,对 $\forall j\in N_2$,由式(7.5.6),得

$$\begin{aligned}|b_{jj}|-\Lambda_j(\boldsymbol{B})&=x_j|a_{jj}|-\sum_{i\in N_1}|a_{jt}|-\sum_{\substack{t\in N_2\\ t\neq j}}x_t|a_{jt}|\\&=\left(\varepsilon+\frac{\Lambda_j(\boldsymbol{A})}{|a_{jj}|}\right)|a_{jj}|-\sum_{i\in N_1}|a_{jt}|-\sum_{\substack{t\in N_2\\ t\neq j}}\left(\varepsilon+\frac{\Lambda_t(\boldsymbol{A})}{|a_{tt}|}\right)|a_{jt}|\end{aligned}$$

$$= \varepsilon\Big(|a_{jj}| - \sum_{\substack{t\in N_2\\ t\neq j}} |a_{jt}|\Big) + \Lambda_j(\boldsymbol{A}) - \sum_{i\in N_1} |a_{jt}|$$

$$- \sum_{\substack{t\in N_2\\ t\neq j}} \frac{\Lambda_t(\boldsymbol{A})}{|a_{tt}|} |a_{jt}| > 0.$$

综上所述，$|b_{ii}| > \Lambda_i(\boldsymbol{B})(\forall i\in N)$，即 $\boldsymbol{B}$ 为严格对角占优矩阵，因而 $\boldsymbol{A}$ 是非奇异 H-矩阵. □

定理 7.5.2 设 $\boldsymbol{A}=(a_{ij})\in\mathbb{R}^{n\times n}$. 若

$$\Big(\Lambda_i(\boldsymbol{A}) - \sum_{\substack{t\in N_1\\ t\neq i}} |a_{it}| \frac{\Lambda_t(\boldsymbol{A})}{|a_{tt}|}\Big)\Big(|a_{jj}| - \sum_{\substack{t\in N_2\\ t\neq j}} |a_{jt}|\Big)$$

$$> \sum_{t\in N_2} |a_{it}| \cdot \sum_{i\in N_1} |a_{jt}| \frac{\Lambda_t(\boldsymbol{A})}{|a_{tt}|}, \quad \forall i\in N_1, j\in N_2, \tag{7.5.7}$$

则 $\boldsymbol{A}$ 为非奇异 H-矩阵.

证明 由定义，只需证明存在正对角阵 $\boldsymbol{X}$，使得 $\boldsymbol{B}=\boldsymbol{A}\boldsymbol{X}$ 为严格对角占优矩阵. 事实上，

$$M_i = \frac{1}{\sum\limits_{t\in N_2} |a_{it}|}\Big(\Lambda_i(\boldsymbol{A}) - \sum_{\substack{t\in N_1\\ t\neq i}} |a_{it}| \frac{\Lambda_t(\boldsymbol{A})}{|a_{tt}|}\Big), \quad \forall i\in N_1.$$

由式(7.5.7)及 N_2 的定义，知 $M_i>0(\forall i\in N_1)$. 当 $\sum\limits_{t\in N_2} |a_{it}| = 0$ 时，记 $M_i = +\infty$，则

$$m_j = \Big(\sum_{i\in N_1} |a_{jt}| \frac{\Lambda_t(\boldsymbol{A})}{|a_{tt}|}\Big) \Big/ \Big(|a_{jj}| - \sum_{\substack{t\in N_2\\ t\neq j}} |a_{jt}|\Big), \quad \forall j\in N_2.$$

由 N_2 的定义，知 $m_j\geqslant 0(\forall j\in N_2)$，且由式(7.5.7)，得

$$M_i > m_j, \quad \forall i\in N_1, \forall j\in N_2.$$

因而一定有充分小的正数 $\varepsilon\neq+\infty$，使得

$$0\leqslant \max_{j\in N_2} m_j < \max_{j\in N_2}(m_j+\varepsilon) < \min_{i\in N_1} M_i \leqslant +\infty. \tag{7.5.8}$$

显然，$\max\limits_{j\in N_2}(m_j+\varepsilon)\neq+\infty$. 于是，取正对角矩阵 $\boldsymbol{X}=\mathrm{diag}(x_1,x_2,\cdots,x_n)$，其中

$$x_i = \begin{cases} \dfrac{\Lambda_i(\boldsymbol{A})}{|a_{ii}|}, & i\in N_1\Big(\text{由 } N_1 \text{ 的定义，}\dfrac{\Lambda_i(\boldsymbol{A})}{|a_{ii}|}\geqslant 1\Big), \\ \max\limits_{j\in N_2}(m_j+\varepsilon), & i\in N_2. \end{cases} \tag{7.5.9}$$

记 $\boldsymbol{B}=(b_{ij})\equiv\boldsymbol{A}\boldsymbol{X}$，则 $b_{ij}=x_j a_{ij}(i,j\in N)$. 于是对 $\forall i\in N_1$，有

$$|b_{ii}| - \Lambda_i(\boldsymbol{B}) = x_i|a_{ii}| - \sum_{\substack{t\in N_1\\ t\neq i}} x_t|a_{it}| - \sum_{t\in N_2} x_t|a_{it}|$$

$$= \frac{\Lambda_i(\boldsymbol{A})}{|a_{ii}|}|a_{ii}| - \sum_{\substack{t\in N_1\\ t\neq i}} \frac{\Lambda_t(\boldsymbol{A})}{|a_{tt}|}|a_{it}| - \max_{j\in N_2}(m_j+\varepsilon)\sum_{t\in N_2}|a_{it}|.$$

当 $\sum\limits_{t\in N_2}|a_{it}|=0$ 时,由式(7.5.7),上式右端为

$$|b_{ii}|-\Lambda_i(\boldsymbol{B})=\Lambda_i(\boldsymbol{A})-\sum_{\substack{t\in N_1\\ t\neq i}}|a_{it}|\frac{\Lambda_t(\boldsymbol{A})}{|a_{tt}|}>0;$$

当 $\sum\limits_{t\in N_2}|a_{it}|\neq 0$ 时,由式(7.5.8)和式(7.5.9),得

$$\begin{aligned}|b_{ii}|-\Lambda_i(\boldsymbol{B})&>\Lambda_i(\boldsymbol{A})-\sum_{\substack{t\in N_1\\ t\neq i}}|a_{it}|\frac{\Lambda_t(\boldsymbol{A})}{|a_{tt}|}-(\min_{i\in N_1}M_i)\sum_{t\in N_2}|a_{it}|\\&\geqslant\Lambda_i(\boldsymbol{A})-\sum_{\substack{t\in N_1\\ t\neq i}}|a_{it}|\frac{\Lambda_t(\boldsymbol{A})}{|a_{tt}|}-M_i\sum_{t\in N_2}|a_{it}|=0.\end{aligned}$$

又对 $\forall j\in N_2$,有

$$\begin{aligned}|b_{jj}|-\Lambda_j(\boldsymbol{B})&>\max_{j\in N_2}(m_j+\varepsilon)|a_{jj}|-\sum_{i\in N_1}|a_{jt}|\frac{\Lambda_t(\boldsymbol{A})}{|a_{tt}|}\\&\quad-(\max_{j\in N_2}m_j+\varepsilon)\sum_{\substack{t\in N_2\\ t\neq j}}|a_{jt}|\\&>m_j(|a_{jj}|-\sum_{\substack{t\in N_2\\ t\neq j}}|a_{jt}|)-\sum_{i\in N_1}|a_{jt}|\frac{\Lambda_t(\boldsymbol{A})}{|a_{tt}|}=0.\end{aligned}$$

所以,对 $\forall i\in N$, $|b_{ii}|>\Lambda_i(\boldsymbol{B})$,即 $\boldsymbol{B}$ 为严格对角占优矩阵.因而,$\boldsymbol{A}$ 为非奇异H-矩阵. □

定理 7.5.3　设不可约矩阵 $\boldsymbol{A}=(a_{ij})\in\mathbb{R}^{n\times n}$.若

$$\begin{aligned}&\left(\Lambda_i(\boldsymbol{A})-\sum_{\substack{t\in N_1\\ t\neq i}}|a_{it}|\frac{\Lambda_t(\boldsymbol{A})}{|a_{tt}|}\right)(|a_{jj}|-\sum_{\substack{t\in N_1\\ t\neq j}}|a_{jt}|)\\&\geqslant\sum_{t\in N_2}|a_{it}|\cdot\sum_{i\in N_1}|a_{jt}|\frac{\Lambda_t(\boldsymbol{A})}{|a_{tt}|},\quad\forall i\in N_1,j\in N_2,\end{aligned}\tag{7.5.10}$$

且上式至少有一个严格不等式成立,则 $\boldsymbol{A}$ 为非奇异H-矩阵.

证明　由定义,只需证明存在正对角阵 $\boldsymbol{X}$,使得 $\boldsymbol{B}$ 为严格对角占优矩阵.事实上,

$$M_i=\frac{1}{\sum\limits_{t\in N_2}|a_{it}|}\left(\Lambda_i(\boldsymbol{A})-\sum_{\substack{t\in N_1\\ t\neq i}}|a_{it}|\frac{\Lambda_t(\boldsymbol{A})}{|a_{tt}|}\right),\quad\forall i\in N_1.\tag{7.5.11}$$

当 $\sum\limits_{t\in N_2}|a_{it}|=0$ 时,记 $M_i=+\infty$,对 $\forall i\in N_1$,有

$$m_j=\left(\sum_{i\in N_1}|a_{jt}|\frac{\Lambda_t(\boldsymbol{A})}{|a_{tt}|}\right)/(|a_{jj}|-\sum_{\substack{t\in N_2\\ t\neq j}}|a_{jt}|),\quad\forall j\in N_2.\tag{7.5.12}$$

由式(7.5.10),知 $M_i\geqslant m_j(\forall i\in N_1,\forall j\in N_2)$,且至少有一个严格不等式成立,于是 $\min\limits_{i\in N_1}M_i\geqslant\max\limits_{j\in N_2}m_j$.由 N_2 的定义知 $\max\limits_{j\in N_2}m_j\neq+\infty$.又因为 $\boldsymbol{A}$ 不可约,故一定

存在 $a_{jt}\neq 0(j\in N_2, i\in N_1)$，否则 $\boldsymbol{A}$ 可约. 由此及 N_1 的定义，得

$$0<\max_{j\in N_2} m_j\neq+\infty.$$

于是，取正对角矩阵 $\boldsymbol{X}=\mathrm{diag}(x_1, x_2, \cdots, x_n)$，其中

$$x_i=\begin{cases}\dfrac{\Lambda_i(\boldsymbol{A})}{|a_{ii}|}, & i\in N_1,\\ \max\limits_{j\in N_2} m_j+\varepsilon, & i\in N_2,\end{cases}$$

记 $\boldsymbol{B}=(b_{ij})=\boldsymbol{AX}$，则 $b_{ij}=x_j a_{ij}(i, j\in N)$. 于是对 $\forall\, i\in N_1$，有

$$\begin{aligned}|b_{ii}|-\Lambda_i(\boldsymbol{B})&=x_i|a_{ii}|-\sum_{\substack{t\in N_1\\ t\neq i}} x_t|a_{it}|-\sum_{t\in N_2} x_t|a_{it}|\\ &=\frac{\Lambda_i(\boldsymbol{A})}{|a_{ii}|}|a_{ii}|-\sum_{\substack{t\in N_1\\ t\neq i}}\frac{\Lambda_t(\boldsymbol{A})}{|a_{tt}|}|a_{it}|-(\max_{j\in N_2} m_j)\sum_{t\in N_2}|a_{it}|.\end{aligned}\tag{7.5.13}$$

当 $\sum\limits_{t\in N_2}|a_{it}|=0$ 时，由式(7.5.10)和式(7.5.13)，得

$$|b_{ii}|\geqslant\Lambda_i(\boldsymbol{B});$$

当 $\sum\limits_{t\in N_2}|a_{it}|\neq 0$ 时，由 $\min\limits_{i\in N_1} M_i=\max\limits_{j\in N_2} m_j$，以及式(7.5.11)和式(7.5.13)，得

$$|b_{ii}|-\Lambda_i(\boldsymbol{B})\geqslant\Lambda_i(\boldsymbol{A})-\sum_{\substack{t\in N_1\\ t\neq i}}|a_{it}|\frac{\Lambda_t(\boldsymbol{A})}{|a_{tt}|}-M_i\sum_{t\in N_2}|a_{it}|=0.$$

对 $\forall\, j\in N_2$，由式(7.5.12)，有

$$\begin{aligned}|b_{jj}|-\Lambda_j(\boldsymbol{B})&=x_j|a_{jj}|-\sum_{t\in N_1} x_t|a_{jt}|-\sum_{\substack{t\in N_1\\ t\neq j}} x_t|a_{jt}|\\ &=(\max_{j\in N_2} m_j)|a_{jj}|-\sum_{t\in N_1}|a_{jt}|\frac{\Lambda_t(\boldsymbol{A})}{|a_{tt}|}-(\max_{j\in N_2} m_j)\sum_{\substack{t\in N_2\\ t\neq j}}|a_{jt}|\\ &\geqslant m_j(|a_{jj}|-\sum_{\substack{t\in N_2\\ t\neq j}}|a_{jt}|)-\sum_{t\in N_1}|a_{jt}|\frac{\Lambda_t(\boldsymbol{A})}{|a_{tt}|}=0.\end{aligned}$$

综上所述，对任意的 $i\in N$，$|b_{ii}|\geqslant\Lambda_i(\boldsymbol{B})$. 又有 $M_i\geqslant m_j(\forall\, i\in N_1, \forall\, j\in N_2)$，而且至少成立一个严格不等式，所以 $|b_{ii}|>\Lambda_i(\boldsymbol{B})(\forall\, i\in N)$，至少有一个严格不等式成立，否则，由 $|b_{ii}|=\Lambda_i(\boldsymbol{B})(\forall\, i\in N)$，得 $M_i=m_j(\forall\, i\in N_1, \forall\, j\in N_2)$，与假设矛盾. 因为 $\boldsymbol{A}$ 不可约，所以 $\boldsymbol{B}=\boldsymbol{AX}$ 不可约，可见 $\boldsymbol{B}$ 为不可约 H-矩阵. 从而存在正对角阵 $\boldsymbol{X}_1$，使 $\boldsymbol{B}=\boldsymbol{AXX}_1$ 为严格对角占优矩阵. 又 $\boldsymbol{XX}_1$ 仍为对角矩阵，故 $\boldsymbol{A}$ 为 H-矩阵. □

注 7.5.1 定理 7.5.3 中 $\boldsymbol{A}$ 的不可约性保证了上述证明中 $\boldsymbol{B}$ 的不可约性及 $\max\limits_{j\in N_2} m_j>0$，定理 7.5.2 与定理 7.5.3 互不包含. 此外，不可约条件在数学物理的许多问题中都是满足的，该条件并不强.

定理 7.5.4　设 $A=(a_{ij})\in\mathbb{R}^{n\times n}$，式(7.5.10)成立，且对 $\forall i\in\{j_1,j_2,\cdots,j_k\}\cup\{i_1,i_2,\cdots,i_l\}$，$A$ 都有非零元素链 $a_{ir_1},a_{r_1r_2},\cdots,a_{r_ti^*}$，其中 $i\neq r_1,r_1\neq r_2,\cdots,r_t\neq i^*$，$i^*\in(N\backslash\{j_1,j_2,\cdots,j_k\}\cup\{i_1,i_2,\cdots,i_l\})\neq\varnothing$，这里 $i_1,i_2,\cdots,i_l\in N_1$，$j_1,j_2,\cdots,j_k\in N_2$，且 i 使得 $M_{i_1}=M_{i_2}=\cdots=M_{i_l}=m_{j_1}=\cdots=m_{j_k}=\max\limits_{i\in N_2}m_j>0$，$M_i,m_j$ 的定义同定理 7.5.3 所述，则 A 为非奇异 H-矩阵.

证明　由定义，只需证明存在正对角阵 X，使得 AX 为严格对角占优矩阵. 同定理 7.5.3 的证明，$M_i\geqslant m_j(\forall i\in N_1,\forall j\in N_2)$，$\max\limits_{j\in N_1}m_j\neq+\infty$，且由假设知

$$
\begin{aligned}
M_{i_1}&=M_{i_2}=\cdots=M_{i_l}=m_{j_1}=\cdots=m_{j_k}\\
&=\min_{i\in N_1}M_i=\max_{i\in N_2}m_j>0\text{（且不为}+\infty\text{）}.
\end{aligned}\tag{7.5.14}
$$

取正对角矩阵 $X=\operatorname{diag}(x_1,x_2,\cdots,x_n)$，其中

$$
x_i=\begin{cases}\dfrac{\Lambda_i(A)}{|a_{ii}|}\geqslant 1, & i\in N_1,\\ \max\limits_{j\in N_2}m_j, & i\in N_2,\end{cases}
$$

记 $B=(b_{ij})=AX$，则 $b_{ij}=x_ja_{ij}(i,j\in N)$. 于是，当 $i\in\{j_1,j_2,\cdots,j_k\}$ 时，由式(7.5.12)和式(7.5.14)，可得

$$
\begin{aligned}
|b_{ii}|-\Lambda_i(B)&=x_i|a_{ii}|-\sum_{i\in N_1}x_t|a_{it}|-\sum_{\substack{t\in N_2\\ t\neq i}}x_t|a_{it}|\\
&=m_i|a_{ii}|-\sum_{\substack{t\in N_1\\ t\neq i}}|a_{it}|\frac{\Lambda_t(A)}{|a_{tt}|}-m_i\sum_{\substack{t\in N_2\\ t\neq i}}|a_{it}|\\
&=m_i\Big(|a_{ii}|-\sum_{\substack{t\in N_2\\ t\neq i}}|a_{it}|\Big)-\sum_{\substack{t\in N_1\\ t\neq i}}|a_{it}|\frac{\Lambda_t(A)}{|a_{tt}|}=0.
\end{aligned}
$$

当 $i\in\{i_1,i_2,\cdots,i_t\}$ 时，由式(7.5.11)和式(7.5.14)，可得

$$
\begin{aligned}
|b_{ii}|-\Lambda_i(B)&=\frac{\Lambda_i(A)}{|a_{ii}|}|a_{ii}|-\sum_{\substack{t\subset N_1\\ t\neq i}}\frac{\Lambda_t(A)}{|a_{tt}|}|a_{it}|-(\max_{j\in N_2}m_j)\sum_{t\in N_2}|a_{it}|\\
&=\Lambda_i(A)-\sum_{\substack{t\in N_1\\ t\neq i}}\frac{\Lambda_t(A)}{|a_{tt}|}|a_{it}|-M_i\sum_{t\in N_2}|a_{it}|\\
&\begin{cases}\geqslant 0, & \text{当}\sum\limits_{t\in N_2}|a_{it}|=0\text{ 时},\\ =0, & \text{当}\sum\limits_{t\in N_2}|a_{it}|\neq 0\text{ 时}.\end{cases}
\end{aligned}
$$

当 $i\in(N_1\backslash\{i_1,i_2,\cdots,i_l\})\cup(N_2\backslash\{j_1,j_2,\cdots,j_k\})$ 时，证明与定理 7.5.3 类似，可得 $|b_{ii}|>\Lambda_i(B)$. 由假设知 $B=AX$ 为非零对角元素链对角占优阵（AX 不改变 A 的非零链性质）. 所以 B 为非奇异 H-矩阵. 因此存在正对角阵 X，使得 $BX_1=AXX_1\in D$. 又 XX_1 仍为正对角阵，故 A 为 H-矩阵.　□

定理 7.5.5 设 $A=(a_{ij})\in\mathbb{C}^{n\times n}$，$N_2=\{i_1,i_2,\cdots,i_k\}$，$i_1<i_2<\cdots<i_k$. 若 $|a_{ii}|-\sum\limits_{\substack{t\in N_1\\ t\neq i}}|a_{it}|>0(\forall i\in N_1)$ 且 $\min\limits_{i\in N_1}M_i>(B^{-1}u)_j(j\in N_2)$，则 A 为非奇异 H-矩阵，其中 $(B^{-1}u)_j$ 表示向量 $B^{-1}u$ 的第 j 个分量，

$$M_i=\frac{|a_{ii}|-\sum\limits_{\substack{t\in N_1\\ t\neq i}}|a_{it}|}{\sum\limits_{t\in N_2}|a_{it}|},\quad \forall i\in N_1;\quad u=(\sum_{i\in N_1}|a_{i_1 t}|,\cdots,\sum_{i\in N_1}|a_{i_k t}|)^{\mathrm{T}}.$$

当 $\sum\limits_{t\in N_2}|a_{it}|=0$ 时，记 $M_i=+\infty$，

$$B=\begin{pmatrix}|a_{i_1i_1}| & -|a_{i_1i_2}| & \cdots & -|a_{i_1i_k}|\\ -|a_{i_2i_1}| & |a_{i_2i_2}| & \cdots & -|a_{i_2i_k}|\\ \vdots & \vdots & & \vdots\\ -|a_{i_ki_1}| & -|a_{i_ki_2}| & \cdots & |a_{i_ki_k}|\end{pmatrix}.$$

证明 因为 A 为非奇异 H-矩阵的充要条件为，对任一置换阵 P，$P^{\mathrm{T}}AP$ 为 H-矩阵，故不妨设 $i_1=1,\cdots,i_k=k$，即设 $N_1=\{1,2,\cdots,k\}$，$N_2=\{k+1,k+2,\cdots,n\}$. 由假设可知 $\min\limits_{i\in N_1}M_i>\max\limits_{j\in N_2}(B^{-1}u)_j$，故一定存在充分小的正数 ε，使

$$+\infty\neq\max_{j\in N_2}(B^{-1}u)_j+\varepsilon<\min_{i\in N_1}M_i. \tag{7.5.15}$$

由假设，显然 B 为严格对角占优矩阵. 又 B 是一个 Z-矩阵，所以 B 为非奇异 M-矩阵. 所以 $B^{-1}\geqslant\mathbf{0}$. 又 $u\geqslant\mathbf{0}$，所以 $B^{-1}u\geqslant\mathbf{0}$，故 $\max\limits_{j\in N_2}(B^{-1}u)_j+\varepsilon>0$. 于是取正对角阵 $X=\mathrm{diag}(x_1,x_2,\cdots,x_n)$，其中

$$x_i=\begin{cases}1, & i\in N_1,\\ \max\limits_{j\in N_2}(B^{-1}u)_j+\varepsilon, & i\in N_2.\end{cases}$$

记 $Q=(q_{ij})\equiv AX$，则 $q_{ij}=x_ja_{ij}(\forall i,j\in N)$，以下证明 Q 为严格对角占优矩阵. 对 $\forall i\in N_2=\{1,\cdots,k\}$，有

$$\begin{aligned}|q_{ii}|-\sum_{\substack{t\in N_2\\ t\neq i}}|q_{it}|&=x_i|a_{ii}|-\sum_{\substack{t\in N_2\\ t\neq i}}x_t|a_{it}|\\ &=(-|a_{i1}|,\cdots,-|a_{i,i-1}|,|a_{ii}|,-|a_{i,i+1}|,\cdots,\\ &\quad -|a_{ik}|)(x_1,x_2,\cdots,x_k)^{\mathrm{T}}\\ &=(-|a_{i1}|,\cdots,-|a_{i,i-1}|,|a_{ii}|,-|a_{i,i+1}|,\cdots,\\ &\quad -|a_{ik}|)((B^{-1}u)_1+\varepsilon,\cdots,(B^{-1}u)_k+\varepsilon)^{\mathrm{T}}\\ &=(-|a_{i1}|,\cdots,-|a_{i,i-1}|,|a_{ii}|,-|a_{i,i+1}|,\cdots,\\ &\quad -|a_{ik}|)(B^{-1}u+(\varepsilon,\cdots,\varepsilon)^{\mathrm{T}})\\ &=(0,\cdots,0,1,0,\cdots,0)u+(-|a_{i1}|,\cdots,-|a_{i,i-1}|,|a_{ii}|,\\ &\quad -|a_{i,i+1}|,\cdots,-|a_{ik}|)(\varepsilon,\cdots,\varepsilon)^{\mathrm{T}}.\end{aligned}$$

则有

$$|q_{ii}|>\sum_{\substack{t\in N_2\\t\neq i}}|q_{it}|+\sum_{i\in N_1}|q_{it}|=\Lambda_i(Q).$$

又对 $\forall\, i\in N_1$，由式(7.5.15)和 $M_i(i\in N_1)$的定义，有

$$\begin{aligned}|q_{ii}|-\Lambda_i(Q)&=x_i|a_{ii}|-\sum_{t\in N_2}x_t|a_{it}|-\sum_{\substack{t\in N_1\\t\neq i}}x_t|a_{it}|\\&=|a_{ii}|-(\max_{i\in N_2}(B^{-1}u)_i+\varepsilon)\sum_{t\in N_2}|a_{it}|-\sum_{\substack{t\in N_1\\t\neq i}}|a_{it}|.\end{aligned}\tag{7.5.16}$$

当 $\sum\limits_{t\in N_2}|a_{it}|=0$ 时，由假设知 $|a_{ii}|-\sum\limits_{\substack{t\in N_1\\t\neq i}}|a_{it}|>0$，即 $|q_{ii}|>\Lambda_i(Q)$；当 $\sum\limits_{t\in N_2}|a_{it}|\neq 0$ 时，由式(7.5.15)、式(7.5.16)及 $M_i(i\in N_1)$的定义，有

$$\begin{aligned}|q_{ii}|-\Lambda_i(Q)&>|a_{ii}|-\sum_{\substack{t\in N_1\\t\neq i}}|a_{it}|-(\min_{i\in N_1}M_i)\sum_{t\in N_2}|a_{it}|\\&\geqslant|a_{ii}|-\sum_{\substack{t\in N_1\\t\neq i}}|a_{it}|-M_i\sum_{t\in N_2}|a_{it}|=0.\end{aligned}$$

综上所述，对 $\forall\, i\in N$，$|q_{ii}|>\Lambda_i(Q)$，即 Q 为严格对角占优矩阵. 故 A 为 H-矩阵. □

定理 7.5.6　设 $A=(a_{ij})\in\mathbb{R}^{n\times n}$，满足

(1) $N_2\neq\varnothing$，$i_1<i_2<\cdots<i_k$，且 $i_1,i_2,\cdots,i_k\in N_1$；

(2) 当 $k\geqslant 1$ 时，

$$\widetilde{A}=\begin{pmatrix}|a_{i_1i_1}| & -|a_{i_1i_2}| & \cdots & -|a_{i_1i_k}|\\ -|a_{i_2i_1}| & |a_{i_2i_2}| & \cdots & -|a_{i_2i_k}|\\ \vdots & \vdots & & \vdots\\ -|a_{i_ki_1}| & -|a_{i_ki_2}| & \cdots & |a_{i_ki_k}|\end{pmatrix};$$

(3) $\min\limits_{j\in N_2}\alpha_j>\max\limits_{s\in N_1}(\widetilde{A}^{-1}\widetilde{P})_s$，其中

$$\alpha_j=\frac{|a_{jj}|-\sum\limits_{\substack{t\in N_2\\t\neq j}}|a_{jt}|}{\sum\limits_{i\in N_1}|a_{jt}|},\quad \widetilde{P}=\begin{pmatrix}\sum\limits_{t\in N_2}|a_{i_1t}|\\ \vdots\\ \sum\limits_{t\in N_2}|a_{i_kt}|\end{pmatrix},$$

$(\widetilde{A}^{-1}\widetilde{P})_s$ 表示$\widetilde{A}^{-1}\widetilde{P}$ 的第 s 个分量，当 $\sum\limits_{t\in N_2}|a_{jt}|=0$ 时，α_j 记为 $+\infty$.

则 A 为 H-矩阵.

证明　若 $N_2=N$，则 A 已为严格对角占优矩阵，从而 A 为 H-矩阵. 故可假定

$N_1 \neq \varnothing$. 又由定义可见,$\boldsymbol{A}$ 为 H-矩阵的充要条件是,对任一置换阵 $\boldsymbol{P}$,$\boldsymbol{P}^{\mathrm{T}}\boldsymbol{AP}$ 为 H-矩阵. 不妨设 $i_1 = 1, i_2 = 2, \cdots, i_k = k\ (k \geqslant 1)$,考虑构造一个正对角矩阵 $\boldsymbol{X} = \operatorname{diag}(x_1, x_2, \cdots, x_n)$,使得 $\boldsymbol{B} = \boldsymbol{AX} = (b_{ij})_{n\times n}$ 为严格对角占优矩阵,取 $d_s\ (s = 1, \cdots, k)$,满足

$$\min_{k<j\leqslant n} \alpha_j > d_s = (\widetilde{\boldsymbol{A}}^{-1}\widetilde{\boldsymbol{P}}_0)_s,$$

这里 $\widetilde{\boldsymbol{P}}_0 = \widetilde{\boldsymbol{P}} + \boldsymbol{P}, \boldsymbol{P} = (\varepsilon, \cdots, \varepsilon)^{\mathrm{T}}, \varepsilon > 0$. 由条件(2)知 $\widetilde{\boldsymbol{A}}^{-1} \geqslant \boldsymbol{0}, \widetilde{\boldsymbol{P}} \geqslant \boldsymbol{0}$,故 $\widetilde{\boldsymbol{A}}\tilde{\boldsymbol{e}} \leqslant \widetilde{\boldsymbol{P}}$,这里 $\tilde{\boldsymbol{e}} = (1, \cdots, 1)^{\mathrm{T}}$,从而推出 $\widetilde{\boldsymbol{A}}^{-1}\widetilde{\boldsymbol{P}} \geqslant \tilde{\boldsymbol{e}} > \boldsymbol{0}$. 进而,若 $\boldsymbol{P} > \boldsymbol{0}$ 存在,则对任意 $s\ (1 \leqslant s \leqslant k)$,皆有 $d_s > (\widetilde{\boldsymbol{A}}^{-1}\widetilde{\boldsymbol{P}})_s > 0$. 我们来说明 $\boldsymbol{P}$ 的存在性. 事实上,设 M 为 $\widetilde{\boldsymbol{A}}^{-1}$ 的最大行和,所以 $M > 0$,取

$$0 < \varepsilon < \left(\min_{j\in N_2} \alpha_j - \max_{s\in N_1} (\widetilde{\boldsymbol{A}}^{-1}\widetilde{\boldsymbol{P}})_s\right)/M,$$

则对任意 $s\ (1 \leqslant s \leqslant k)$,均有

$$\begin{aligned} d_s &= (\widetilde{\boldsymbol{A}}^{-1}\widetilde{\boldsymbol{P}})_s + (\widetilde{\boldsymbol{A}}^{-1}\widetilde{\boldsymbol{P}})_s \leqslant (\widetilde{\boldsymbol{A}}^{-1}\widetilde{\boldsymbol{P}})_s + M\varepsilon \\ &< (\widetilde{\boldsymbol{A}}^{-1}\widetilde{\boldsymbol{P}})_s + \min_{j\in N_2} \alpha_j - \max_{s\in N_1} (\widetilde{\boldsymbol{A}}^{-1}\widetilde{\boldsymbol{P}})_s \\ &\leqslant \min_{j\in N_2} \alpha_j. \end{aligned}$$

所以 d_s 存在,且 $d_s > 0, s \leqslant k$,故 $\boldsymbol{X} = \operatorname{diag}(x_1, x_2, \cdots, x_n)$ 为正对角矩阵.

下面证明 $\boldsymbol{B} = \boldsymbol{AX} = (b_{ij}) \in \mathbb{C}^{n\times n}$ 为严格对角占优矩阵.

先看 $\boldsymbol{B}$ 的前 k 行. 对 $1 \leqslant j \leqslant k$,有

$$\begin{aligned} |b_{jj}| - \sum_{\substack{t\in N_1\\ t\neq j}} |b_{jt}| &= x_j |a_{jj}| - \sum_{\substack{t\in N_2\\ t\neq j}} |a_{jt}| x_t \\ &= (-|a_{j1}|, \cdots, -|a_{j,j-1}|, |a_{jj}|, -|a_{j,j+1}|, \cdots, -|a_{jk}|) \\ &\quad \cdot (d_1, d_2, \cdots, d_k)^{\mathrm{T}} \\ &= (-|a_{j1}|, \cdots, -|a_{j,j-1}|, |a_{jj}|, -|a_{j,j+1}|, \cdots, -|a_{jk}|) \\ &\quad \cdot ((\widetilde{\boldsymbol{A}}^{-1}\widetilde{\boldsymbol{P}}_0)_1, \cdots, (\widetilde{\boldsymbol{A}}^{-1}\widetilde{\boldsymbol{P}}_0)_j, \cdots, (\widetilde{\boldsymbol{A}}^{-1}\widetilde{\boldsymbol{P}}_0)_k)^{\mathrm{T}} \\ &= (-|a_{j1}|, \cdots, -|a_{j,j-1}|, |a_{jj}|, -|a_{j,j+1}|, \cdots, -|a_{jk}|) \\ &\quad \cdot (\widetilde{\boldsymbol{A}}^{-1}\widetilde{\boldsymbol{P}}_0) \\ &= (0, \cdots, 0, 1, 0, \cdots, 0)(\widetilde{\boldsymbol{P}} + \boldsymbol{P}) \\ &= \sum_{t\in N_2} |a_{jt}| + \varepsilon > \sum_{t\in N_2} |a_{jt}| = \sum_{t\in N_2} |b_{jt}|. \end{aligned}$$

故对所有的 $j\ (1 \leqslant j \leqslant k)$,均有

$$|b_{jj}| > \sum_{\substack{t\in N_1\\ t\neq j}} |b_{jt}| + \sum_{t\in N_2} |b_{jt}| = \Lambda_j(\boldsymbol{B}),$$

即 $\boldsymbol{B}$ 的前 k 行皆为严格对角占优的. 再注意到 $\boldsymbol{B}$ 之后的 $n-k$ 行,有

$$|b_{jj}| - \sum_{\substack{t\in N_2\\ t\neq j}} |b_{jt}| = |a_{jj}| - \sum_{\substack{t\in N_2\\ t\neq j}} |a_{jt}| > (\max_{s\in N_1} d_s) \sum_{i\in N_1} |a_{jt}|$$

$$\geqslant \sum_{i \in N_1} |a_{jt}| d_t = \sum_{i \in N_1} |b_{jt}|.$$

由此可见

$$|b_{jj}| > \sum_{\substack{t \in N_1 \\ t \neq j}} |b_{jt}| + \sum_{t \in N_2} |b_{jt}| = \Lambda_j(\boldsymbol{B})$$

对任意 $j(k+1 \leqslant j \leqslant n)$都成立,故 $\boldsymbol{B}$ 之后的$n-k$ 行亦为严格对角占优的,从而 $\boldsymbol{A}$ 为 H-矩阵. □

Feingold 等人将对角占优矩阵推广到分块矩阵的情形,他们给出了分块强对角占优和分块不可约对角占优的概念.

设 $\boldsymbol{A}=(a_{ij}) \in \mathbb{R}^{n \times n}$,分块如下:

$$\boldsymbol{A} = \begin{pmatrix} \boldsymbol{A}_{11} & \boldsymbol{A}_{12} & \cdots & \boldsymbol{A}_{1k} \\ \boldsymbol{A}_{21} & \boldsymbol{A}_{22} & \cdots & \boldsymbol{A}_{2k} \\ \vdots & \vdots & & \vdots \\ \boldsymbol{A}_{k1} & \boldsymbol{A}_{k2} & \cdots & \boldsymbol{A}_{kk} \end{pmatrix}, \tag{7.5.17}$$

其中 $\boldsymbol{A}_{ii}$为r_i 阶方阵,$\sum_{i=1}^{k} r_i = n$,且 $\boldsymbol{A}_{ii}$ 非奇异$(1 \leqslant i < k)$.在大量的实际问题中,$\boldsymbol{A}_{ij}$ 是稀疏的且很多是零矩阵.

定义 7.5.1 设 $\boldsymbol{B}=(b_{ij})=(\|\boldsymbol{A}_{ij}\|)_{k \times k}$不可约,则称 $\boldsymbol{A}$ 为块不可约,这里 $\|\cdot\|$是诱导矩阵范数.记 $K=\{1,2,3,\cdots,k\}$,

$$\Lambda_i(\boldsymbol{B}) = \sum_{\substack{j \in K \\ j \neq i}} \|\boldsymbol{A}_{ij}\|, \quad S_i(\boldsymbol{B}) = \sum_{\substack{j \in K \\ j \neq i}} \|\boldsymbol{A}_{ji}\|, T(\boldsymbol{A}) = (t_{ij}) \in \mathbb{R}^{k,k},$$

$$t_{ii} = \|\boldsymbol{A}_{ii}^{-1}\|^{-1}, \quad t_{ij} = -\|\boldsymbol{A}_{ij}\|, \quad i,j \in K, i \neq j.$$

定义 7.5.2 设 $\boldsymbol{f}=(f_1,f_2,\cdots,f_n)$,$f_i(\boldsymbol{A})$:$\mathbb{R}^{n \times n} \to \mathbb{R}^{+}$ $(i \in \mathbb{N})$仅依赖于 $\boldsymbol{A}$ 的非对角元的模.若对$\forall \boldsymbol{A} \in \mathbb{R}^{n \times n}$,

$$|a_{ii}| > f_i(\boldsymbol{A}), \quad i \in N,$$

则 $\boldsymbol{A}$ 非奇异.称 $\boldsymbol{f}=(f_1,f_2,\cdots,f_n)$为一个 G 函数,记为 $f \in g_n$.

$$\Lambda_i^x(\boldsymbol{A}) = \frac{1}{x_i} \sum_{\substack{j \in K \\ j \neq i}} x_j a_{ij}, \quad x_i > 0, \quad i \in N,$$

显然 $\boldsymbol{\Lambda}^x = (\Lambda_1{}^x, \cdots, \Lambda_n^x) \in g_n$.

定义 7.5.3 若

$$\|\boldsymbol{A}_{ii}^{-1}\|^{-1} > \sum_{j \neq i} \|\boldsymbol{A}_{ij}\| = \Lambda_i(\boldsymbol{B}), \quad i = 1,2,\cdots,k,$$

则称 $\boldsymbol{A}$ 为块严格对角占优矩阵,记为 $\boldsymbol{A} \in BD$;若存在 $\boldsymbol{x}=(x_1,\cdots,x_k)^{\mathrm{T}} > \boldsymbol{0}$,使得

$$x_i \|\boldsymbol{A}_{ii}^{-1}\|^{-1} > \sum_{j \neq i} x_j \|\boldsymbol{A}_{ij}\|, \quad i = 1,2,\cdots,k,$$

则称 $\boldsymbol{A}$ 为块H-矩阵,记为 $\boldsymbol{A} \in H$.

定义 7.5.4 设 $\boldsymbol{A}=(a_{ij}) \in \mathbb{R}^{n \times n}$的分块如式(7.5.17)所示.若

$$\sum_{j\neq i}\|\boldsymbol{A}_{ii}^{-1}\boldsymbol{A}_{ij}\|<1,\quad i\in K,$$

则称 $\boldsymbol{A}$ 为 Ⅱ 型块严格对角占优矩阵,记为 $\boldsymbol{A}\in \Pi BD$.

由 $\|\boldsymbol{A}_{ii}^{-1}\boldsymbol{A}_{ij}\|\leqslant\|\boldsymbol{A}_{ii}^{-1}\|\ \|\boldsymbol{A}_{ij}\|$ 易知,若 $\boldsymbol{A}\in BD$,则 $\boldsymbol{A}\in \Pi BD$. 因为对任意诱导的矩阵范数都有 $\|\boldsymbol{I}\|=1$($\boldsymbol{I}$ 为单位矩阵),所以 $\boldsymbol{A}\in\Pi BD$ 的等价定义为

$$(\boldsymbol{Q}(\boldsymbol{A}))^{-1}\boldsymbol{A}\in BD,$$

其中 $\boldsymbol{Q}(\boldsymbol{A})=\mathrm{diag}(\boldsymbol{A}_{11},\cdots,\boldsymbol{A}_{kk})$.

定义 7.5.5 设 $\boldsymbol{A}=(a_{ij})\in\mathbb{R}^{n\times n}$ 的分块如式(7.5.17)所示. 若存在 $f\in g_k$,使得

$$\|\boldsymbol{A}_{ii}^{-1}\|^{-1}>f_i(\boldsymbol{T}(\boldsymbol{A})),\quad i\in K,$$

则称 $\boldsymbol{A}\in BGD$. 若

$$\|\boldsymbol{A}_{ii}^{-1}\|^{-1}\|\boldsymbol{A}_{jj}^{-1}\|^{-1}>f_i(\boldsymbol{T}(\boldsymbol{A}))f_j(\boldsymbol{T}(\boldsymbol{A})),\quad i\neq j,i,j\in K,$$

则称 $\boldsymbol{A}\in BGD_m$. 若存在 $\boldsymbol{x}=(x_1,\cdots,x_k)^{\mathrm{T}}>\boldsymbol{0}$,使得

$$\sum_{j\neq i}x_j\|\boldsymbol{A}_{ii}^{-1}\boldsymbol{A}_{ij}\|<x_i,\quad i\in K,$$

则称 $\boldsymbol{A}\in\Pi BH$.

定义 7.5.6 设 $\boldsymbol{A}=(a_{ij})\in\mathbb{R}^{n\times n}$ 的分块如式(7.5.17)所示. 若存在 $f\in g_k$,使得

$$f(\boldsymbol{T}((\boldsymbol{Q}(\boldsymbol{A}))^{-1}\boldsymbol{A}))<1,\quad i\in K,$$

则称 $\boldsymbol{A}\in\Pi BGD$;若

$$f_i\boldsymbol{T}((\boldsymbol{Q}(\boldsymbol{A}))^{-1}\boldsymbol{A})f_j\boldsymbol{T}((\boldsymbol{Q}(\boldsymbol{A}))^{-1}\boldsymbol{A})<1,\quad i\neq j,i,j\in K,$$

则称 $\boldsymbol{A}\in\Pi BGD$;若存在 $\boldsymbol{x}=(x_1,\cdots,x_k)^{\mathrm{T}}>0$,使得

$$\sum_{j\neq i}x_j\|\boldsymbol{A}_{ii}^{-1}\boldsymbol{A}_{ij}\|<x_i,\quad i\in K,$$

则称 $\boldsymbol{A}\in\Pi BH$.

定义 7.5.7 设 $\boldsymbol{A}=(a_{ij})\in\mathbb{R}^{n\times n}$ 的分块如式(7.5.17)所示. 若存在非奇异块对角矩阵 $\boldsymbol{X}_1$ 和 $\boldsymbol{X}_2$,使得 $\boldsymbol{X}_1\boldsymbol{A}\boldsymbol{X}_2$ 的比较矩阵为非奇异 M-矩阵,则称矩阵 $\boldsymbol{A}$ 为非奇异块 H-矩阵.

定义 7.5.8 设 $\boldsymbol{A}=(a_{ij})\in\mathbb{C}^{n\times n}$ 的分块如式(7.5.17)所示. 若 $\boldsymbol{Q}(\boldsymbol{A})=\mathrm{diag}(\boldsymbol{A}_{11},\cdots,\boldsymbol{A}_{kk})$ 是非奇异的,且 $(\boldsymbol{Q}(\boldsymbol{A}))^{-1}\boldsymbol{A}$ 是严格对角占优矩阵,则称 $\boldsymbol{A}$ 为弱块对角占优矩阵.

首先给出 $\boldsymbol{A}$ 为块 H-矩阵的一个实用的充分条件.

定理 7.5.7 设 $\boldsymbol{A}=(a_{ij})\in\mathbb{R}^{n\times n}$ 形如式(7.5.17). 如果对某个 $\alpha\in[0,1]$,

$$(\|\boldsymbol{A}_{ii}^{-1}\|\cdot\|\boldsymbol{A}_{jj}^{-1}\|)^{-1}>\Lambda_i^{\alpha}(\boldsymbol{B})S_i^{1-\alpha}(\boldsymbol{B})\Lambda_j^{\alpha}(\boldsymbol{B})S_j^{1-\alpha}(\boldsymbol{B}),\quad\forall i\neq j,$$

则 $\boldsymbol{A}\in BH$.

证明 由假设知,至多存在一个 $i(1\leqslant i\leqslant k)$,使得

$$\|\boldsymbol{A}_{ii}^{-1}\|^{-1}\leqslant\Lambda_i^{\alpha}(\boldsymbol{B})S_i^{1-\alpha}(\boldsymbol{B}).$$

不妨设

$$\| A_{11}^{-1} \|^{-1} \leqslant \Lambda_1^{\alpha}(B) S_1^{1-\alpha}(B),$$
$$\| A_{jj}^{-1} \|^{-1} > \Lambda_j^{\alpha}(B) S_j^{1-\alpha}(B), \quad \forall j \neq 1.$$

由于

$$(\| A_{ii}^{-1} \| \cdot \| A_{jj}^{-1} \|)^{-1} > \Lambda_i^{\alpha}(B) S_i^{1-\alpha}(B) \Lambda_j^{\alpha}(B) S_j^{1-\alpha}(B),$$

故存在充分小的 $\varepsilon>0$,使得

$$\| A_{11}^{-1} \| \Lambda_1^{\alpha}(B) S_1^{1-\alpha}(B) + \varepsilon < \min_{1<j\leqslant n} \| A_{jj}^{-1} \| \Lambda_j^{\alpha}(B) S_j^{1-\alpha}(B).$$

设

$$x_1^{\alpha} = \| A_{11}^{-1} \| \Lambda_1^{\alpha}(B) S_1^{1-\alpha}(B) + \varepsilon < \frac{\| A_{jj}^{-1} \|^{-1}}{\Lambda_j^{\alpha}(B) S_j^{1-\alpha}(B)},$$

且 $X = \mathrm{diag}(x_1 I_{r_1}, I_{r_2}, \cdots, I_{r_k})$,则 $C = AX$ 满足

$$\begin{aligned} \| C_{11}^{-1} \|^{-1} &= \| (A_{11} D_1)^{-1} \|^{-1} = (\| A_{11}^{-1} \|^{-1}) x_1^{\alpha} x_1^{1-\alpha} \\ &= \| A_{11}^{-1} \|^{-1} (\| A_{11}^{-1} \| \Lambda_1^{\alpha}(B) S_1^{1-\alpha}(B) + \varepsilon) x_1^{1-\alpha} \\ &> \Lambda_1^{\alpha}(B) S_1^{1-\alpha}(B) x_1^{1-\alpha} = \Lambda_1^{\alpha}(C) S_1^{1-\alpha}(C). \end{aligned}$$

对 $\forall j\neq 1$,由 $x_1^{\alpha} = \| A_{11}^{-1} \| \Lambda_1^{\alpha}(B) S_1^{1-\alpha}(B) + \varepsilon$ 以及 $x_1<1$,得

$$\begin{aligned} \| C_{jj}^{-1} \|^{-1} = \| A_{jj}^{-1} \|^{-1} &> x_1^{\alpha} \Lambda_j^{\alpha}(B) S_j^{1-\alpha}(B) \\ &> (x_1 \Lambda_j(B))^{\alpha} S_j^{1-\alpha}(B) \\ &\geqslant \Lambda_j^{\alpha}(C) S_j^{1-\alpha}(C). \end{aligned}$$

所以 $C = AX \in BH$,即 $A \in BH$. □

推论 7.5.1 设 $A = (a_{ij}) \in \mathbb{R}^{n\times n}$ 形如式(7.5.17)所示.若

$$(\| A_{ii}^{-1} \| \cdot \| A_{jj}^{-1} \|)^{-1} > \Lambda(B)_i S_j(B), \quad \forall i \neq j,$$

则 $A \in BH$.

引理 7.5.2 设 $A = (a_{ij}) \in \mathbb{R}^{n\times n}$ 的分块如式(7.5.17)所示,A 为弱块对角占优矩阵的充要条件为

$$\| I - (Q(A))^{-1} \|_{\infty} < 1.$$

定理 7.5.8 设 $A = (a_{ij}) \in \mathbb{R}^{n\times n}$ 的分块如式(7.5.17)所示,A 为弱块对角占优矩阵的充要条件是,对于非零向量 $x \in \mathbb{R}^n$,$x^{\mathrm{T}} = (x_1^{\mathrm{T}}, \cdots, x_k^{\mathrm{T}})$,$x_i \in \mathbb{R}^{r_i}$,当 $\sum_{j=1}^{n} A_{ij} x_j = 0$ 时,对于 $i \in K$,均有 $\| x_i \|_{\infty} < \| x \|_{\infty}$.

证明 充分性.记 $C = I - (Q(A))^{-1}$,$\gamma_{i_0} = \max_i \sum_{j=1}^{n} | c_{ij} |$,取向量 $x \in \mathbb{C}^n$ 且 $| x_i | = 1 (i \in K)$,使得

$$\sum_{j=1}^{n} c_{i_0 j} x_j = \gamma_h i_0,$$

向量 x 和式(7.5.17)的分块一致,取 $y = (I - (Q(A))^{-1}) x$,则

$$A_{ii} y_i = - \sum_{j\neq i} A_{ij} x_j, \quad \forall i \in K.$$

又由向量 $(x(i))^{\mathrm{T}} = (x_1^{\mathrm{T}}, \cdots, x_{i-1}^{\mathrm{T}}, y_i^{\mathrm{T}}, x_{i+1}^{\mathrm{T}}, \cdots, x_k^{\mathrm{T}})$,知

$$\| y_i \|_\infty < \| x(i) \|_\infty = \max_{j \neq i} \| x_j \|_\infty \leqslant \| x \|_\infty = 1, \quad i \in K,$$

即 $\| I-(Q(A))^{-1} \|_\infty < 1$.由引理7.5.2知 A 为弱块对角占优矩阵.

必要性.若 A 为弱块对角占优矩阵,则 $\| I-(Q(A))^{-1} \|_\infty < 1$.存在向量 $x \in \mathbb{C}^n (x \neq \mathbf{0})$,满足

$$A_{ii} y_i = -\sum_{j \neq i} A_{ij} x_j, \quad \text{对于某一个 } i.$$

则

$$\| x_i \|_\infty = \| \sum_{j \neq i} A_{ii}^{-1} A_{ij} x_j \|_\infty \leqslant \| \sum_{j \neq i} | A_{ii}^{-1} A_{ij} | | x_j | \|_\infty$$
$$\leqslant \| \sum_{j \neq i} | A_{ii}^{-1} A_{ij} | e_j \|_\infty \| x_j \|_\infty,$$

其中 $|A| = (|a_{ij}|)$, $e_j^{\mathrm{T}} = (1,1,\cdots,1) \in \mathbb{C}^{r_j}$.由

$$\| \sum_{j \neq i} | A_{ii}^{-1} A_{ij} | e_j \|_\infty \leqslant \| I - (Q(A))^{-1} \|_\infty < 1,$$

可知

$$\| x_i \|_\infty \leqslant \| \sum_{j \neq i} | A_{ii}^{-1} A_{ij} | e_j \|_\infty \| x \|_\infty \leqslant \| x \|_\infty. \qquad \square$$

推论7.5.2 若 A 为弱块对角占优矩阵,则 A 是非奇异 H-矩阵.

7.6 随机矩阵

随机矩阵是一类特殊的非负矩阵.它们具有非负矩阵的所有性质,但又有别于一般的非负矩阵,具有其特殊性.它们在不等式论、组合矩阵论、组合学、概率论、对策论及电子科学等领域中有重要应用.

定义7.6.1 若 n 阶非负矩阵 A 的各行元素之和均为1,则称 A 为行随机矩阵;若 n 阶非负矩阵 A 的各列元素之和均为1,则称 A 为列随机矩阵;若 A 与 A^{T} 均为行随机矩阵,则称 A 为双随机矩阵.

随机矩阵在有限齐次Markov链理论中起着重要作用.设 $S_1, S_2, \cdots, S_n$ 是某过程或某系统的 n 个状态,如果对任意的 $i, j \in N$,此过程从状态 i 转移到状态 j 的概率 p_{ij} 与时间无关,则称该过程为一个有限齐次Markov链;n 阶矩阵 $P=(p_{ij})$ 就是一个随机矩阵,称 P 为这个Markov链的转移矩阵.一个有限齐次Markov链被它的转移矩阵完全决定;反之,转移矩阵由它所属的有限齐次Markov链完全决定.

设 $e=(1,\cdots,1)^{\mathrm{T}}$,由随机矩阵的定义,有:

(ⅰ) n 阶非负矩阵 A 为随机矩阵的充分必要条件是 $Ae=e$;

(ⅱ) n 阶非负矩阵 A 为双随机矩阵的充分必要条件是 $Ae=e$, $A^{\mathrm{T}}e=e$.

定理 7.6.1　随机矩阵的乘积仍为随机矩阵.

证明　设 $\boldsymbol{A},\boldsymbol{B}$ 都是随机矩阵,则它们都是非负矩阵,因此 $\boldsymbol{AB}$ 仍为非负矩阵. 另一方面,$(\boldsymbol{AB})\boldsymbol{e}=\boldsymbol{A}(\boldsymbol{Be})=\boldsymbol{Ae}=\boldsymbol{e}$,所以 $\boldsymbol{AB}$ 仍为随机矩阵.

定理 7.6.2　(1) 设 $\boldsymbol{A}$ 为随机矩阵,则 $\boldsymbol{A}$ 的最大特征值为 1;

(2) 设 $\boldsymbol{A}$ 为非负矩阵,则 $\boldsymbol{A}$ 为随机矩阵的充分必要条件是 $\boldsymbol{e}$ 为 $\boldsymbol{A}$ 的相应于特征值 1 的特征向量.

证明　(1) 由 $\boldsymbol{Ae}=\boldsymbol{e}$ 知 1 是 $\boldsymbol{A}$ 的特征值,$\boldsymbol{e}$ 为 $\boldsymbol{A}$ 的相应于特征值 1 的特征向量. 又 $\boldsymbol{A}$ 是非负矩阵,且其行和都等于 1,故 $\boldsymbol{A}$ 的谱半径为 1,因此 $\boldsymbol{A}$ 的最大特征值为 1.

(2) 充分性. 若 $\boldsymbol{e}$ 为 $\boldsymbol{A}$ 的相应于特征值 1 的特征向量,则 $\boldsymbol{A}$ 的各行元素之和都等于 1. 又 $\boldsymbol{A}$ 为非负矩阵,故 $\boldsymbol{A}$ 为随机矩阵.

必要性由随机矩阵的定义易证.　□

定理 7.6.3　设 $\boldsymbol{A}$ 为非负矩阵. 若存在 $r>0,\boldsymbol{z}>0$ 满足 $\boldsymbol{Az}=r\boldsymbol{z}$,则 $\frac{1}{r}\boldsymbol{A}$ 相似于一个随机矩阵.

证明　设 $\boldsymbol{z}=(z_1,z_2,\cdots,z_n)^{\mathrm{T}}$,构造对角矩阵如下:

$$\boldsymbol{D}=\operatorname{diag}(z_1,z_2,\cdots,z_n).$$

由 $\boldsymbol{z}>\boldsymbol{0}$ 知 $\boldsymbol{D}$ 可逆. 令

$$\boldsymbol{X}=\boldsymbol{D}^{-1}\left(\frac{1}{r}\boldsymbol{A}\right)\boldsymbol{D},$$

则 $\boldsymbol{X}\geqslant\boldsymbol{0}$ 且满足

$$\boldsymbol{Xe}=\boldsymbol{D}^{-1}\left(\frac{1}{r}\boldsymbol{A}\right)\boldsymbol{De}=\boldsymbol{D}^{-1}\left(\frac{1}{r}\boldsymbol{Az}\right)=\boldsymbol{D}^{-1}\boldsymbol{z}=\boldsymbol{e},$$

故 $\boldsymbol{A}$ 是随机矩阵.

定理 7.6.4　设 $\boldsymbol{A}=(a_{ij})$ 为随机矩阵,$\omega=\min\limits_{i\in N}\{a_{ii}\}$,则 $\boldsymbol{A}$ 的任意特征值 λ_i 都满足 $|\lambda_i-\omega|\leqslant 1-\omega$.

证明　设 λ_i 为 n 阶随机矩阵 $\boldsymbol{A}$ 的任意一个特征值,$\boldsymbol{x}=(x_1,x_2,\cdots,x_n)^{\mathrm{T}}$ 为对应的特征向量,即

$$\boldsymbol{Ax}=\lambda_i\boldsymbol{x}.$$

设 $0<|x_m|=\max\limits_{j}|x_j|$,则由上式的第 m 个方程,得

$$\lambda_i x_m=\sum_{j=1}^{n}a_{mj}x_j.$$

因而 $\lambda_i=\sum\limits_{j=1}^{n}a_{mj}\dfrac{x_j}{x_m}$,则

$$\lambda_i-a_{mm}=\sum_{j=1,j\neq m}^{n}a_{mj}\frac{x_j}{x_m}.$$

根据三角不等式,由 $\boldsymbol{A}$ 的非负性知

$$|\lambda_i - a_{mm}| \leqslant \sum_{j=1, j\neq m}^{n} a_{mj}\left|\frac{x_j}{x_m}\right| \leqslant \sum_{j=1, j\neq m}^{n} a_{mj} = 1 - a_{mm},$$

所以

$$\begin{aligned}|\lambda_i - \omega| &= |\lambda_i - a_{mm} + a_{mm} - \omega| \\ &\leqslant |\lambda_i - a_{mm}| + |a_{mm} - \omega| \\ &\leqslant (1 - a_{mm}) + (a_{mm} - \omega) = 1 - \omega.\end{aligned}$$ □

定理 7.6.5 设 $\boldsymbol{A} = (a_{ij})$ 为随机矩阵，$\lambda \neq 1$ 是 $\boldsymbol{A}$ 的特征值，则 λ 满足

$$|\lambda| \leqslant \min\left\{1 - \sum_{j} \min_{i} a_{ij}, \left(\sum_{j} \max_{i} a_{ij}\right) - 1\right\}.$$

证明 设 $\boldsymbol{v} \in \mathbb{C}^n$ 为 $\boldsymbol{A}^{\mathrm{T}}$ 的相应于 λ 的特征向量，于是有

$$\boldsymbol{v}^{\mathrm{T}}\boldsymbol{A} = \lambda\boldsymbol{v}^{\mathrm{T}}.$$

令 $d_j = \max_{i} a_{ij} (1 \leqslant j \leqslant n)$，记 $\boldsymbol{A}_d = (d_j - a_{ij})_{n\times n}$，则 $\boldsymbol{A}_d \geqslant \boldsymbol{0}$，

$$\lambda\boldsymbol{v}^{\mathrm{T}} = \boldsymbol{v}^{\mathrm{T}}\boldsymbol{A} = \boldsymbol{v}^{\mathrm{T}}(\bar{\boldsymbol{F}} - \boldsymbol{A}_d),$$

其中 $\bar{\boldsymbol{F}} = (d_1\boldsymbol{e}, d_2\boldsymbol{e}, \cdots, d_n\boldsymbol{e})$.

另一方面，由 $\boldsymbol{Ae} = \boldsymbol{e}$，$\boldsymbol{v}^{\mathrm{T}}\boldsymbol{A} = \lambda\boldsymbol{v}^{\mathrm{T}}$，得

$$\boldsymbol{v}^{\mathrm{T}}\boldsymbol{e} = \boldsymbol{v}^{\mathrm{T}}\boldsymbol{Ae} = \lambda\boldsymbol{v}^{\mathrm{T}}\boldsymbol{e}.$$

又 $\lambda \neq 1$，故 $\boldsymbol{v}^{\mathrm{T}}\boldsymbol{e} = 0$，进而 $\boldsymbol{v}^{\mathrm{T}}\bar{\boldsymbol{F}} = 0$，代入 $\lambda\boldsymbol{v}^{\mathrm{T}} = \boldsymbol{v}^{\mathrm{T}}\boldsymbol{A} = \boldsymbol{v}^{\mathrm{T}}(\bar{\boldsymbol{F}} - \boldsymbol{A}_d)$，得

$$\lambda\boldsymbol{v}^{\mathrm{T}} = -\boldsymbol{v}^{\mathrm{T}}\boldsymbol{A}_d.$$

因此

$$|\lambda| \leqslant \rho(\boldsymbol{A}_d).$$

又因为 $\boldsymbol{A}_d$ 的各行元素之和都等于 $\left(\sum_{j=1}^{n} d_j\right) - 1$，故

$$|\lambda| \leqslant \rho(\boldsymbol{A}_d) = \left(\sum_{j=1}^{n} d_j\right) - 1 = \left(\sum_{j} \max_{i} a_{ij}\right) - 1.$$

用类似的方法可证 $|\lambda| \leqslant 1 - \sum_{j} \min_{i} a_{ij}$.

参 考 文 献

[1] 何旭初,孙文瑜.矩阵的广义逆引论[M].南京:江苏科学技术出版社,1990.

[2] 张谋成,黎稳.非负矩阵论[M].广州:广东高等教育出版社,1992.

[3] 胡茂林.矩阵计算与应用[M].北京:科学出版社,2008.

[4] 王松桂,吴密霞,贾忠贞.矩阵不等式[M].北京:科学出版社,2006.

[5] 黄廷祝,杨传胜.特殊矩阵分析及应用[M].北京:科学出版社,2007.

[6] 时宝,盖明久.矩阵分析引论及应用[M].北京:国防工业出版社,2010.

[7] 朱元国.矩阵分析与计算[M].北京:国防工业出版社,2010.

[8] 王永茂,刘德友.矩阵分析基础[M].北京:清华大学出版社,2012.

[9] 张贤达,周杰.矩阵论及其工程应用[M].北京:清华大学出版社,2015.

[10] Horn R A, Johnson C R. Matrix Analysis[M]. Cambridge: Cambridge University Press, 1985.

[11] Horn R A, Johnson C R. Topics in Matrix Analysis[M]. Cambridge: University Press, 1991.

[12] Golub G H, Loan C F. Matrix Computations[M]. 3ed. Baltimore: Johns Hopkins University Press, 1996.

[13] Loewy R, London D. A note on an inverse problem for nonnegative matrix[J]. Linear Multilinear Algebra, 1978(6): 83-90.

[14] Feingold D G, Varga R S. Block diagonally dominant matrices and gerneralizations of Gerschgorin circle theorem[J]. Pacific J. Math, 1962(12): 1241-1250.

[15] Reams R. An inequality for nonnegative matrices and inverse eigenvalue problem[J]. Linear Multilinear Algebra, 1996, 41: 367-375.

[16] Baksalary J K, Baksalary O M, Liu X, et al. Further results on generalized and hypergeneralized projectors[J]. Linear Algebra and Its Applications, 2008, 429(5): 1038-1050.

[17] Liu J, Huang Z. A note on "Block H-matrices and spectrum of block matrices"[J]. Applied Mathematics & Mechanics, 2008, 29(7): 953-960.

[18] Mourad B. On a spectral property of doubly stochastic matrices and its application to their inverse eigenvalue problem[J]. Linear Algebra and Its Applications, 2012, 436: 3400-3412.

[19] 庹清. 非奇异 H-矩阵新的判定充分条件[J]. 高等学校计算数学学报, 2019, 42(2): 107-115.

[20] Nader R, Mourad B, Bretto A, et al. A note on the real inverse spectral problem for doubly stochastic matrices[J]. Linear Algebra and Its Applications, 2019, 569: 206-240.